普通高等教育“十三五”规划教材
高等院校公共基础课规划教材

线性代数学习指导

主　编　叶彩儿　王章雄
副主编　余　君　李任波　张　健
参　编　胡慧兰　顾庆凤　黄永红　曹顺娟　刘小林

電子工業出版社
Publishing House of Electronics Industry
北京 · BEIJING

内 容 简 介

本书为“线性代数”课程的配套辅导用书，包含了矩阵、行列式、向量空间、线性方程组、特征值与特征向量、二次型等教学内容的学习指导，旨在帮助读者更好地理解主教材的基本概念，掌握线性代数的基本计算与方法，提高对基本线性代数问题的推理能力．可供高等学校各非数学专业学生作为辅助教材使用，也可供有关专业技术人员作为自学线性代数的参考用书．

图书在版编目（CIP）数据

线性代数学习指导 / 叶彩儿，王章雄主编．—北京：电子工业出版社，2020.8

ISBN 978-7-121-37393-0

Ⅰ．①线…　Ⅱ．①叶…　②王…　Ⅲ．①线性代数—高等学校—教学参考资料　Ⅳ．①O151.2

中国版本图书馆 CIP 数据核字（2019）第 203477 号

责任编辑：贺志洪
印　　刷：三河市双峰印刷装订有限公司
装　　订：三河市双峰印刷装订有限公司
出版发行：电子工业出版社
　　　　　北京市海淀区万寿路 173 信箱　邮编：100036
开　　本：787×1092　1/16　印张：12　字数：307.2 千字
版　　次：2020 年 8 月第 1 版
印　　次：2021 年 1 月第 2 次印刷
定　　价：32.00 元

凡所购买电子工业出版社图书有缺损问题，请向购买书店调换。若书店售缺，请与本社发行部联系，联系及邮购电话：（010）88254888，88258888。

质量投诉请发邮件至 zlts@phei.com.cn，盗版侵权举报请发邮件至 dbqq@phei.com.cn。

本书咨询联系方式：（010）88254609，hzh@phei.com.cn。

前　　言

本书是为电子工业出版社出版的教材《线性代数》编写的配套指导书，涵盖矩阵、行列式、向量空间、线性方程组、特征值与特征向量、二次型等教学内容的相应学习指导，旨在帮助学生更好地理解主教材的基本概念，掌握线性代数的基本计算与方法，提高有关线性代数基本问题的解题和逻辑推理能力．

本指导书的章节与教材相对应，每章均按以下层次安排编写：

1. 内容提要．总结该章的基本内容和知识点，归纳综合基本概念和主要定理．

2. 典型例题解析．按题型精选例题，分类介绍该章节的重要题型和解题方法．大部分例题除了解题过程外，题前配有思路分析，题后配有评述，便于学生举一反三，提高解题能力．

3. 习题选解．给出教材中大部分习题的详细解答过程，帮助学生克服解题的难点，使之从中体会到解题的思路．

4. 思考练习题．结合主教材，每章都给出一些与重要基本概念有关的思考题和客观题，留给学生思考和练习．

本书是在中国农业出版社《线性代数学习指导》的基础上修改而成的．从多年教学实践来看，我们强烈建议读者在做课后习题时，要先复习概念，再看例题，然后尽量通过自己思考独立完成．练习时，即使是感到不知所措，一时难以独立完成的题目也不要马上就看习题解答，要先认真思考，分析题目，多尝试不同路径，结合教科书和本指导书的典型例题，得出解决方法．然后再将你的解法和本书的解答对照，从中受到启发．当然，对于思路不清，实在难以解出的问题，参阅本指导书也不失为一个给自己快速打开思路的解决之道．

本书的编写工作由下列老师完成：叶彩儿、王章雄、余君、李任波、张健、胡慧兰、顾庆凤、黄永红、曹顺娟、刘小林．全书由叶彩儿和王章雄老师负责统稿．

在本书编写过程中，得到了浙江农林大学和西南林业大学有关部门的大力支持．同时，也参考了国内外众多的相关教材和文献资料，在此一并对相关人员表示感谢．

对于书中不妥甚至错误之处，希望各位读者不吝指正．

编　者

2020 年 6 月

目　　录

第一章　矩阵的初等变换与方程组的消元法

一、内容提要

1. 基本概念

（1）矩阵的定义：由 $m\times n$ 个数 $a_{ij}(i=1,2,\cdots,m;j=1,2,\cdots,n)$ 排成的 m 行 n 列的数表

$$\boldsymbol{A}=\begin{pmatrix} a_{11} & a_{12} & \cdots & a_{1n} \\ a_{21} & a_{22} & \cdots & a_{2n} \\ \vdots & \vdots & \ddots & \vdots \\ a_{m1} & a_{m2} & \cdots & a_{mn} \end{pmatrix}$$

称为 m 行 n 列**矩阵**，简称 $m\times n$ **矩阵**.

（2）方阵：行数与列数都等于 n 的矩阵称为 n **阶矩阵**或 n **阶方阵**，n 阶矩阵 A 也记作 $\boldsymbol{A}_n$.

（3）对角矩阵：主对角线元素不为零，其余元素全为零的方阵称为**对角矩阵**，简称**对角阵**，如：

$$\boldsymbol{\Lambda}=\begin{pmatrix} \lambda_1 & 0 & \cdots & 0 \\ 0 & \lambda_2 & \cdots & 0 \\ \vdots & \vdots & \ddots & \vdots \\ 0 & 0 & \cdots & \lambda_n \end{pmatrix}$$

也记为 $\boldsymbol{\Lambda}=\mathrm{diag}(\lambda_1,\lambda_2,\cdots,\lambda_n)$.

（4）单位矩阵：主对角线上的所有元素全为 1 的对角阵，称为**单位阵**，记作 $\boldsymbol{E}$.

（5）矩阵的初等变换：矩阵的下列 3 种变换称为矩阵的**初等行（列）变换**：

（ i ）交换矩阵的两行（列）（ $r_i\leftrightarrow r_j$； $c_i\leftrightarrow c_j$ ）；

（ii ）以一个非零实数 k 乘矩阵的某一行（列）（ $r_i\times k_j$； $c_i\times k$ ）；

（iii）把矩阵的某一行（列）的 k 倍加到另一行（列）（ r_i+kr_j； c_i+kc_j ），矩阵的**初等行变换**和**初等列变换**统称为矩阵的**初等变换**.

（6）矩阵等价：若矩阵 $\boldsymbol{A}$ 经过有限次初等变换变成矩阵 $\boldsymbol{B}$ ，则称矩阵 $\boldsymbol{A}$ 与 $\boldsymbol{B}$ **等价**，

记为：$\boldsymbol{A}\to\boldsymbol{B}$.

（7）行阶梯形矩阵：从矩阵每一行的第1个非零元（称为主元）开始，可画一条阶梯线，线下方全为0，上方不全为零，每个台阶只1行，台阶数即非零行的行数，如：

$$\boldsymbol{A}=\begin{pmatrix}1 & 0 & 2 & -2 & 5\\ 0 & -2 & 3 & 0 & 1\\ 0 & 0 & 0 & 2 & -3\\ 0 & 0 & 0 & 0 & 0\end{pmatrix}$$

（8）行最简形矩阵：满足下列条件的行阶梯形矩阵称为**行最简形矩阵**：

（ i ）非零行在零行的上方；

（ii）主元都为1；

（iii）主元所在列的其他元素都为零.

如：

$$\boldsymbol{A}=\begin{pmatrix}1 & 0 & \frac{1}{2} & 0 & \frac{7}{2}\\ 0 & 1 & -\frac{3}{4} & 0 & -\frac{1}{4}\\ 0 & 0 & 0 & 1 & -2\\ 0 & 0 & 0 & 0 & 0\end{pmatrix}$$

（9）矩阵的标准形：矩阵$\boldsymbol{A}$的**标准形**形如$\boldsymbol{F}=\begin{pmatrix}\boldsymbol{E}_r & 0\\ 0 & 0\end{pmatrix}_{m\times n}$，其中$r$就是行阶梯形矩阵中非零行的行数.

（10）线性方程组及其矩阵：线性方程组的一般形式为

$$\begin{cases}a_{11}x_1+a_{12}x_2+\cdots+a_{1n}x_n=b_1\\ a_{21}x_1+a_{22}x_2+\cdots+a_{2n}x_n=b_2\\ \qquad\cdots\cdots\\ a_{m1}x_1+a_{m2}x_2+\cdots+a_{mn}x_n=b_m\end{cases}\tag{1}$$

也可简记为

$$\sum_{j=1}^{n}a_{ij}x_j=b_i\quad(i=1,2,\cdots,m)$$

其中由方程组的系数a_{ij}组成的矩阵

$$\boldsymbol{A}=\left(a_{ij}\right)_{m\times n}=\begin{pmatrix}a_{11} & a_{12} & \cdots & a_{1n}\\ a_{21} & a_{22} & \cdots & a_{2n}\\ \vdots & \vdots & \ddots & \vdots\\ a_{m1} & a_{m2} & \cdots & a_{mn}\end{pmatrix}$$

称为线性方程组（1）的**系数矩阵**.

由方程组的常数项b_j组成列矩阵：

$$\boldsymbol{b}=\begin{pmatrix} b_1 \\ b_2 \\ \vdots \\ b_m \end{pmatrix}$$

由线性方程组的系数矩阵$\boldsymbol{A}$与$\boldsymbol{b}$组成的矩阵$\tilde{\boldsymbol{A}}$称为线性方程组（1）的**增广矩阵**：

$$\tilde{\boldsymbol{A}}=(\boldsymbol{A}\ \boldsymbol{b})=\begin{pmatrix} a_{11} & a_{12} & \cdots & a_{1n} & b_1 \\ a_{21} & a_{22} & \cdots & a_{2n} & b_2 \\ \vdots & \vdots & \ddots & \vdots & \vdots \\ a_{m1} & a_{m2} & \cdots & a_{mn} & b_m \end{pmatrix}$$

一个线性方程组与它的增广矩阵是一一对应的.

2. 主要定理

（1）矩阵等价关系的性质

- 自反性：$\boldsymbol{A}\to\boldsymbol{A}$；
- 对称性：若$\boldsymbol{A}\to\boldsymbol{B}$则$\boldsymbol{B}\to\boldsymbol{A}$；
- 传递性：若$\boldsymbol{A}\to\boldsymbol{B}$，$\boldsymbol{B}\to\boldsymbol{C}$，则$\boldsymbol{A}\to\boldsymbol{C}$.

行等价与列等价也具有上述性质.

（2）初等变换

- 任何一个$m\times n$的矩阵$\boldsymbol{A}$都可利用初等变换变成行阶梯形、行最简形、标准形.
- 矩阵$\boldsymbol{A}$与它的行阶梯形、行最简形、标准形**等价**.
- 矩阵$\boldsymbol{A}$可以只通过初等行变换变换成行阶梯形和行最简形，其中行阶梯形是不唯一的. 行阶梯形矩阵、行最简形矩阵与原矩阵**行等价**，行最简形矩阵是所有与原矩阵行等价的矩阵中形状最简单的矩阵.

（3）初等变换与消元法

- 用消元法解线性方程组的过程，就是把方程组的增广矩阵用初等行变换化为行最简形矩阵的过程.

二、典型例题解析

1. 矩阵与表格

例 1 某企业生产 A、B、C、D 4 种产品，各个季度的季度产值（单位：万元）如下表所示：

季度＼产品	A	B	C	D
1	80	75	75	78
2	98	70	85	84
3	90	75	90	90
4	88	70	82	80

请用矩阵表示上述数据.

分析 用一个 4 行 4 列的方阵表示 4 种产品分别在 4 个季度的产量，其中行代表季度，列代表不同的产品.

解
$$\begin{pmatrix} 80 & 75 & 75 & 78 \\ 98 & 70 & 85 & 84 \\ 90 & 75 & 90 & 90 \\ 88 & 70 & 82 & 80 \end{pmatrix}$$

也可用列代表季度，行代表不同的产品得到矩阵：

$$\begin{pmatrix} 80 & 98 & 90 & 88 \\ 75 & 70 & 75 & 70 \\ 75 & 85 & 90 & 82 \\ 78 & 84 & 90 & 80 \end{pmatrix}$$

评注 现实生活中，经常可以用矩阵来表示各种实际问题. 对于每个问题对应的矩阵有不同的实际意义，又有共同的特征. 例如，企业经常用到的年报表，月报表；林业用到的小班调查表；人事部门的员工信息表、员工工资表等. 把这些表格表示成矩阵，便于用线性代数的方法研究实际问题.

2. 矩阵的定义

例 2 已知矩阵 $\boldsymbol{A}=(a_{ij})$，其中 $a_{ij}=|i-j|\ \ (1\leqslant i,j\leqslant n)$，写出矩阵 $\boldsymbol{A}$.

分析 元素 a_{ij} 的第 1 个下标 i 表示元素所在的行，第 2 个下标 j 表示元素所在的列．可以根据题意列出矩阵 $\boldsymbol{A}$ 的所有项．

解　$a_{11}=0,a_{12}=1,a_{13}=2,\cdots,a_{1n}=n-1$

$a_{21}=1,a_{22}=0,a_{23}=1,\cdots,a_{2n}=n-2$

……

$a_{n1}=n-1,a_{n2}=n-2,a_{n3}=n-3,\cdots,a_{nn}=0$

所以 $\boldsymbol{A}=\begin{pmatrix} 0 & 1 & 2 & 3 & \cdots & n-1 \\ 1 & 0 & 1 & 2 & \cdots & n-2 \\ 2 & 1 & 0 & 1 & \cdots & n-3 \\ \vdots & \vdots & \vdots & \vdots & \ddots & \vdots \\ n-1 & n-2 & n-3 & n-4 & \cdots & 0 \end{pmatrix}$

评注　对于矩阵，要知道它的行数 m 、列数 n 及元素 a_{ij} ，其中元素 a_{ij} 的两个下标分别表示它在矩阵中的位置．本例中 $m=n$ ，说明矩阵 $\boldsymbol{A}$ 是一个方阵； $a_{ii}=|i-i|=0$，说明矩阵 $\boldsymbol{A}$ 的对角元素全为 0； $a_{ij}=|i-j|=a_{ji}$ ，说明矩阵 $\boldsymbol{A}$ 的元素关于主对角线对称．

例 3　设

$$\boldsymbol{A}=\begin{pmatrix} a+b & 0 & 2 & a \\ c & 1+c & -2 & 0 \\ b & b+c & 0 & 0 \end{pmatrix},\ \boldsymbol{B}=\begin{pmatrix} 3 & 0 & 2 & a \\ c & 4 & -2 & 0 \\ b & 5 & 0 & 0 \end{pmatrix}$$

已知 $\boldsymbol{A}=\boldsymbol{B}$ ，求 a，b，c .

分析　两个矩阵相等，是指对应的每一个元素相等．

解　因为

$$a+b=3$$
$$1+c=4$$
$$b+c=5$$

所以 $a=1$，$b=2$，$c=3$.

评注　两个矩阵相等，首先它们必须是同型矩阵，并且对应的元素相等，即

$$a_{ij}=b_{ij}\ (i=1,2,\cdots,m;\ j=1,2,\cdots,n)$$

3. 矩阵的初等变换

例 4　已知矩阵

$$\boldsymbol{A}=\begin{pmatrix} 2 & 3 & -1 & -3 & -2 \\ -1 & 2 & 3 & 1 & -3 \\ 0 & 1 & 5 & -1 & -8 \end{pmatrix}$$

对其作初等变换，化为行阶梯形矩阵、行最简形矩阵，以及标准形.

分析 先用初等行变换化为行阶梯形矩阵，再化为行最简形矩阵，最后再用初等列变换化为标准形. 化为行阶梯形矩阵的变换方法可以有很多，一般是以第 1 行的主元为基础，消去该列中其他行的元素，再以第 2 行的非零首元为基础，消去其他行的该列元素，如此循环，直至化为行阶梯形矩阵. 为了使计算简单，可作相应变换，使第 1 行元素简单，利于变换.

解 $\boldsymbol{A}=\begin{pmatrix} 2 & 3 & -1 & -3 & -2 \\ -1 & 2 & 3 & 1 & -3 \\ 0 & 1 & 5 & -1 & -8 \end{pmatrix}$

$$\xrightarrow{r_1\leftrightarrow r_2}\begin{pmatrix} -1 & 2 & 3 & 1 & -3 \\ 2 & 3 & -1 & -3 & -2 \\ 0 & 1 & 5 & -1 & -8 \end{pmatrix}\xrightarrow{r_2+2r_1}\begin{pmatrix} -1 & 2 & 3 & 1 & -3 \\ 0 & 7 & 5 & -1 & -8 \\ 0 & 1 & 5 & -1 & -8 \end{pmatrix}$$

$$\xrightarrow[r_2\div 6]{r_2-r_3}\begin{pmatrix} -1 & 2 & 3 & 1 & -3 \\ 0 & 1 & 0 & 0 & 0 \\ 0 & 1 & 5 & -1 & -8 \end{pmatrix}\xrightarrow{r_3-r_2}\begin{pmatrix} -1 & 2 & 3 & 1 & -3 \\ 0 & 1 & 0 & 0 & 0 \\ 0 & 0 & 5 & -1 & -8 \end{pmatrix}=\boldsymbol{B}$$

$\boldsymbol{B}$ 为行阶梯形矩阵. 继续把 $\boldsymbol{B}$ 化为行最简形矩阵：

$$\boldsymbol{B}\xrightarrow[\substack{r_1\times(-1)\\ r_3\div 5}]{r_1-2r_2}\begin{pmatrix} 1 & 0 & -3 & -1 & 3 \\ 0 & 1 & 0 & 0 & 0 \\ 0 & 0 & 1 & -\frac{1}{5} & -\frac{8}{5} \end{pmatrix}\xrightarrow{r_1+3r_3}\begin{pmatrix} 1 & 0 & 0 & -\frac{8}{5} & -\frac{9}{5} \\ 0 & 1 & 0 & 0 & 0 \\ 0 & 0 & 1 & -\frac{1}{5} & -\frac{8}{5} \end{pmatrix}=\boldsymbol{C}$$

$\boldsymbol{C}$ 为行最简形矩阵. 继续把 $\boldsymbol{C}$ 化为标准形矩阵：

$$\boldsymbol{C}\xrightarrow[c_5+\frac{9}{5}c_1+\frac{8}{5}c_3]{c_4+\frac{8}{5}c_1+\frac{1}{5}c_3}\begin{pmatrix} 1 & 0 & 0 & 0 & 0 \\ 0 & 1 & 0 & 0 & 0 \\ 0 & 0 & 1 & 0 & 0 \end{pmatrix}$$

评注 矩阵的初等变换是矩阵的一种十分重要的运算，它在整个矩阵理论中有重要作用，应该熟练掌握. 在变换过程中，不一定要按部就班地变换，有些时候根据变换过程中出现元素的特点，作一些非常规变换反而更简单.

任何一个 $m\times n$ 的矩阵 $\boldsymbol{A}$ 都可只利用初等行变换变成行最简形，而化为标准形往往需要作初等列变换.

行最简形矩阵是所有与原矩阵行等价的矩阵中形状最简单的矩阵.

标准形的形式 $\boldsymbol{F}=\begin{pmatrix} \boldsymbol{E}_r & 0 \\ 0 & 0 \end{pmatrix}_{m\times n}$ 只由 m,n,r 3 个数完全确定，其中 r 就是行阶梯形矩阵

中非零行的行数．所以，当得到行阶梯形矩阵时，就很容易得到标准形．

4. 利用矩阵的初等变换求解线性方程组

例 5　解线性方程组

$$\begin{cases} 2x_1 + x_2 - x_3 + x_4 = 1 \\ 4x_1 + 2x_2 - 2x_3 + x_4 = 2 \\ 2x_1 + x_2 - x_3 - x_4 = 1 \end{cases}$$

分析　线性方程组与它的增广矩阵一一对应，求解线性方程组只需要对它的增广矩阵施行一系列的初等行变换，将增广矩阵化为行最简形，从而得到最简方程组，最终得到方程组的解．

解　原方程组的增广矩阵 $\tilde{\boldsymbol{A}}=(\boldsymbol{A},\boldsymbol{b})$ 为：

$$\tilde{\boldsymbol{A}}=\begin{pmatrix} 2 & 1 & -1 & 1 & 1 \\ 4 & 2 & -2 & 1 & 2 \\ 2 & 1 & -1 & -1 & 1 \end{pmatrix}$$

对 $\tilde{\boldsymbol{A}}$ 施行初等行变换化为行阶梯形：

$$\tilde{\boldsymbol{A}}\xrightarrow[r_3-r_1]{r_2-2r_1}\begin{pmatrix} 2 & 1 & -1 & 1 & 1 \\ 0 & 0 & 0 & -1 & 0 \\ 0 & 0 & 0 & -2 & 0 \end{pmatrix}\xrightarrow{r_3-2r_2}\begin{pmatrix} 2 & 1 & -1 & 1 & 1 \\ 0 & 0 & 0 & -1 & 0 \\ 0 & 0 & 0 & 0 & 0 \end{pmatrix}$$

继续施行初等行变换化为行最简形：

$$\begin{pmatrix} 2 & 1 & -1 & 1 & 1 \\ 0 & 0 & 0 & -1 & 0 \\ 0 & 0 & 0 & 0 & 0 \end{pmatrix}\xrightarrow[\substack{r_1-r_2 \\ r_1\times(\frac{1}{2})}]{r_2\times(-1)}\begin{pmatrix} 1 & \frac{1}{2} & -\frac{1}{2} & 0 & \frac{1}{2} \\ 0 & 0 & 0 & 1 & 0 \\ 0 & 0 & 0 & 0 & 0 \end{pmatrix}$$

对应行最简方程组为：

$$\begin{cases} x_1+\frac{1}{2}x_2-\frac{1}{2}x_3 = \frac{1}{2} \\ x_4=0 \end{cases}$$

两个方程解 4 个未知量，令 x_2、x_3 为自由未知量，可以取任意值，故方程有无穷多解：

$$\begin{cases} x_1=\frac{1}{2}-\frac{1}{2}x_2+\frac{1}{2}x_3 \\ x_4=0 \end{cases}$$

令 $x_2 = k_1, x_3 = k_2$，则方程组得通解为：

$$\begin{cases} x_1 = \dfrac{1}{2} - \dfrac{1}{2}k_1 + \dfrac{1}{2}k_2 \\ x_4 = 0 \end{cases} \quad （k_1, k_2 \text{为任意常数}）$$

评注 将增广矩阵化为行最简形得到最简方程组后，得到有效方程的个数少于未知量的个数，这时方程组有自由未知量，方程组有无穷多解.

自由未知量的选择可以不同，一般选择增广矩阵的行最简形矩阵中每一行的主元对应的自变量为非自由未知量，其余自变量为自由未知量，这样最容易得到方程组的通解.

学习者在熟练掌握后，可不再写出最简方程组，而直接由行最简形矩阵得到方程组的解.

例 6 解线性方程组

$$\begin{cases} 4x_1 + 2x_2 - x_3 = 2 \\ 3x_1 - x_2 + 2x_3 = 10 \\ 11x_1 + 3x_2 = 8 \end{cases}$$

分析 这是一个三元线性方程组，3 个方程，3 个未知量，系数矩阵为方阵，仍然可以用初等行变换求解方程组.

解 原方程组的增广矩阵 $\tilde{\boldsymbol{A}} = (\boldsymbol{A}, \boldsymbol{b})$ 为：

$$\tilde{\boldsymbol{A}} = \begin{pmatrix} 4 & 2 & -1 & 2 \\ 3 & -1 & 2 & 10 \\ 11 & 3 & 0 & 8 \end{pmatrix}$$

对 $\tilde{\boldsymbol{A}}$ 施行初等行变换化为行阶梯形：

$$\tilde{\boldsymbol{A}} = \begin{pmatrix} 4 & 2 & -1 & 2 \\ 3 & -1 & 2 & 10 \\ 11 & 3 & 0 & 8 \end{pmatrix} \xrightarrow{r_1 - r_2} \begin{pmatrix} 1 & 3 & -3 & -8 \\ 3 & -1 & 2 & 10 \\ 11 & 3 & 0 & 8 \end{pmatrix}$$

$$\xrightarrow[r_3 - 11r_1]{r_2 - 3r_1} \begin{pmatrix} 1 & 3 & -3 & -8 \\ 0 & -10 & 11 & 34 \\ 0 & -30 & 33 & 96 \end{pmatrix} \xrightarrow{r_3 - 3r_2} \begin{pmatrix} 1 & 3 & -3 & -8 \\ 0 & -10 & 11 & 34 \\ 0 & 0 & 0 & -6 \end{pmatrix}$$

由行阶梯形矩阵对应的阶梯形方程组为：

$$\begin{cases} x_1 + 3x_2 - 3x_3 = -8 \\ -10x_2 + 11x_3 = 34 \\ 0 = -6 \end{cases}$$

方程组中的最后一个方程为矛盾方程，故原方程组无解.

评注 将方程组的增广矩阵化为行阶梯形后，可以看到是否有矛盾方程，从而判断方程组是否有解. 用初等行变换解线性方程组，对方程的个数和未知量的个数没有限制.

三、习题选解

1．甲、乙、丙、丁 4 人语文、数学、外语的期中、期末、平时考试成绩如下表所示：

期中考试

	语文	数学	外语
甲	94	90	97
乙	85	85	76
丙	98	95	97
丁	60	70	72

期末考试

	语文	数学	外语
甲	90	86	95
乙	78	80	70
丙	92	93	96
丁	66	74	75

平时

	语文	数学	外语
甲	94	80	90
乙	80	80	70
丙	90	90	100
丁	70	80	80

分别写出表示甲、乙、丙、丁 4 人的期中、期末和平时成绩的矩阵 $\boldsymbol{A}$，$\boldsymbol{B}$，$\boldsymbol{C}$.

解

$$\boldsymbol{A}=\begin{pmatrix}94 & 90 & 97\\85 & 85 & 76\\98 & 95 & 97\\60 & 70 & 72\end{pmatrix}\quad \boldsymbol{B}=\begin{pmatrix}90 & 86 & 95\\78 & 80 & 70\\92 & 93 & 96\\66 & 74 & 75\end{pmatrix}\quad \boldsymbol{C}=\begin{pmatrix}94 & 80 & 90\\80 & 80 & 70\\90 & 90 & 100\\70 & 80 & 80\end{pmatrix}$$

2．设矩阵

$$\boldsymbol{A}=\begin{pmatrix}3 & m+n & 4\\1 & m & n\end{pmatrix},\ \boldsymbol{B}=\begin{pmatrix}n & 5 & 4\\1 & m & n\end{pmatrix}$$

已知 $\boldsymbol{A}=\boldsymbol{B}$，求 m,n .

解 $\because \begin{cases} 3=n \\ m+n=5 \end{cases}$ $\therefore \begin{cases} m=2 \\ n=3 \end{cases}$

3．把下列矩阵变为行阶梯形.

（1）$A=\begin{pmatrix} 1 & 2 & 0 & 0 & 1 \\ 0 & 3 & 7 & 2 & 0 \\ 1 & 1 & 0 & 0 & 3 \\ 2 & 1 & 0 & 6 & 6 \end{pmatrix}$ （2）$A=\begin{pmatrix} 1 & 3 & -9 & 3 \\ 0 & 1 & -3 & 4 \\ -2 & -3 & 9 & 6 \end{pmatrix}$

（3）$A=\begin{pmatrix} 1 & 0 & -1 & 2 \\ 2 & 0 & 1 & -3 \\ 3 & 0 & 0 & 1 \end{pmatrix}$ （4）$A=\begin{pmatrix} 0 & 2 & -1 & 4 \\ 0 & 4 & 3 & 5 \\ 0 & -2 & 6 & -7 \\ 0 & 2 & -6 & 5 \end{pmatrix}$

解 （1）$A=\begin{pmatrix} 1 & 2 & 0 & 0 & 1 \\ 0 & 3 & 7 & 2 & 0 \\ 1 & 1 & 0 & 0 & 3 \\ 2 & 1 & 0 & 6 & 6 \end{pmatrix}$

$$\xrightarrow[r_4-2r_1]{r_3-r_1}\begin{pmatrix} 1 & 2 & 0 & 0 & 1 \\ 0 & 3 & 7 & 2 & 0 \\ 0 & -1 & 0 & 0 & 2 \\ 0 & -3 & 0 & 6 & 4 \end{pmatrix}\xrightarrow{r_3\leftrightarrow r_2}\begin{pmatrix} 1 & 2 & 0 & 0 & 1 \\ 0 & -1 & 0 & 0 & 2 \\ 0 & 3 & 7 & 2 & 0 \\ 0 & -3 & 0 & 6 & 4 \end{pmatrix}$$

$$\xrightarrow{r_4+r_3}\begin{pmatrix} 1 & 2 & 0 & 0 & 1 \\ 0 & -1 & 0 & 0 & 2 \\ 0 & 3 & 7 & 2 & 0 \\ 0 & 0 & 7 & 8 & 4 \end{pmatrix}\xrightarrow{r_3+3r_2}\begin{pmatrix} 1 & 2 & 0 & 0 & 1 \\ 0 & -1 & 0 & 0 & 2 \\ 0 & 0 & 7 & 2 & 6 \\ 0 & 0 & 7 & 8 & 4 \end{pmatrix}$$

$$\xrightarrow{r_4-r_3}\begin{pmatrix} 1 & 2 & 0 & 0 & 1 \\ 0 & -1 & 0 & 0 & 2 \\ 0 & 0 & 7 & 2 & 6 \\ 0 & 0 & 0 & 6 & -2 \end{pmatrix}$$

（2）$\begin{pmatrix} 1 & 3 & -9 & 3 \\ 0 & 1 & -3 & 4 \\ -2 & -3 & 9 & 6 \end{pmatrix}\xrightarrow{r_3+2r_1}\begin{pmatrix} 1 & 3 & -9 & 3 \\ 0 & 1 & -3 & 4 \\ 0 & 3 & -9 & 12 \end{pmatrix}\xrightarrow{r_3-3r_2}\begin{pmatrix} 1 & 3 & -9 & 3 \\ 0 & 1 & -3 & 4 \\ 0 & 0 & 0 & 0 \end{pmatrix}$

（3）$\begin{pmatrix} 1 & 0 & -1 & 2 \\ 2 & 0 & 1 & -3 \\ 3 & 0 & 0 & 1 \end{pmatrix}\xrightarrow[r_3-3r_1]{r_2-2r_1}\begin{pmatrix} 1 & 0 & -1 & 2 \\ 0 & 0 & 3 & -7 \\ 0 & 0 & 3 & -5 \end{pmatrix}\xrightarrow{r_3-r_2}\begin{pmatrix} 1 & 0 & -1 & 2 \\ 0 & 0 & 3 & -7 \\ 0 & 0 & 0 & 2 \end{pmatrix}$

（4）$\begin{pmatrix} 0 & 2 & -1 & 4 \\ 0 & 4 & 3 & 5 \\ 0 & -2 & 6 & -7 \\ 0 & 2 & -6 & 5 \end{pmatrix} \xrightarrow[r_4 - r_1]{\substack{r_2 - 2r_1 \\ r_3 + r_1}} \begin{pmatrix} 0 & 2 & -1 & 4 \\ 0 & 0 & 5 & -3 \\ 0 & 0 & 5 & -3 \\ 0 & 0 & -5 & 1 \end{pmatrix}$

$$\xrightarrow[r_4 + r_2]{r_3 - r_2} \begin{pmatrix} 0 & 2 & -1 & 4 \\ 0 & 0 & 5 & -3 \\ 0 & 0 & 0 & 0 \\ 0 & 0 & 0 & -2 \end{pmatrix} \xrightarrow{r_3 \leftrightarrow r_4} \begin{pmatrix} 0 & 2 & -1 & 4 \\ 0 & 0 & 5 & -3 \\ 0 & 0 & 0 & -2 \\ 0 & 0 & 0 & 0 \end{pmatrix}$$

4．把上题中的各矩阵变为行最简形.

解　（1）$\begin{pmatrix} 1 & 2 & 0 & 0 & 1 \\ 0 & -1 & 0 & 0 & 2 \\ 0 & 0 & 7 & 2 & 6 \\ 0 & 0 & 0 & 6 & -2 \end{pmatrix} \xrightarrow[r_4 \times \frac{1}{6}]{\substack{r_2 \times (-1) \\ r_3 \times \frac{1}{7}}} \begin{pmatrix} 1 & 2 & 0 & 0 & 1 \\ 0 & 1 & 0 & 0 & -2 \\ 0 & 0 & 1 & \frac{2}{7} & \frac{6}{7} \\ 0 & 0 & 0 & 1 & -\frac{1}{3} \end{pmatrix}$

$$\xrightarrow[r_1 - 2r_2]{r_3 - \frac{2}{7}r_4} \begin{pmatrix} 1 & 0 & 0 & 0 & 5 \\ 0 & 1 & 0 & 0 & -2 \\ 0 & 0 & 1 & 0 & \frac{20}{21} \\ 0 & 0 & 0 & 1 & -\frac{1}{3} \end{pmatrix}$$

（2）$\begin{pmatrix} 1 & 3 & -9 & 3 \\ 0 & 1 & -3 & 4 \\ 0 & 0 & 0 & 0 \end{pmatrix} \xrightarrow{r_1 - 3r_2} \begin{pmatrix} 1 & 0 & 0 & -9 \\ 0 & 1 & -3 & 4 \\ 0 & 0 & 0 & 0 \end{pmatrix}$

（3）$\begin{pmatrix} 1 & 0 & -1 & 2 \\ 0 & 0 & 3 & -7 \\ 0 & 0 & 0 & 2 \end{pmatrix} \xrightarrow[r_3 \times \frac{1}{2}]{r_2 \times \frac{1}{3}} \begin{pmatrix} 1 & 0 & -1 & 2 \\ 0 & 0 & 1 & -\frac{7}{3} \\ 0 & 0 & 0 & 1 \end{pmatrix}$

$$\xrightarrow[r_2 + \frac{7}{3}r_3]{r_1 - 2r_3} \begin{pmatrix} 1 & 0 & -1 & 0 \\ 0 & 0 & 1 & 0 \\ 0 & 0 & 0 & 1 \end{pmatrix} \xrightarrow{r_1 + r_2} \begin{pmatrix} 1 & 0 & 0 & 0 \\ 0 & 0 & 1 & 0 \\ 0 & 0 & 0 & 1 \end{pmatrix}$$

（4）$\begin{pmatrix} 0 & 2 & -1 & 4 \\ 0 & 0 & 5 & -3 \\ 0 & 0 & 0 & -2 \\ 0 & 0 & 0 & 0 \end{pmatrix} \xrightarrow[r_3\times\left(-\frac{1}{2}\right)]{r_1\times\frac{1}{2},\ r_2\times\frac{1}{5}} \begin{pmatrix} 0 & 1 & -\frac{1}{2} & 2 \\ 0 & 0 & 1 & -\frac{3}{5} \\ 0 & 0 & 0 & 1 \\ 0 & 0 & 0 & 0 \end{pmatrix}$

$$\xrightarrow[r_1-2r_3]{r_2+\frac{3}{5}r_3} \begin{pmatrix} 0 & 1 & -\frac{1}{2} & 0 \\ 0 & 0 & 1 & 0 \\ 0 & 0 & 0 & 1 \\ 0 & 0 & 0 & 0 \end{pmatrix} \xrightarrow{r_1+\frac{1}{2}r_2} \begin{pmatrix} 0 & 1 & 0 & 0 \\ 0 & 0 & 1 & 0 \\ 0 & 0 & 0 & 1 \\ 0 & 0 & 0 & 0 \end{pmatrix}$$

5．写出下面线性方程组所对应的系数矩阵和增广矩阵.

$$\begin{cases} x_1 + x_2 + x_3 + x_4 = 5 \\ x_1 + 2x_2 - x_3 + 4x_4 = -2 \\ 2x_1 - 3x_2 - x_3 - 5x_4 = -2 \\ 3x_1 + x_2 + 2x_3 + 11x_4 = 0 \end{cases}$$

解　系数矩阵为 $\boldsymbol{A} = \begin{pmatrix} 1 & 1 & 1 & 1 \\ 1 & 2 & -1 & 4 \\ 2 & -3 & -1 & -5 \\ 3 & 1 & 2 & 11 \end{pmatrix}$

增广矩阵为　$\boldsymbol{B} = \begin{pmatrix} 1 & 1 & 1 & 1 & 5 \\ 1 & 2 & -1 & 4 & -2 \\ 2 & -3 & -1 & -5 & -2 \\ 3 & 1 & 2 & 11 & 0 \end{pmatrix}$

6．已知线性方程组的增广矩阵为：

$$\tilde{\boldsymbol{A}} = \begin{pmatrix} 1 & 2 & 1 & 0 & 0 \\ 0 & 1 & 2 & 3 & 2 \\ 4 & 1 & 5 & 0 & 1 \end{pmatrix}$$

写出矩阵 $\tilde{\boldsymbol{A}}$ 所对应的线性方程组.

解 $\begin{cases} x_1 + 2x_2 + x_3 = 0 \\ x_2 + 2x_3 + 3x_4 = 2 \\ 4x_1 + x_2 + 5x_3 = 1 \end{cases}$

7．用矩阵的初等变换解下列方程组：

（1）$\begin{cases} 3x_2+6x_3=24 \\ 4x_1+5x_2+9x_3=1 \\ 7x_1+2x_2+8x_3=\dfrac{21}{4} \end{cases}$

解　原方程组的增广矩阵为

$$B=\begin{pmatrix} 0 & 3 & 6 & 24 \\ 4 & 5 & 9 & 1 \\ 7 & 2 & 8 & \dfrac{21}{4} \end{pmatrix}$$

施行初等行变换得

$$B\xrightarrow[r_2\div 3]{r_1\leftrightarrow r_2}\begin{pmatrix} 4 & 5 & 9 & 1 \\ 0 & 1 & 2 & 8 \\ 7 & 2 & 8 & \dfrac{21}{4} \end{pmatrix}\xrightarrow{r_3-\frac{7}{4}r_1}\begin{pmatrix} 4 & 5 & 9 & 1 \\ 0 & 1 & 2 & 8 \\ 0 & -\dfrac{27}{4} & -\dfrac{31}{4} & \dfrac{7}{2} \end{pmatrix}$$

$$\xrightarrow{r_3\times(-4)}\begin{pmatrix} 4 & 5 & 9 & 1 \\ 0 & 1 & 2 & 8 \\ 0 & 27 & 31 & -14 \end{pmatrix}\xrightarrow{r_3-27r_2}\begin{pmatrix} 4 & 5 & 9 & 1 \\ 0 & 1 & 2 & 8 \\ 0 & 0 & -23 & -230 \end{pmatrix}\xrightarrow[r_2-2r_3]{r_3\div(-23)}$$

$$\begin{pmatrix} 4 & 5 & 9 & 1 \\ 0 & 1 & 0 & -12 \\ 0 & 0 & 1 & 10 \end{pmatrix}\xrightarrow[r_1-9r_3]{r_1-5r_2}\begin{pmatrix} 4 & 0 & 0 & -29 \\ 0 & 1 & 0 & -12 \\ 0 & 0 & 1 & 10 \end{pmatrix}\xrightarrow{r_1\div 4}\begin{pmatrix} 1 & 0 & 0 & -\dfrac{29}{4} \\ 0 & 1 & 0 & -12 \\ 0 & 0 & 1 & 10 \end{pmatrix}$$

所以原方程组的解为：$\begin{cases} x_1=-\dfrac{29}{4} \\ x_2=-12 \\ x_3=10 \end{cases}$

（2）$\begin{cases} x_1-x_2-2x_3=5 \\ 2x_1+3x_2-7x_3=13 \\ x_1+4x_2-5x_3=10 \end{cases}$

解　原方程的增广矩阵为

$$B=\begin{pmatrix} 1 & -1 & -2 & 5 \\ 2 & 3 & -7 & 13 \\ 1 & 4 & -5 & 10 \end{pmatrix}$$

对 $\boldsymbol{B}$ 施行初等行变换

$$\boldsymbol{B}\xrightarrow[r_3-r_1]{r_2-2r_1}\begin{pmatrix}1&-1&-2&5\\0&5&-3&3\\0&5&-3&5\end{pmatrix}\xrightarrow{r_3-r_2}\begin{pmatrix}1&-1&2&5\\0&5&-3&3\\0&0&0&2\end{pmatrix}$$

得同解方程组：

$$\begin{cases}x_1-x_2+2x_3=5\\ \quad 5x_2-3x_3=3\\ \qquad\qquad 0=2\end{cases}$$

有矛盾方程，方程组无解.

（3）$\begin{cases}x_1-x_2-x_3+2x_4=1,\\2x_1-x_2-3x_3+x_4=6,\\3x_1+2x_2-8x_3-9x_4=23.\end{cases}$

解 原方程组的增广矩阵为

$$\boldsymbol{B}=\begin{pmatrix}1&-1&-1&2&1\\2&-1&-3&1&6\\3&2&-8&-9&23\end{pmatrix}\xrightarrow[r_3-3r_1]{r_2-2r_1}\begin{pmatrix}1&-1&-1&2&1\\0&1&-1&-3&4\\0&5&-5&-15&20\end{pmatrix}$$

$$\xrightarrow{r_3-5r_2}\begin{pmatrix}1&-1&-1&2&1\\0&1&-1&-3&4\\0&0&0&0&0\end{pmatrix}\xrightarrow{r_1+r_2}\begin{pmatrix}1&0&-2&-1&5\\0&1&-1&-3&4\\0&0&0&0&0\end{pmatrix}$$

所以方程组的解为：

$$\begin{cases}x_1=5+2x_3+x_4\\x_2=4+x_3+3x_4\end{cases}\quad（x_3、x_4\text{取任意实数}）$$

四、思考练习题

1. 思考题

（1）矩阵相等与矩阵等价有什么区别？

（2）矩阵等价与行等价有什么区别？

（3）矩阵等价与列等价有什么区别？

（4）用初等变换求解线性方程组时，能不能用列变换？

2. 判断题

（1）和数字无关的问题不能用矩阵表示.　（　　）

（2）所有的零矩阵相等.　（　　）

（3）所有的单位阵相等.　（　　）

（4）对矩阵作初等变换后，得到的矩阵与原矩阵相等.　（　　）

（5）任何一个矩阵与它的行阶梯形、行最简形及标准形是等价的.　（　　）

（6）任何一个矩阵与它的行阶梯形、行最简形行等价，与它的标准形列等价.　（　　）

（7）用消元法求解线性方程组相当于对方程组的增广矩阵施行一系列的初等行变换.　（　　）

（8）用初等变换求解线性方程组，既可以用初等行变换，又可以用初等列变换.　（　　）

（9）等价的矩阵对应的线性方程组是同解的.　（　　）

（10）当方程的个数刚好等于未知量的个数时，才可以用矩阵的初等变换来求解线性方程组.　（　　）

3. 单选题

（1）对矩阵的以下变换中，不属于矩阵的初等变换的是（　　）.

A. $r_i \leftrightarrow r_j$　　B. $r_i \times \frac{1}{k}$，其中 $k \neq 0$

C. $r_i - k \times r_j$　　D. $r_i \times 0$

（2）以下说法中，错误的是（　　）.

A. 任一矩阵都可以用初等行变换化为行阶梯形矩阵

B. 任一矩阵都可以用初等行变换化为行最简形矩阵

C. 任一矩阵都可以用初等行变换化为标准形矩阵

D. 一个矩阵的标准形矩阵是唯一的

（3）关于矩阵等价的以下结论中，错误的是（　　）.

A. 若矩阵 $\boldsymbol{A}$ 与矩阵 $\boldsymbol{B}$ 等价，则它们的行最简形矩阵也等价

B. 若矩阵 $\boldsymbol{A}$ 与 3 阶单位矩阵 $\boldsymbol{E}_3$ 等价，则 $\boldsymbol{A}$ 的行阶梯形矩阵一定含有 3 个非零行

C. 若矩阵 $\boldsymbol{A}$ 与矩阵 $\boldsymbol{B}$ 等价，则矩阵 $\boldsymbol{A}$ 的标准形与矩阵 $\boldsymbol{B}$ 的标准形相同

D. 若矩阵 $\begin{pmatrix} a_{11} & a_{12} & a_{13} \\ a_{21} & a_{22} & a_{23} \\ a_{31} & a_{32} & a_{33} \end{pmatrix}$ 与 $\begin{pmatrix} b_{11} & b_{12} & b_{13} \\ b_{21} & b_{22} & b_{23} \\ b_{31} & b_{32} & b_{33} \end{pmatrix}$ 等价，则方程组

$$\begin{cases}a_{11}x_1+a_{12}x_1+a_{13}x_1=0\\a_{21}x_1+a_{22}x_1+a_{23}x_1=0\\a_{31}x_1+a_{32}x_1+a_{33}x_1=0\end{cases}$$ 与 $$\begin{cases}b_{11}x_1+b_{12}x_1+b_{13}x_1=0\\b_{21}x_1+b_{22}x_1+b_{23}x_1=0\\b_{31}x_1+b_{32}x_1+b_{33}x_1=0\end{cases}$$ 同解

（4）下列矩阵中，属于行最简形矩阵的是（　　）.

A. $\begin{pmatrix}0&1&0&1\\0&0&1&1\\0&0&0&0\end{pmatrix}$　　B. $\begin{pmatrix}1&1&0&1\\0&1&1&1\\0&0&0&0\end{pmatrix}$

C. $\begin{pmatrix}1&0&0&1\\0&1&0&0\\0&1&0&1\end{pmatrix}$　　D. $\begin{pmatrix}1&0&1&1\\0&1&1&0\\0&0&0&1\end{pmatrix}$

（5）矩阵 $\boldsymbol{A}=\begin{pmatrix}2&1&2&3\\4&1&3&5\\2&0&1&2\end{pmatrix}$ 的标准形是（　　）.

A. $\begin{pmatrix}1&0&0&0\\0&0&0&0\\0&0&0&0\end{pmatrix}$　　B. $\begin{pmatrix}1&0&0&0\\0&1&0&0\\0&0&0&0\end{pmatrix}$

C. $\begin{pmatrix}1&0&0&0\\0&1&0&0\\0&0&1&0\end{pmatrix}$　　D. $\begin{pmatrix}1&0&0&0\\0&1&0&0\\0&0&0&1\end{pmatrix}$

（6）方程组 $\begin{cases}2x_1+2x_2-x_3=6\\x_1-2x_2+4x_3=3\\5x_1+7x_2+x_3=28\end{cases}$ 解的情况为（　　）.

A. 无解　　B. 只有唯一解　　C. 只有两个不同的解　　D. 有无穷多解

（7）已知方程组 $\begin{cases}x_1-ax_2-2x_3=-1\\x_1-x_2+ax_3=2\\5x_1-5x_2-4x_3=1\end{cases}$ 无解，则常数 $a=$（　　）.

A. 1　　B. $-\dfrac{4}{5}$　　C. 0　　D. $\dfrac{1}{2}$

（8）方程组 $\begin{cases}x_1+x_4=1\\x_2-2x_4=2\\x_3+x_4=-1\end{cases}$ 的解中，自由未知量的个数为（　　）.

A. 0 个　　B. 1 个　　C. 2 个　　D. 3 个

第二章　方阵的行列式及其性质

一、内容提要

1. 基本概念

（1）排列：由 n 个数码组成的有序数组称为 n 阶**排列**.

（2）逆序与逆序数：在一个排列中，如果一对数的前后位置与大小顺序相反，即前面的数大于后面的数，那么就称为**逆序**，一个排列中逆序的总数就称为这个排列的**逆序数**. 逆序数为偶数的排列称为**偶排列**；逆序数为奇数的排列称为**奇排列**.

（3）对换：在一个 n 级排列 $j_1 j_2 ... j_n$ 中，将其中两个数字 j_i, j_k 对调，而其余数字不动，这样一次对调称为**对换**.

（4）n 阶行列式：n 阶矩阵 $\boldsymbol{A}=\begin{pmatrix} a_{11} & a_{12} & \cdots & a_{1n} \\ a_{21} & a_{22} & \cdots & a_{2n} \\ \vdots & \vdots & \ddots & \vdots \\ a_{n1} & a_{n2} & \cdots & a_{nn} \end{pmatrix}$ 的**行列式**为

$$\begin{vmatrix} a_{11} & a_{12} & \cdots & a_{1n} \\ a_{21} & a_{22} & \cdots & a_{2n} \\ \vdots & \vdots & \ddots & \vdots \\ a_{n1} & a_{n2} & \cdots & a_{nn} \end{vmatrix}$$

等于 $\boldsymbol{A}$ 中所有取自不同行不同列的 n 个元素的乘积 $a_{1j_1} a_{2j_2} \cdots a_{nj_n}$ 的代数和，这里 $j_1 j_2 \cdots j_n$ 是$1,2,\cdots,n$ 的一个排列. 当 $j_1 j_2 \cdots j_n$ 是偶排列时，该项带有正号；当 $j_1 j_2 \cdots j_n$ 是奇排列时，该项带有负号. 记为

$$\begin{vmatrix} a_{11} & a_{12} & \cdots & a_{1n} \\ a_{21} & a_{22} & \cdots & a_{2n} \\ \vdots & \vdots & \ddots & \vdots \\ a_{n1} & a_{n2} & \cdots & a_{nn} \end{vmatrix} = \sum_{j_1 j_2 \cdots j_n} (-1)^{\tau(j_1 j_2 \cdots j_n)} a_{1j_1} a_{2j_2} \cdots a_{nj_n}$$

其中 $\sum\limits_{j_1 j_2 \cdots j_n}$ 表示对所有 n 阶排列求和.

（5）余子式与代数余子式：在行列式$\left|a_{ij}\right|$中划去元素a_{ij}所在的第i行与第j列，剩下的$(n-1)^2$个元素，不改变它们的相对位置所构成的$n-1$阶行列式叫作元素a_{ij}的**余子式**，记为M_{ij}；M_{ij}乘以$(-1)^{i+j}$所得的式子，叫作元素a_{ij}的**代数余子式**，记为A_{ij}，即$A_{ij}=(-1)^{i+j}M_{ij}$.

（6）齐次线性方程组：形如

$$\begin{cases} a_{11}x_1+a_{12}x_2+\cdots+a_{1n}x_n=0 \\ a_{21}x_1+a_{22}x_2+\cdots+a_{2n}x_n=0 \\ \qquad\cdots\cdots \\ a_{n1}x_1+a_{n2}x_2+\cdots+a_{nn}x_n=0 \end{cases}$$

的线性方程组称为**齐次线性方程组**.

2. 主要定理

（1）排列的性质

- 对换改变排列的奇偶性.
- 在全部n（$n>1$）阶排列中，奇、偶排列的个数相等，各有$\frac{n!}{2}$个.
- 任意一个n阶排列与排列$12\cdots n$都可以经过一系列对换互变，并且所作对换的个数与这个排列有相同的奇偶性.

（2）行列式的性质

- 矩阵转置，其行列式不变，即$\det \boldsymbol{A}^{\mathrm{T}}=\det \boldsymbol{A}$.
- 交换矩阵的两行（列），其行列式改变符号.
- 如果行列式有两行（列）元素对应相等，则该行列式的值为零.
- 行列式的某行（列）数乘k，相当于这个数k乘整个行列式；或者说，行列式某一行（列）的公因子可以提到行列式的外面.
- 如果行列式有一行（列）的元素全为零，则该行列式的值为零.
- 如果矩阵的两行（列）对应元素成比例，则其行列式为零.
- $\begin{vmatrix} a_{11} & a_{12} & \cdots & a_{1n} \\ \vdots & \vdots & \ddots & \vdots \\ b_1+c_1 & b_2+c_2 & \cdots & b_n+c_n \\ \vdots & \vdots & \ddots & \vdots \\ a_{n1} & a_{n2} & \cdots & a_{nn} \end{vmatrix}=\begin{vmatrix} a_{11} & a_{12} & \cdots & a_{1n} \\ \vdots & \vdots & \ddots & \vdots \\ b_1 & b_2 & \cdots & b_n \\ \vdots & \vdots & \ddots & \vdots \\ a_{n1} & a_{n2} & \cdots & a_{nn} \end{vmatrix}+\begin{vmatrix} a_{11} & a_{12} & \cdots & a_{1n} \\ \vdots & \vdots & \ddots & \vdots \\ c_1 & c_2 & \cdots & c_n \\ \vdots & \vdots & \ddots & \vdots \\ a_{n1} & a_{n2} & \cdots & a_{nn} \end{vmatrix}$，关于列也有类似的性质.
- 把行列式某一行（列）的倍数加到另一行（列），行列式的值不变.

- 对方阵作初等变换，不改变其行列式的非零性.

（3）按行（列）展开定理

- 行列式等于它的任何一行（列）的元素与其对应的代数余子式的乘积之和.
- 行列式某一行（列）的元素与另一行（列）对应元素的代数余子式乘积之和等于零.

（4）克莱姆法则

- 若方程组的系数行列式 $D\neq 0$，则方程组有唯一解：

$$x_1=\frac{D_1}{D},\quad x_2=\frac{D_2}{D},\quad \cdots,\quad x_n=\frac{D_n}{D}$$

其中 $D_j(j=1,2,\cdots,n)$ 是将行列式 D 的第 j 列用方程组的常数项 $b_1,b_2,\cdots,b_n$ 取代后所得到的 n 阶行列式.

- 若齐次线性方程组的系数行列式 $D\neq 0$，则它只有零解.

二、典型例题解析

1. 排列逆序数的计算

例 1　计算下列排列的逆序数，并讨论它们的奇偶性.

（1）52341768　　　　（2）n，n-1，…，2，1

分析　依次算出排列中排在 1，2，…，n 前面的数码个数，并随即划掉它（这是为了保证每个数码前面的数字都比它大），然后相加，即是该排列的逆序数；根据逆序数的奇偶就知道排列的奇偶性.

解　（1）$\tau(52341768)$=4+1+1+1+0+1+0+0=8，该排列为偶排列.

（2）数码 1 的前面有 $n-1$ 个数码，2 的前面有 $n-2$ 个数码，…，所以

$$\tau(n,n-1,\cdots,2,1)=(n-1)+(n-2)+\cdots+1=\frac{n(n-1)}{2}.$$

当 $n=4k,4k+1$ 时，$\frac{n(n-1)}{2}$ 为偶数，所给排列为列；当 $n=4k+2,4k+3$ 时，$\frac{n(n-1)}{2}$ 为奇数，所给排列为奇排列.

评注　计算排列的逆序数还有其他一些方法，例如，依次算出排列中每个数码后面比它小的数码个数，然后相加；依次算出排列中每个数码前面比它大的数码个数，然后相加，等等. 而讨论排列的奇偶性也有不同的方法，例如，在不需要计算逆序数时，可以利用一系列对换将所给排列变为自然排列，所作的对换个数的奇偶性就是这个排列的奇偶性. 但是需要指出，这里所作的对换个数只是与原排列的奇偶性相同，并不能说就是这个排列的逆序数.

对于含有字母（n）的一般排列，要根据 n 的奇偶性仔细计算排列的奇偶性（如例中（2））.

2. 行列式的一般项

例 2 写出 4 阶行列式 $\begin{vmatrix} a_{11} & a_{12} & a_{13} & a_{14} \\ a_{21} & a_{22} & a_{23} & a_{24} \\ a_{31} & a_{32} & a_{33} & a_{34} \\ a_{41} & a_{42} & a_{43} & a_{44} \end{vmatrix}$ 中含有因子 $a_{11}a_{23}$ 的项.

分析 4 阶行列式的一项是由该行列式中的不同行不同列的 4 个元素构成的乘积形式，可以用穷举法列出满足条件的所有项.

解 由定义知，4 阶行列式的一般项为 $(-1)^{\tau}a_{1p_1}a_{2p_2}a_{3p_3}a_{4p_4}$，其中 τ 为 $p_1p_2p_3p_4$ 的逆序数.

由于 $p_1=1, p_2=3$ 已固定，$p_1p_2p_3p_4$ 只能形如13□□，即 1324 或 1342. 对应的逆序数分别为：

$$0+0+1+0=1 \text{或} 0+0+0+2=2$$

所以，$-a_{11}a_{23}a_{32}a_{44}$ 和 $a_{11}a_{23}a_{34}a_{42}$ 为所求.

评注 几个元素的乘积是否为 n 阶行列式的一项，需要考察：（1）乘积中元素的个数是否为 n 个；（2）这些元素是否位于行列式的不同行不同列. 而要判断元素是否位于行列式的不同行（列），只要观察它们的下标即可. 如果要确定行列式中一项所带的符号，可以把乘积中的元素按照行（或列）的自然次序排列好，计算其列（或行）标的逆序数，按其奇偶性确定符号的正负. 当然，也可以对项的元素任意排列，按行、列指标的逆序数之和的奇偶性来确定项的符号.

例 3 说明下列行列式是一个多项式，并指出其中 x^4 与 x^3 的系数：

$$\begin{vmatrix} 3x & -x & 1 & 0 \\ 1 & x & -1 & 1 \\ -5 & 7 & x & 0 \\ 0 & -1 & 1 & x \end{vmatrix}$$

分析 要说明所给行列式是一个多项式，其实就是要说明行列式的展开式是关于 x 的整式，也就是说，是由数字和 x 经过加、减、乘法计算而来的；要计算各项的系数，也就是要考察行列式中哪些元素相乘可以得到该次项.

解 按照行列式的定义，其值是由位于不同行不同列的 4 个元素乘积之代数和，即每项都是由常数或者 x 相乘而得的，所以它是一个多项式. 又因为含 x^4 的项只有 $a_{11}a_{22}a_{33}a_{44}$，且该项带正号，故 x^4 的系数为 3；同样，含 x^3 的项只有 $a_{12}a_{21}a_{33}a_{44}$，它的列下标为奇排列，即带有负号，于是 x^3 的系数为 1.

评注 如果所给的行列式是由数字和整式构成的，则该行列式的值也必定是整式（即多项式）. 但是如果行列式的元素本身就含有分式，结论就不一定了. 另外，在计算其中

k 次项的系数时，要找到所有可以构成 x^k 的项，然后合并起来.

3. 行列式的计算

例 4　（化三角形法）计算 n 阶行列式：

$$D=\begin{vmatrix}1&2&2&\cdots&2\\2&2&2&\cdots&2\\2&2&3&\cdots&2\\\vdots&\vdots&\vdots&\ddots&\vdots\\2&2&2&\cdots&n\end{vmatrix}$$

分析　本题行列式的特点是除了对角线元素，其余元素都是 2，可以考虑利用第 2 行将其他各行的 2 都化为 0.

解　将行列式的第 2 行乘以（−1）加到其他各行上去，得

$$D=\begin{vmatrix}-1&0&0&\cdots&0\\2&2&2&\cdots&2\\0&0&1&\cdots&0\\\vdots&\vdots&\vdots&\ddots&\vdots\\0&0&0&\cdots&n-2\end{vmatrix}\xlongequal{\text{按第1行展开}}(-1)\begin{vmatrix}2&2&2&\cdots&2\\0&1&0&\cdots&0\\0&0&2&\cdots&0\\\vdots&\vdots&\vdots&\ddots&\vdots\\0&0&0&\cdots&n-2\end{vmatrix}=-2(n-2)!$$

评注　化三角形法，是指利用行列式的性质（主要是矩阵的初等变换对应的性质）进行化零操作，最终将行列式化为上（或下）三角形. 在化零的过程中，要注意充分利用“把行列式某一行（列）的倍数加到另一行（列），行列式的值不变”这个性质. 对整数（式）行列式，还要尽量避免分数（式）的出现.

例 5　（降阶法）计算 4 阶行列式：

$$D=\begin{vmatrix}1&2&3&4\\1&0&1&2\\3&-1&-1&0\\1&2&0&-5\end{vmatrix}$$

分析　这是一个纯数字的 4 阶行列式，可以按照化零和展开相结合的方法计算.

解　将行列式第 1 列的（—1）倍和（—2 倍）分别加到第 3 列和第 4 列，得

$$D=\begin{vmatrix}1&2&2&2\\1&0&0&0\\3&-1&-4&-6\\1&2&-1&-7\end{vmatrix}\xlongequal{\text{按第2行展开}}1\times(-1)^{2+1}\begin{vmatrix}2&2&2\\-1&-4&-6\\2&-1&-7\end{vmatrix}$$

第 1 行提取 2，第 2 行提取（−1），得

$$D=2\begin{vmatrix}1&1&1\\1&4&6\\2&-1&-7\end{vmatrix}=2\begin{vmatrix}1&0&0\\1&3&5\\2&-3&-9\end{vmatrix}=2\begin{vmatrix}3&5\\-3&-9\end{vmatrix}=-24.$$

例 6 计算下面行列式：

$$D_4=\begin{vmatrix}a&b&c&d\\b&a&d&c\\c&d&a&b\\d&c&b&a\end{vmatrix}.$$

分析 虽然这只是一个 4 阶行列式，但是由于其中元素都是字母，所以不便于化零. 又由于元素没有显见为零的，故也不适用于直接展开计算. 但注意到行列式每列元素之和是一样的，可以考虑将各行相加，这样就有一个公因子可以提出来，继续化简就比较方便了.

解 将 D_4 的第 2、3、4 行都加到第 1 行，并从 D_4 第 1 行中提取公因子 $a+b+c+d$，得

$$D_4=(a+b+c+d)\begin{vmatrix}1&1&1&1\\b&a&d&c\\c&d&a&b\\d&c&b&a\end{vmatrix}$$

再将其第 2、3、4 列都减去第 1 列，得

$$D_4=(a+b+c+d)\begin{vmatrix}1&0&0&0\\b&a-b&d-b&c-b\\c&d-c&a-c&b-c\\d&c-d&b-d&a-d\end{vmatrix}$$

$$=(a+b+c+d)\begin{vmatrix}a-b&d-b&c-b\\d-c&a-c&b-c\\c-d&b-d&a-d\end{vmatrix}$$

把右端的 3 阶行列式的第 2 行加到第 1 行，再从第 1 行提取公因子 $a-b-c+d$，得

$$D_4=(a+b+c+d)(a-b-c+d)\begin{vmatrix}1&1&0\\d-c&a-c&b-c\\c-d&b-d&a-d\end{vmatrix}$$

再从第 2 列减去第 1 列，得

$$D_4=(a+b+c+d)(a-b-c+d)\begin{vmatrix}1&0&0\\d-c&a-d&b-c\\c-d&b-c&a-d\end{vmatrix}$$

$$=(a+b+c+d)(a-b-c+d)\begin{vmatrix}a-d&b-c\\b-c&a-d\end{vmatrix}$$

$$=(a+b+c+d)(a-b-c+d)(a+b-c-d)(a-b+c-d).$$

评注　以上两题是利用行列式的性质将所给行列式的某行（列）化成只含有一个非零元素，然后按此行（列）展开，每展开1次，行列式可降低1阶，如此继续进行，直到行列式能直接计算出来为止（一般展开到2阶行列式）. 这种方法对阶数不高的数字行列式尤其适用. 对于例6这样的字母行列式，要充分注意到它的元素特点，并且要尽可能避免字母出现在分母中.

例7　（拆项与递推法）计算

$$D_n=\begin{vmatrix}a+x_1&a&\cdots&a\\a&a+x_2&\cdots&a\\\vdots&\vdots&\ddots&\vdots\\a&a&\cdots&a+x_n\end{vmatrix}$$

分析　此题的行列式由于对角线元素与它所在行（列）的非对角线元素都不相同，所以不便于像例4那样直接用某行（列）消去其他行（列）的元素. 但如果将某一列的元素拆开，例如，第n列的$(a,\ a,\ \ldots,\ a+x_n)^{\mathrm T}$分拆为$(a,\ a,\ \ldots,\ a)^{\mathrm T}+(0,\ 0,\ \ldots,\ x_n)^{\mathrm T}$，则符合上述特点，便于利用行列式的其他性质计算.

解　按第n列把D_n拆成两个行列式之和：

$$D_n=\begin{vmatrix}a+x_1&a&\cdots&a\\a&a+x_2&\cdots&a\\\vdots&\vdots&\ddots&\vdots\\a&a&\cdots&a\end{vmatrix}+\begin{vmatrix}a+x_1&a&\cdots&0\\a&a+x_2&\cdots&0\\\vdots&\vdots&\ddots&\vdots\\a&a&\cdots&x_n\end{vmatrix},$$

对右端的第1个行列式，将第n列的（－1）倍加到它前面的各列，对第2个行列式按第n列展开，得到

$$D_n=\begin{vmatrix}x_1&0&\cdots&0&a\\0&x_2&\cdots&0&a\\\vdots&\vdots&\ddots&\vdots&\vdots\\0&0&\cdots&x_{n-1}&a\\0&0&\cdots&0&a\end{vmatrix}+x_nD_{n-1}$$

$$=ax_1x_2\cdots x_{n-1}+x_nD_{n-1}$$

由此递推，得

$$\begin{aligned}D_n &= ax_1x_2\cdots x_{n-1}+ax_1x_2\cdots x_{n-2}x_n+x_nx_{n-1}D_{n-2}\\&=\cdots\\&=ax_1x_2\cdots x_{n-1}+ax_1x_2\cdots x_{n-2}x_n+\cdots+x_nx_{n-1}\cdots x_3D_2\\&=a(x_1x_2\cdots x_{n-1}+x_1x_2\cdots x_{n-2}x_n+\cdots+x_1x_2\cdots x_n)+x_1x_2\cdots x_n.\end{aligned}$$

评注 本例用到了行列式计算的两个技巧：将行列式拆开成两个较容易计算的行列式，按行（列）展开后得到递推公式进行递推．在将所给的行列式拆成两个或者多个行列式之和来计算时，要注意一次只能拆开某一行（或者某一列），亦即要与矩阵的加法区别开来．在实际拆分时，如果行列式的某行（列）就是两项和的形式，可直接拆开；如果所给的行列式的行（列）不是和的形式，则要根据需要作恒等变形后再拆分．为了得到递推公式，就要建立 D_n 与 D_{n-1} 或者更低的行列式之间的联系，这必然要按行（列）展开原行列式．

例 8 （数学归纳法）证明：

$$D_n=\begin{vmatrix}\cos\alpha & 1 & 0 & \cdots & 0 & 0\\ 1 & 2\cos\alpha & 1 & \cdots & 0 & 0\\ 0 & 1 & 2\cos\alpha & \cdots & 0 & 0\\ \vdots & \vdots & \vdots & \ddots & \vdots & \vdots\\ 0 & 0 & 0 & \cdots & \vdots & 1\\ 0 & 0 & 0 & \cdots & 1 & 2\cos\alpha\end{vmatrix}=\cos n\alpha.$$

分析 大部分的 n 阶行列式之值都是与自然数 n 有关的，这就可以用数学归纳法来证明这一类结果中含有 n 的任意阶数的行列式．

证 对阶数 n 用数学归纳法．因为

$$D_1=\cos\alpha$$

$$D_2=\begin{vmatrix}\cos\alpha & 1\\ 1 & \cos 2\alpha\end{vmatrix}=2\cos^2\alpha-1=\cos 2\alpha$$

所以当 $n=1,n=2$ 时，结论成立．

假设对阶数小于 n 的行列式结论成立，下面来证明对阶数等于 n 的行列式结论也成立．将 D_n 按最后一行展开，得

$$D_n=2\cos\alpha\, D_{n-1}-D_{n-2}$$

由归纳假设

$$D_{n-1}=\cos(n-1)\alpha, D_{n-2}=\cos(n-2)\alpha,$$

于是

$$
\begin{aligned}
D_n &= 2\cos\alpha\cos(n-1)\alpha-\cos(n-2)\alpha \\
&=[\cos n\alpha+\cos(n-2)\alpha]-\cos(n-2)\alpha \\
&=\cos n\alpha
\end{aligned}
$$

故结论对一切自然数 n 均成立.

评注（1）在将 n 阶行列式展开成低阶行列式表达时，必须考虑保持原行列式的结构，在本例中，只能按最后一行（或者列）展开，不能按第 1 行（列）展开，因为去掉第 1 行和第 1 列后所得的行列式不是与 D_n 同型的行列式 D_{n-1}.

（2）一般来说，当行列式结果已知且与自然数有关而要证明时，可以考虑用数学归纳法. 对结果未知的，有时候可以先猜测其结论，再用数学归纳法验证. 在本例中，采用的是数学归纳法，即不仅假定 $n-1$ 的情形，还同时假定所有小于 n 的情形结论都成立.

4. 余子式与代数余子式

例 9　设行列式

$$
D=\begin{vmatrix} 3 & 2 & 3 \\ 2 & 1 & 1 \\ 3 & 4 & 3 \end{vmatrix},
$$

求 $A_{21}+2A_{22}-3A_{23}$.

解　方法 1　直接计算法.

$$
A_{21}=(-1)^{2+1}M_{21}=-\begin{vmatrix} 2 & 3 \\ 4 & 3 \end{vmatrix}=6
$$

$$
A_{22}=(-1)^{2+2}M_{22}=\begin{vmatrix} 3 & 3 \\ 3 & 3 \end{vmatrix}=0
$$

$$
A_{23}=(-1)^{2+3}M_{23}=-\begin{vmatrix} 3 & 2 \\ 3 & 4 \end{vmatrix}=-6
$$

所以 $A_{21}+2A_{22}-3A_{23}=6+2\times 0-3\times(-6)=24$.

方法 2　构造行列式计算法.

$$
\begin{aligned}
A_{21}+2A_{22}-3A_{23} &= 1\cdot A_{21}+2\cdot A_{22}+(-3)\cdot A_{23}=\begin{vmatrix} 3 & 2 & 3 \\ 1 & 2 & -3 \\ 3 & 4 & 3 \end{vmatrix} \\
&=18+12-18-18-6+36=24.
\end{aligned}
$$

评注　遇到计算含有某一行（列）的代数余子式的有关算式，当行列式的阶数比较高时，方法 2 的解法较方法 1 的解法要简单得多.

例 10 设行列式 $D_n=\begin{vmatrix}1&2&3&\cdots&n\\1&2&0&\cdots&0\\1&0&3&\cdots&0\\\vdots&\vdots&\vdots&\ddots&\vdots\\1&0&0&\cdots&n\end{vmatrix}$，求它的第 1 行各元素的代数余子式之和 $A_{11}+A_{12}+\cdots+A_{1n}$.

分析 $A_{11}+A_{12}+\cdots+A_{1n}$ 正好是将原行列式第 1 行的元素全部替换为 1 之后所得的行列式按第 1 行展开的结果，故可以通过构造一个新的行列式来求解本题.

解 作行列式

$$B_n=\begin{vmatrix}1&1&1&\cdots&1\\1&2&0&\cdots&0\\1&0&3&\cdots&0\\\vdots&\vdots&\vdots&\ddots&\vdots\\1&0&0&\cdots&n\end{vmatrix}$$

一方面，按第 1 行展开，有

$$A_{11}+A_{12}+\cdots+A_{1n}=B_n$$

另一方面，$B_n\xlongequal{\frac{1}{j}r_j(j=2,3,\cdots,n)}n!\begin{vmatrix}1&1&1&\ldots&1\\\frac{1}{2}&1&0&\ldots&0\\\frac{1}{3}&0&1&\ldots&0\\\vdots&\vdots&\vdots&\ddots&\vdots\\\frac{1}{n}&0&0&\ldots&0\end{vmatrix}$

$$\xlongequal{r_1-r_j(j=2,3,\cdots,n)}n!\begin{vmatrix}1-\sum\limits_{j=2}^{n}\frac{1}{j}&0&0&\ldots&0\\\frac{1}{2}&1&0&\ldots&0\\\frac{1}{3}&0&1&\ldots&0\\\vdots&\vdots&\vdots&\ddots&\vdots\\\frac{1}{n}&0&0&\ldots&0\end{vmatrix}=n!\left(1-\sum_{j=2}^{n}\frac{1}{j}\right)$$

所以，$A_{11}+A_{12}+\cdots+A_{1n}=n!\left(1-\sum_{j=2}^{n}\frac{1}{j}\right)$.

评注　解这类问题的一个基本依据是：行列式某行（列）元素的代数余子式与这一行（列）元素的值无关，也就是说，将这行（列）元素换为其他元素后，它们的代数余子式都不会改变．这样，可以根据题目的需要，将某些元素用所希望的任意元素去替换，从而解决问题．例如，要求某个行列式的第2行元素的余子式之和 $M_{21}+M_{22}+\cdots+M_{2n}$，则要考虑用 $(-1,\ 1,\ \cdots,\ (-1)^n)$ 替换原行列式的第2行．另外，本题中的 B_n 是所谓“爪形行列式”，都可以用上面的方法求解．

5. 克莱姆法则

例 11　（1）若齐次线性方程组

$$\begin{cases}\lambda x_1+x_2+x_3=0\\ x_1+\lambda x_2+x_3=0\\ x_1+x_2+\lambda x_3=0\end{cases}$$

只有零解，求 λ．

（2）问 λ，μ 取何值时，齐次线性方程组 $\begin{cases}\lambda x_1+x_2+x_3=0\\ x_1+\mu x_2+x_3=0\\ x_1+2\mu x_2+x_3=0\end{cases}$ 有非零解？

分析　克莱姆法则指出：对于方程个数与未知量个数相同的齐次线性方程组，①当其系数行列式不为0时只有零解，由此可求出参数的取值；②若要方程组有非零解，则其系数行列式必须为0，由此可求出参数的值，再验证对于这些值，方程组是否确有非零解．

解　（1）齐次线性方程组的系数行列式

$$D=\begin{vmatrix}\lambda & 1 & 1\\ 1 & \lambda & 1\\ 1 & 1 & \lambda\end{vmatrix}=(\lambda+2)(\lambda-1)^2$$

令 $D\neq 0$，得 $\lambda\neq -2$，且 $\lambda\neq 1$．

（2）方程组的系数行列式

$$D=\begin{vmatrix}\lambda & 1 & 1\\ 1 & \mu & 1\\ 1 & 2\mu & 1\end{vmatrix}=\mu-\mu\lambda$$

令 $D=0$，即 $\mu-\mu\lambda=0$，得

$$\mu=0\text{或}\lambda=1$$

不难验证，当$\mu=0$或$\lambda=1$时，该齐次线性方程组确有非零解.

评注 判断方程个数与未知量个数相同的齐次线性方程组只有零解或有非零解的问题，是克莱姆法则的一个应用. 它告诉我们，当齐次线性方程组的系数行列式不为0时只有零解；当齐次线性方程组有非零解时，其系数行列式必定为零. 随后的矩阵理论将会证明其逆命题：当齐次线性方程组的系数行列式为零时，必有非零解.

三、习题选解

1．将排列53241作一次数码5和2的对换得到排列23541，计算这两个排列的逆序数，并判断两者的奇偶性.

解 $\tau(53241)=8$，排列为偶排列；$\tau(23541)=5$，排列为奇排列.

2．若7元排列$214i5j7$为偶排列，求i和j.

解 i,j的取值只能为3，6. 若$i=6,j=3$，$\tau(2146537)=5$，排列为奇排列；若$i=3,j=6$，$\tau(2143567)=2$，排列为偶排列.

3．计算下列行列式.

（1）$\begin{vmatrix}1&2&0&1\\1&3&5&0\\0&1&5&6\\1&2&3&4\end{vmatrix}$

解 $$原式=\begin{vmatrix}1&2&0&1\\0&1&5&-1\\0&1&5&6\\0&0&3&3\end{vmatrix}=\begin{vmatrix}1&2&0&1\\0&1&5&-1\\0&0&0&7\\0&0&3&3\end{vmatrix}=-\begin{vmatrix}1&2&0&1\\0&1&5&-1\\0&0&3&3\\0&0&0&7\end{vmatrix}=-21.$$

（2）$\begin{vmatrix}a&1&0&0\\-1&b&1&0\\0&-1&c&1\\0&0&-1&d\end{vmatrix}$

解 $$原式=a\begin{vmatrix}b&1&0\\-1&c&1\\0&-1&d\end{vmatrix}-\begin{vmatrix}-1&1&0\\0&c&1\\0&-1&d\end{vmatrix}$$
$$=a(bcd+b+d)-(-cd-1)=abcd+ab+ad+cd+1$$

（3）$\begin{vmatrix} 1 & 1 & 1 & 1 \\ 1 & 2 & 3 & 4 \\ 1 & 3 & 6 & 10 \\ 1 & 4 & 10 & 20 \end{vmatrix}$

解　原式$=\begin{vmatrix} 1 & 1 & 1 & 1 \\ 0 & 1 & 2 & 3 \\ 0 & 2 & 5 & 9 \\ 0 & 3 & 9 & 19 \end{vmatrix}=\begin{vmatrix} 1 & 1 & 1 & 1 \\ 0 & 1 & 2 & 3 \\ 0 & 0 & 1 & 3 \\ 0 & 0 & 3 & 10 \end{vmatrix}=\begin{vmatrix} 1 & 1 & 1 & 1 \\ 0 & 1 & 2 & 3 \\ 0 & 0 & 1 & 3 \\ 0 & 0 & 0 & 1 \end{vmatrix}=1.$

（4）$\begin{vmatrix} 1 & 4 & 9 & 16 \\ 4 & 9 & 16 & 25 \\ 9 & 16 & 25 & 36 \\ 16 & 25 & 36 & 49 \end{vmatrix}$

解　原式$\xlongequal[r_2-r_1]{\substack{r_4-r_3 \\ r_3-r_2}}\begin{vmatrix} 1 & 4 & 9 & 16 \\ 3 & 5 & 7 & 9 \\ 5 & 7 & 9 & 11 \\ 7 & 9 & 11 & 13 \end{vmatrix}\xlongequal[r_4-r_2]{r_3-r_2}\begin{vmatrix} 1 & 4 & 9 & 16 \\ 3 & 5 & 7 & 9 \\ 2 & 2 & 2 & 2 \\ 4 & 4 & 4 & 4 \end{vmatrix}=0.$

4．计算 n 阶行列式.

（1）$\begin{vmatrix} 1 & 1 & 1 & \cdots & 1 \\ 1 & 2 & 2 & \cdots & 2 \\ 1 & 2 & 3 & \cdots & 3 \\ \vdots & \vdots & \vdots & \ddots & \vdots \\ 1 & 2 & 3 & \cdots & n \end{vmatrix}$

解　原式$\xlongequal[(k=n,n-1,\cdots,2)]{r_k-r_{k-1}}\begin{vmatrix} 1 & 1 & 1 & \cdots & 1 \\ 0 & 1 & 1 & \cdots & 1 \\ 0 & 0 & 1 & \cdots & 1 \\ \vdots & \vdots & \vdots & \ddots & \vdots \\ 0 & 0 & 0 & \cdots & 1 \end{vmatrix}=1$

（2）$\begin{vmatrix} a_0 & -1 & 0 & \cdots & 0 & 0 \\ a_1 & x & -1 & \cdots & 0 & 0 \\ \vdots & \vdots & \vdots & \ddots & \vdots & \vdots \\ a_{n-2} & 0 & 0 & \cdots & x & -1 \\ a_{n-1} & 0 & 0 & \cdots & 0 & x \end{vmatrix}$

解　将原行列式（记为 D_n ）按第 n 行展开，得

$$D_n=a_{n-1}\cdot(-1)^{n+1}\begin{vmatrix}-1&0&0&\cdots&0&0\\x&-1&0&\cdots&0&0\\0&x&-1&&\vdots&\vdots\\\vdots&\vdots&\vdots&\cdots&-1&0\\0&0&0&\cdots&x&-1\end{vmatrix}+xD_{n-1}$$

$$=xD_{n-1}+a_{n-1}$$

递推之，由于 $D_1=a_0$， $D_2=a_0x+a_1$ ，得

原式 $=a_0x^{n-1}+a_1x^{n-2}+\cdots+a_{n-2}x+a_{n-1}$.

5．证明：

（1） $\begin{vmatrix}a^2&ab&b^2\\2a&a+b&2b\\1&1&1\end{vmatrix}=(a-b)^3$

证 左边第 2 列的(− 2)倍和第 3 列一起加到第 1 列得

$$\begin{vmatrix}a^2-2ab+b^2&ab&b^2\\0&a+b&2b\\0&1&1\end{vmatrix}=(a-b)^2\begin{vmatrix}a+b&2b\\1&1\end{vmatrix}$$

$=(a-b)^2(a-b)=(a-b)^3$ 证毕.

（2） $\begin{vmatrix}b+c&c+a&a+b\\b_1+c_1&c_1+a_1&a_1+b_1\\b_2+c_2&c_2+a_2&a_2+b_2\end{vmatrix}=2\begin{vmatrix}a&b&c\\a_1&b_1&c_1\\a_2&b_2&c_2\end{vmatrix}$；

证 左 $\xlongequal[c_1+c_3]{c_1+c_2}2\begin{vmatrix}a+b+c&c+a&a+b\\a_1+b_1+c_1&c_1+a_1&a_1+b_1\\a_2+b_2+c_2&c_2+a_2&a_2+b_2\end{vmatrix}$

$\xlongequal[c_3-c_1]{c_2-c_1}2\begin{vmatrix}a+b+c&-b&-c\\a_1+b_1+c_1&-b_1&-c_1\\a_2+b_2+c_2&-b_2&-c_2\end{vmatrix}\xlongequal[c_3+c_1]{c_2+c_1}2\begin{vmatrix}a&b&c\\a_1&b_1&c_1\\a_2&b_2&c_2\end{vmatrix}$ =右.

（3） $\begin{vmatrix}a_1+ka_2+la_3&a_2+ma_3&a_3\\b_1+kb_2+lb_3&b_2+mb_3&b_3\\c_1+kc_2+lc_3&c_2+mc_3&c_3\end{vmatrix}=\begin{vmatrix}a_1&a_2&a_3\\b_1&b_2&b_3\\c_1&c_2&c_3\end{vmatrix}$.

证 左 $\xlongequal{\substack{c_1+(-k)c_2\\c_2+(-m)c_3}}\begin{vmatrix}a_1+(l-mk)a_3&a_2&a_3\\b_1+(l-mk)b_3&b_2&b_3\\c_1+(l-mk)c_3&c_2&c_3\end{vmatrix}$

$$\xlongequal{c_1-(l-mk)c_3}\begin{vmatrix} a_1 & a_2 & a_3 \\ b_1 & b_2 & b_3 \\ c_1 & c_2 & c_3 \end{vmatrix}=\text{右}.$$

6．计算

$$\begin{vmatrix} x & y & 0 & \cdots & 0 & 0 \\ 0 & x & y & \cdots & 0 & 0 \\ \vdots & \vdots & \vdots & \ddots & \vdots & \vdots \\ 0 & 0 & 0 & \cdots & x & y \\ y & 0 & 0 & \cdots & 0 & x \end{vmatrix}$$

解　按第 1 列展开，

$$\text{原式}=x\begin{vmatrix} x & y & \cdots & 0 & 0 \\ 0 & x & \cdots & 0 & 0 \\ \vdots & \vdots & \ddots & \vdots & \vdots \\ 0 & 0 & \cdots & x & y \\ 0 & 0 & \cdots & 0 & x \end{vmatrix}+y(-1)^{n+1}\begin{vmatrix} y & 0 & \cdots & 0 & 0 \\ x & y & \cdots & 0 & 0 \\ \vdots & \vdots & \ddots & \vdots & \vdots \\ 0 & 0 & \cdots & y & 0 \\ 0 & 0 & \cdots & x & y \end{vmatrix}$$

$$=x^n+(-1)^{n+1}y^n.$$

7．计算 4 阶行列式.

$$\begin{vmatrix} a^2 & (a+1)^2 & (a+2)^2 & (a+3)^2 \\ b^2 & (b+1)^2 & (b+2)^2 & (b+3)^2 \\ c^2 & (c+1)^2 & (c+2)^2 & (c+3)^2 \\ d^2 & (d+1)^2 & (d+2)^2 & (d+3)^2 \end{vmatrix}$$

解　原式$\xlongequal[c_2-c_1]{\substack{c_4-c_3\\c_3-c_2}}\begin{vmatrix} a^2 & 2a+1 & 2a+3 & 2a+5 \\ b^2 & 2b+1 & 2b+3 & 2b+5 \\ c^2 & 2c+1 & 2c+3 & 2c+5 \\ d^2 & 2d+1 & 2d+3 & 2d+5 \end{vmatrix}\xlongequal[c_3-c_2]{c_4-c_2}\begin{vmatrix} a^2 & 2a+1 & 2 & 4 \\ b^2 & 2b+1 & 2 & 4 \\ c^2 & 2c+1 & 2 & 4 \\ d^2 & 2d+1 & 2 & 4 \end{vmatrix}=0.$

8．如果行列式

$$\begin{vmatrix} a_{11} & a_{12} & \cdots & a_{1n} \\ a_{21} & a_{22} & \cdots & a_{2n} \\ \vdots & \vdots & \ddots & \vdots \\ a_{n1} & a_{n2} & \cdots & a_{nn} \end{vmatrix}=\Delta,$$

试用 Δ 表示行列式

$$\begin{vmatrix} a_{21} & a_{22} & \cdots & a_{2n} \\ a_{31} & a_{32} & \cdots & a_{3n} \\ \vdots & \vdots & \ddots & \vdots \\ a_{n1} & a_{n2} & \cdots & a_{nn} \\ a_{11} & a_{12} & \cdots & a_{1n} \end{vmatrix}$$

的值.

解 记 $D=\begin{vmatrix} a_{21} & a_{22} & \cdots & a_{2n} \\ a_{31} & a_{32} & \cdots & a_{3n} \\ \vdots & \vdots & \ddots & \vdots \\ a_{n1} & a_{n2} & \cdots & a_{nn} \\ a_{11} & a_{12} & \cdots & a_{1n} \end{vmatrix}$，则 D 是把 Δ 的第 1 行依次和下面各行交换所得，所以，$D=(-1)^{n-1}\Delta$.

9．证明

$$\begin{vmatrix} 0 & \cdots & 0 & a_1 \\ 0 & \cdots & a_2 & 0 \\ \vdots & \ddots & \vdots & \vdots \\ a_n & \cdots & 0 & 0 \end{vmatrix}=(-1)^{\frac{n(n-1)}{2}}a_1a_2\cdots a_n$$

证 行列式不显为零的项有 $a_1,a_2,\cdots,a_n$（按行的自然次序排列），其列排列为 $(n,n-1,\ldots,1)$，故 $\begin{vmatrix} 0 & \cdots & 0 & a_1 \\ 0 & \cdots & a_2 & 0 \\ \vdots & \ddots & \vdots & \vdots \\ a_n & \cdots & 0 & 0 \end{vmatrix}=(-1)^{\frac{n(n-1)}{2}}a_1a_2\cdots a_n$

10．利用克莱姆法则解线性方程组

$$\begin{cases} x_1+x_2+x_3+x_4=5 \\ x_1+2x_2-x_3+4x_4=-2 \\ 2x_1-3x_2-x_3-5x_4=-2 \\ 3x_1+x_2+2x_3+11x_4=0 \end{cases}$$

解 所给线性方程组的系数矩阵为 $\boldsymbol{A}=\begin{pmatrix} 1 & 1 & 1 & 1 \\ 1 & 2 & -1 & 4 \\ 2 & -3 & -1 & -5 \\ 3 & 1 & 2 & 11 \end{pmatrix}$，其行列式为

$$|\boldsymbol{A}|=\begin{vmatrix}1&1&1&1\\0&1&-2&3\\0&-5&-3&-7\\0&-2&-1&8\end{vmatrix}=\begin{vmatrix}1&-2&3\\-5&-3&-7\\-2&-1&8\end{vmatrix}=-142\neq 0$$

由克莱姆法则，得

$$x_1=\frac{\begin{vmatrix}5&1&1&1\\-2&2&-1&4\\-2&-3&-1&-5\\0&1&2&11\end{vmatrix}}{|\boldsymbol{A}|}=1,\quad x_2=\frac{\begin{vmatrix}1&5&1&1\\1&-2&-1&4\\-2&-2&-1&-5\\3&0&2&11\end{vmatrix}}{|\boldsymbol{A}|}=2$$

$$x_3=\frac{\begin{vmatrix}1&1&5&1\\1&2&-2&4\\2&-3&-2&-5\\3&1&0&11\end{vmatrix}}{|\boldsymbol{A}|}=3,\quad x_4=\frac{\begin{vmatrix}1&1&1&5\\1&2&-1&-2\\2&-3&-1&-2\\3&1&2&0\end{vmatrix}}{|\boldsymbol{A}|}=-1$$

11．设水银密度 ρ（g/cm^3）与温度 t（℃）的关系为 $\rho(t)=a_0+a_1t+a_2t^2+a_3t^3$，由实验测定得以下数据：

t /℃	0	10	20	30
ρ/（g/cm^3）	13.60	13.57	13.55	13.52

分别求 t=15℃ 和 t=40℃ 时的水银密度（准确到两位小数）.

解　将测得的数据代入 $\rho(t)$，得

$$\begin{cases}a_0 = 13.6\\ a_0+10a_1+100a_2+1000a_3=13.57\\ a_0+20a_1+400a_2+8000a_3=13.55\\ a_0+30a_1+900a_2+27000a_3=13.52\end{cases}\tag{1}$$

解此方程组，先将 $a_0=13.60$ 代入（1）中后面的 3 个方程，得

$$\begin{cases}a_1+10a_2+100a_3=-0.003\\ 2a_1+40a_2+800a_3=-0.005\\ 3a_1+90a_2+2700a_3=-0.008\end{cases}$$

此方程组的系数行列式 $D=12000$，又 $D_1=-50$，$D_2=1.8$，$D_3=-0.04$，由克莱姆法则，得方程组的唯一解 $a_1=-0.0042$，$a_2=0.00015$，$a_3=-0.0000033$，将它们连同 $a_0=13.60$ 代入（1），可得

$$\rho(t)=13.60-0.0042t+0.00015t^2-0.0000033t^3$$

当 $t=15$，40℃时，可分别得

$$\rho(15)=13.56,\quad \rho(40)=13.48$$

所以，在温度分别为 15℃ 和 40℃ 时，水银的密度分别为 13.56g/cm^3 和 13.48g/cm^3.

12．齐次线性方程组

$$\begin{cases} x_1 - x_2 - x_3 = 0 \\ 2x_1 + \lambda x_2 + (2-\lambda)x_3 = 0 \\ x_1 + (\lambda+1)x_2 = 0 \end{cases}$$

只有零解，求 λ.

解 要使方程组只有零解，则方程组的系数行列式

$$\begin{vmatrix} 1 & -1 & 1 \\ 2 & \lambda & 2-\lambda \\ 1 & \lambda+1 & 0 \end{vmatrix} = \begin{vmatrix} 1 & -1 & 1 \\ 0 & \lambda+2 & -\lambda \\ 0 & \lambda+2 & -1 \end{vmatrix} = (\lambda+2)(\lambda-1) \neq 0$$

于是，$\lambda \neq -2$ 且 $\lambda \neq 1$.

13．若齐次线性方程组

$$\begin{cases} x_1 + x_2 + x_3 + ax_4 = 0 \\ x_1 + 2x_2 + x_3 + x_4 = 0 \\ x_1 + x_2 - 3x_3 + x_4 = 0 \\ x_1 + x_2 + ax_3 + bx_4 = 0 \end{cases}$$

有非零解，则 a,b 应该满足什么条件？

解 要使方程组有非零解，则必有系数行列式

$$|\boldsymbol{A}| = \begin{vmatrix} 1 & 1 & 1 & a \\ 0 & 1 & 0 & 1-a \\ 0 & 0 & -4 & 1-a \\ 0 & 0 & a-1 & b-a \end{vmatrix} = \begin{vmatrix} -4 & 1-a \\ a-1 & b-a \end{vmatrix} = -4(b-a)+(a-1)^2 = 0$$

即得 a,b 应该满足的条件是 $(a+1)^2 = 4b$.

四、思考练习题

1. 思考题

（1）行列式与矩阵有什么区别？

（2）余子式与代数余子式有什么区别？

（3）从其元素可以观察出什么样的行列式的值一定为零？

（4）方阵的初等变换对其行列式有什么影响？

（5）克莱姆法则适合用来解什么样的线性方程组？

（6）如果将 n 阶矩阵的所有元素变号，问其行列式如何变化？

2. 判断题

（1）若 $\tau(i_1i_2\cdots i_n)=k$，则 $\tau(i_2i_1i_3\cdots i_n)=k\pm1$.（ ）

（2）若行列式 D 为零，则 D 有两行（或两列）元素成比例.（ ）

（3）若 n （>1）阶行列式 D 中有 n 个元素不为 0，则 $D\neq0$.（ ）

（4）如果方程个数等于未知量的个数，则该线性方程组可以用克莱姆法则求解.（ ）

（5）对矩阵作初等变换，可能改变其行列式的值.（ ）

（6）对矩阵作初等变换，不会改变其行列式的非零性.（ ）

3. 单选题

（1）n 阶行列式 $D=\begin{vmatrix}1&1&1&\cdots&1\\1&0&1&\cdots&1\\1&1&0&\cdots&1\\\vdots&\vdots&\vdots&\ddots&\vdots\\1&1&1&\cdots&0\end{vmatrix}$ 的值为（ ）.

A. 1　　B. $(-1)^{n-1}$　　C. 0　　D. -1

（2）设 $\tau(\cdots)$ 表示排列的逆序数，则 $\dfrac{\tau(7\,5\,6\,4\,1\,3\,2)-\tau(6\,3\,1\,2\,5\,4)}{\tau(2\,3\,5\,4\,1)}=$（ ）.

A. 0　　B. 1　　C. 2　　D. -2

（3）5 阶方阵 $\boldsymbol{A}=(a_{ij})$ 的行列式展开式中，应有一项为（ ）.

A. $a_{11}a_{23}a_{45}a_{53}a_{44}$　　B. $a_{11}a_{23}a_{34}a_{45}a_{54}$

C. $a_{11}a_{23}a_{35}a_{52}a_{44}$　　D. $a_{11}a_{23}a_{35}a_{51}a_{44}$

（4）设 D 为 9 阶行列式，则 $\tau(1\,2\,3\,4\,5\,6\,7\,8\,9)D$ 等于（ ）.

A. -1　　B. D　　C. 0　　D. 1

（5）在一个 n 阶排列中，如果某两个数码不构成逆序，则称为顺序，那么在任何 n 阶排列中，逆序数与顺序数之和为（ ）.

A. n　　B. n^2　　C. $\dfrac{n(n-1)}{2}$　　D. $\dfrac{n(n+1)}{2}$

（6）已知线性方程组$\begin{pmatrix} a & 1 & 1 \\ 1 & a & 1 \\ 1 & 1 & a \end{pmatrix}\begin{pmatrix} x_1 \\ x_2 \\ x_3 \end{pmatrix}=\begin{pmatrix} 0 \\ 0 \\ 0 \end{pmatrix}$有非零解，则$a=$（　　）.

A．2　　B．0　　C．1　　D．-1

（7）在一个6阶行列式$|a_{ij}|$中，含有$a_{52}a_{25}$且带负号的项数为（　　）.

A．6　　B．12　　C．24　　D．120

（8）设$D=\begin{vmatrix} a & 0 & 0 & b \\ 0 & c & d & 0 \\ 0 & e & f & 0 \\ g & 0 & 0 & h \end{vmatrix}$，则$D$的展开式中不显为0的项数为（　　）.

A．2　　B．4　　C．6　　D．8

（9）$\begin{vmatrix} a+1 & b+2 \\ c+3 & d+4 \end{vmatrix}=$（　　）.

A．$\begin{vmatrix} 1 & 2 \\ c & d \end{vmatrix}+\begin{vmatrix} a & b \\ 3 & 4 \end{vmatrix}$　　B．$\begin{vmatrix} a & b \\ c & d \end{vmatrix}+\begin{vmatrix} 1 & 2 \\ 3 & 4 \end{vmatrix}$

C．$\begin{vmatrix} a & 2 \\ 3 & d \end{vmatrix}+\begin{vmatrix} 1 & b \\ c & 4 \end{vmatrix}$　　D．$\begin{vmatrix} a+1 & b \\ c+3 & d \end{vmatrix}+\begin{vmatrix} a+1 & 2 \\ c+3 & 4 \end{vmatrix}$

（10）设n阶矩阵$\boldsymbol{A}=(a_{ij})$的行列式为D，元素a_{ij}的代数余子式为A_{ij}，矩阵$\boldsymbol{C}=(c_{ij})$，其中$c_{ij}=\sum_{k=1}^{n}a_{ik}A_{jk}$，则$|\boldsymbol{C}|=$（　　）.

A．D　　B．$-D$　　C．D^n　　D．$(-1)^n D$

第三章　n维向量与向量空间

一、内容提要

1. 基本概念

（1）n 维向量：n 个有次序的数 a_1，a_2，…，a_n 所组成的数组称为 **n 维向量**. 其中，第 i 个数 a_i 称为向量的第 i 个**分量**.

n 维向量可以写成一列，也可以写成一行. 如果写成一列，则称为 **n 维列向量**，简称**列向量**，如

$$\alpha=\begin{pmatrix} a_1 \\ a_2 \\ \vdots \\ a_n \end{pmatrix}$$

如果写成一行，则称为 **n 维行向量**，简称**行向量**，如 $\alpha=(a_1,a_2,\cdots a_n)$.

列向量与行向量的区别只是写法上的不同，本质上是一样的.

（2）n 维向量的线性运算

设向量 $\boldsymbol{\alpha}=\begin{pmatrix} a_1 \\ a_2 \\ \vdots \\ a_n \end{pmatrix}$，$\boldsymbol{\beta}=\begin{pmatrix} b_1 \\ b_2 \\ \vdots \\ b_n \end{pmatrix}$，$k$ 为一个实数，则

（ⅰ）向量

$$\begin{pmatrix} a_1+b_1 \\ a_2+b_2 \\ \vdots \\ a_n+b_n \end{pmatrix}$$

称为**向量 α 与 β 的和**，记作 $\boldsymbol{\alpha}+\boldsymbol{\beta}$；

（ii）向量

$$\begin{pmatrix} ka_1 \\ ka_2 \\ \vdots \\ ka_n \end{pmatrix}$$

称为数 k **与向量** α **的积**，记作 $k\boldsymbol{\alpha}$.

称 $\boldsymbol{\alpha}+\boldsymbol{\beta}$ 为向量的**加法运算**，称 $k\boldsymbol{\alpha}$ 为向量的**数乘运算**．**向量的加法运算与向量的数乘运算统称为向量的线性运算**.

（3）向量组：若干个同维数的列向量（或行向量）所组成的集合称为**向量组**.

（4）n 维单位向量组：向量组

$$\boldsymbol{e}_1=\begin{pmatrix} 1 \\ 0 \\ \vdots \\ 0 \end{pmatrix},\quad \boldsymbol{e}_2=\begin{pmatrix} 0 \\ 1 \\ \vdots \\ 0 \end{pmatrix},\quad \cdots,\quad \boldsymbol{e}_n=\begin{pmatrix} 0 \\ 0 \\ \vdots \\ 1 \end{pmatrix}$$

称为 n **维单位向量组**.

（5）向量组的线性组合：设 $\boldsymbol{\alpha}_1,\boldsymbol{\alpha}_2,\cdots,\boldsymbol{\alpha}_m$ 是一个含 m 个向量的向量组，$k_1,k_2,\cdots,k_m$ 是 m 个任意给定的实数，则表达式：

$$k_1\boldsymbol{\alpha}_1+k_2\boldsymbol{\alpha}_2+\cdots+k_m\boldsymbol{\alpha}_m$$

称为向量组 $\boldsymbol{\alpha}_1,\boldsymbol{\alpha}_2,\cdots,\boldsymbol{\alpha}_m$ 的一个**线性组合**，$k_1,k_2,\cdots,k_m$ 称为这个线性组合的**系数**.

（6）向量的线性表出：给定向量组 $\boldsymbol{\alpha}_1,\boldsymbol{\alpha}_2,\cdots,\boldsymbol{\alpha}_m$ 和向量 $\boldsymbol{\beta}$，如果存在一组实数 $\lambda_1,\lambda_2,\cdots,\lambda_m$，使得

$$\boldsymbol{\beta}=\lambda_1\boldsymbol{\alpha}_1+\lambda_2\boldsymbol{\alpha}_2+\cdots+\lambda_m\boldsymbol{\alpha}_m$$

则称向量 $\boldsymbol{\beta}$ 可以由向量组 $\boldsymbol{\alpha}_1,\boldsymbol{\alpha}_2,\cdots,\boldsymbol{\alpha}_m$ **线性表出**.

（7）向量组的等价：如果向量组 $\boldsymbol{\alpha}_1,\boldsymbol{\alpha}_2,\cdots,\boldsymbol{\alpha}_s$ 中的每一个向量都可以由向量组 $\boldsymbol{\beta}_1,\boldsymbol{\beta}_2,\cdots,\boldsymbol{\beta}_t$ 线性表出，则称向量组 $\boldsymbol{\alpha}_1,\boldsymbol{\alpha}_2,\cdots,\boldsymbol{\alpha}_s$ 能由向量组 $\boldsymbol{\beta}_1,\boldsymbol{\beta}_2,\cdots,\boldsymbol{\beta}_t$ 线性表出．如果两个向量组能相互线性表出，则称这两个**向量组等价**.

（8）向量组的线性相关性：给定向量组 $\boldsymbol{\alpha}_1,\boldsymbol{\alpha}_2,\cdots,\boldsymbol{\alpha}_m$，如果存在不全为 0 的实数 $k_1,k_2,\cdots,k_m$，使得

$$k_1\boldsymbol{\alpha}_1+k_2\boldsymbol{\alpha}_2+\cdots+k_m\boldsymbol{\alpha}_m=0$$

则称向量组 $\boldsymbol{\alpha}_1,\boldsymbol{\alpha}_2,\cdots,\boldsymbol{\alpha}_m$ **线性相关**，否则称它**线性无关**.

换言之，向量组 $\boldsymbol{\alpha}_1,\boldsymbol{\alpha}_2,\cdots,\boldsymbol{\alpha}_m$ 线性无关，是指：要使 $k_1\boldsymbol{\alpha}_1+k_2\boldsymbol{\alpha}_2+\cdots+k_m\boldsymbol{\alpha}_m=\boldsymbol{0}$，必须 $k_1,k_2,\cdots,k_m$ 全等于 0.

（9）向量组的极大线性无关组：设有向量组 $\boldsymbol{A}$，如果在 $\boldsymbol{A}$ 中能选出 r 个向量 $\boldsymbol{A}_0:\boldsymbol{\alpha}_1,\boldsymbol{\alpha}_2,\cdots,\boldsymbol{\alpha}_r$，满足

（ i ）向量组 $A_0:\alpha_1,\alpha_2,\cdots,\alpha_r$ 线性无关；

（ ii ）向量组 A 中任意 $r+1$ 个向量（如果 A 中有 $r+1$ 个向量的话）都线性相关，则称部分组 $A_0:\alpha_1,\alpha_2,\cdots,\alpha_r$ 是向量组 A 的一个**极大线性无关组**，简称**极大无关组**.

极大无关组的等价定义：设向量组 $A_0:\alpha_1,\alpha_2,\cdots,\alpha_r$ 是向量组 A 的一个部分组，且满足

①向量组 A_0 线性无关；

②向量组 A 中的任一向量都能由 A_0 线性表出，则向量组 A_0 就是向量组 A 的一个极大线性无关组.

（10）向量组的秩：向量组 A 的极大线性无关组 $A_0:\alpha_1,\alpha_2,\cdots,\alpha_r$ 所含向量的个数 r 称为**向量组 A 的秩**，记作 $R(A)$ 或 $R(\alpha_1,\alpha_2,\cdots,\alpha_m)$.

（11）向量空间：设 V 为 n 维向量的集合，若 V 非空，且 V 对于 n 维向量的加法与数乘两种运算封闭，即

（ i ）若 $\alpha\in V,\beta\in V$ ，则 $\alpha+\beta\in V$ ；

（ ii ）若 $\alpha\in V,\lambda\in\mathbf{R}$，则 $\lambda\alpha\in V$ ，则称集合 V 为 $\mathbf{R}$ 上的**向量空间**.

（12）子空间：设有向量空间 V_1 和 V_2 ，若 $V_1\subset V_2$ ，则称 V_1 是 V_2 的**子空间**.

（13）由向量组生成的向量空间：

称集合 $V=\{\xi=\lambda_1\alpha_1+\lambda_2\alpha_2+\cdots+\lambda_m\alpha_m\,|\,\lambda_1,\lambda_2,\cdots,\lambda_m\in\mathbf{R}\}$ 为由向量组 $\alpha_1,\alpha_2,\cdots,\alpha_m$ 所生成的向量空间.

（14）向量空间的基与维数：设 V 是向量空间，若有 r 个向量 $\alpha_1,\alpha_2,\cdots,\alpha_r\in V$ ，且满足

（ i ） $\alpha_1,\alpha_2,\cdots,\alpha_r$ 线性无关；

（ ii ） V 中任一向量都可以由 $\alpha_1,\alpha_2,\cdots,\alpha_r$ 线性表出，

则称向量组 $\alpha_1,\alpha_2,\cdots,\alpha_r$ 为向量空间 V 的一个基，数 r 称为向量空间 V 的维数，记为 $\dim V=r$.

注：0 维向量空间只含有一个零向量，它没有基.

（15）向量在基下的坐标：设向量组 $\alpha_1,\alpha_2,\cdots,\alpha_r$ 为向量空间 V 的一个基，则按定义，V 中的任一向量 x 都可以唯一地由 $\alpha_1,\alpha_2,\cdots,\alpha_r$ 线性表出. 设表达式为：

$$x=\lambda_1\alpha_1+\lambda_2\alpha_2+\cdots\lambda_r\alpha_r$$

数组 $(\lambda_1,\lambda_2,\cdots,\lambda_r)$ 称为向量 x 在基 $\alpha_1,\alpha_2,\cdots,\alpha_r$ 下的**坐标**，坐标也可以写为列向量的形式，记为 $\begin{pmatrix}\lambda_1\\ \lambda_2\\ \vdots\\ \lambda_r\end{pmatrix}$，或 $(\lambda_1,\lambda_2,\cdots,\lambda_r)^{\mathrm{T}}$.

2. 主要定理

（1）向量的线性运算的8条性质

- $\boldsymbol{\alpha}+\boldsymbol{\beta}=\boldsymbol{\beta}+\boldsymbol{\alpha}$
- $(\boldsymbol{\alpha}+\boldsymbol{\beta})+\boldsymbol{\gamma}=\boldsymbol{\alpha}+(\boldsymbol{\beta}+\boldsymbol{\gamma})$
- $\boldsymbol{\alpha}+\boldsymbol{0}=\boldsymbol{\alpha}$
- $\boldsymbol{\alpha}+(-\boldsymbol{\alpha})=\boldsymbol{\alpha}-\boldsymbol{\alpha}=\boldsymbol{0}$
- $k(\boldsymbol{\alpha}+\boldsymbol{\beta})=k\boldsymbol{\alpha}+k\boldsymbol{\beta}$
- $(k+l)\boldsymbol{\alpha}=k\boldsymbol{\alpha}+l\boldsymbol{\alpha}$
- $k(l\boldsymbol{\alpha})=(kl)\boldsymbol{\alpha}$
- $1\boldsymbol{\alpha}=\boldsymbol{\alpha}$

（2）线性表出与向量组等价的有关结论

- 任一n维列向量总可以由n维单位向量组$\boldsymbol{e}_1,\boldsymbol{e}_2,\cdots,\boldsymbol{e}_n$线性表出.
- 零向量可以由任一向量组线性表出.
- 向量$\boldsymbol{\beta}$能由向量组$\boldsymbol{\alpha}_1,\boldsymbol{\alpha}_2,\cdots,\boldsymbol{\alpha}_m$线性表出，等价于向量方程

$$x_1\boldsymbol{\alpha}_1+x_2\boldsymbol{\alpha}_2+\cdots+x_m\boldsymbol{\alpha}_m=\boldsymbol{\beta}$$

有解.

- （线性表出的传递性）如果向量$\boldsymbol{\beta}$可以由向量组$\boldsymbol{\alpha}_1,\boldsymbol{\alpha}_2,\cdots,\boldsymbol{\alpha}_m$线性表出，而向量组$\boldsymbol{\alpha}_1,\boldsymbol{\alpha}_2,\cdots,\boldsymbol{\alpha}_m$可以由向量组$\boldsymbol{\beta}_1,\boldsymbol{\beta}_2,\cdots,\boldsymbol{\beta}_s$线性表出，则向量$\boldsymbol{\beta}$可以由向量组$\boldsymbol{\beta}_1,\boldsymbol{\beta}_2,\cdots,\boldsymbol{\beta}_s$线性表出.
- 向量$\boldsymbol{\beta}$能由向量组$\boldsymbol{\alpha}_1,\boldsymbol{\alpha}_2,\cdots,\boldsymbol{\alpha}_s$线性表出的充分必要条件是$R(\boldsymbol{\alpha}_1,\boldsymbol{\alpha}_2,\cdots,\boldsymbol{\alpha}_s)=R(\boldsymbol{\alpha}_1,\boldsymbol{\alpha}_2,\cdots,\boldsymbol{\alpha}_s,\boldsymbol{\beta})$.
- 向量组$\boldsymbol{\beta}_1,\boldsymbol{\beta}_2,\cdots,\boldsymbol{\beta}_t$能由向量组$\boldsymbol{\alpha}_1,\boldsymbol{\alpha}_2,\cdots,\boldsymbol{\alpha}_s$线性表出的充分必要条件是$R(\boldsymbol{\alpha}_1,\boldsymbol{\alpha}_2,\cdots,\boldsymbol{\alpha}_s)=R(\boldsymbol{\alpha}_1,\boldsymbol{\alpha}_2,\cdots,\boldsymbol{\alpha}_s,\boldsymbol{\beta}_1,\boldsymbol{\beta}_2,\cdots,\boldsymbol{\beta}_t)$.
- 向量组$\boldsymbol{\beta}_1,\boldsymbol{\beta}_2,\cdots,\boldsymbol{\beta}_t$与向量组$\boldsymbol{\alpha}_1,\boldsymbol{\alpha}_2,\cdots,\boldsymbol{\alpha}_s$等价的充分必要条件是$R(\boldsymbol{\alpha}_1,\boldsymbol{\alpha}_2,\cdots,\boldsymbol{\alpha}_s)=R(\boldsymbol{\beta}_1,\boldsymbol{\beta}_2,\cdots,\boldsymbol{\beta}_t)=R(\boldsymbol{\alpha}_1,\boldsymbol{\alpha}_2,\cdots,\boldsymbol{\alpha}_s,\boldsymbol{\beta}_1,\boldsymbol{\beta}_2,\cdots,\boldsymbol{\beta}_t)$.

（3）等价向量组的性质

- 反身性：任一向量组都与它自身等价.
- 对称性：如果$\boldsymbol{\alpha}_1,\boldsymbol{\alpha}_2,\cdots,\boldsymbol{\alpha}_s$与$\boldsymbol{\beta}_1,\boldsymbol{\beta}_2,\cdots,\boldsymbol{\beta}_t$等价，则$\boldsymbol{\beta}_1,\boldsymbol{\beta}_2,\cdots,\boldsymbol{\beta}_t$与$\boldsymbol{\alpha}_1,\boldsymbol{\alpha}_2,\cdots,\boldsymbol{\alpha}_s$等价.
- 传递性：如果$\boldsymbol{\alpha}_1,\boldsymbol{\alpha}_2,\cdots,\boldsymbol{\alpha}_s$与$\boldsymbol{\beta}_1,\boldsymbol{\beta}_2,\cdots,\boldsymbol{\beta}_t$等价，而$\boldsymbol{\beta}_1,\boldsymbol{\beta}_2,\cdots,\boldsymbol{\beta}_t$与$\boldsymbol{\gamma}_1,\boldsymbol{\gamma}_2,\cdots,\boldsymbol{\gamma}_l$等价，则$\boldsymbol{\alpha}_1,\boldsymbol{\alpha}_2,\cdots,\boldsymbol{\alpha}_s$与$\boldsymbol{\gamma}_1,\boldsymbol{\gamma}_2,\cdots,\boldsymbol{\gamma}_l$等价.

（4）线性相关与线性无关的有关定理

- 对于只含一个向量的向量组$\boldsymbol{\alpha}$，当$\boldsymbol{\alpha}=\boldsymbol{0}$时是线性相关的，当$\boldsymbol{\alpha}\neq\boldsymbol{0}$时是线性无关的. 对于含两个向量$\boldsymbol{\alpha}$、$\boldsymbol{\beta}$的向量组，线性相关的充分必要条件是$\boldsymbol{\alpha}$、$\boldsymbol{\beta}$的对应分量成比例.
- n维单位向量组$\boldsymbol{e}_1,\boldsymbol{e}_2,\cdots,\boldsymbol{e}_n$线性无关.
- 向量组$\boldsymbol{\alpha}_1,\boldsymbol{\alpha}_2,\cdots,\boldsymbol{\alpha}_m(m\geqslant 2)$线性相关，等价于向量组$\boldsymbol{\alpha}_1,\boldsymbol{\alpha}_2,\cdots,\boldsymbol{\alpha}_m$中，至少有一个向量能由其余$m-1$个向量线性表出.

● 含有零向量的向量组一定线性相关.

● 向量组 $\alpha_1,\alpha_2,\cdots,\alpha_m (m \geqslant 2)$ 线性无关，等价于向量组 $\alpha_1,\alpha_2,\cdots,\alpha_m$ 中，任何一个向量都不能由其余 $m-1$ 个向量线性表出.

● 如果一向量组的一部分线性相关，则这个向量组线性相关.

● 如果一向量组线性无关，那么它的任何一个非空的部分组也线性无关.

● 设向量组 $\alpha_1,\alpha_2,\cdots,\alpha_m$ 线性无关，而向量组 $\alpha_1,\alpha_2,\cdots,\alpha_m,\beta$ 线性相关，则向量 β 必能由向量组 $\alpha_1,\alpha_2,\cdots,\alpha_m$ 线性表出，且表示方法是唯一的.

● 设 $\alpha_1,\alpha_2,\cdots,\alpha_s$ 与 $\beta_1,\beta_2,\cdots,\beta_t$ 是两个向量组，如果

① $\alpha_1,\alpha_2,\cdots,\alpha_s$ 能由 $\beta_1,\beta_2,\cdots,\beta_t$ 线性表出；

② $s>t$，

则向量组 $\alpha_1,\alpha_2,\cdots,\alpha_s$ 必然线性相关.

● 如果向量组 $\alpha_1,\alpha_2,\cdots,\alpha_s$ 可以由 $\beta_1,\beta_2,\cdots,\beta_t$ 线性表出，且 $\alpha_1,\alpha_2,\cdots,\alpha_s$ 线性无关，则 $s \leqslant t$.

● 任意 $n+1$ 个 n 维向量必然线性相关.

● m 个 n 维向量组成的向量组，当向量个数 m 大于向量的维数 n 时，此向量组必然线性相关.

● 两个线性无关的等价的向量组，必然含有相同个数的向量.

（5）向量组的极大线性无关组的性质

● 一个线性无关的向量组的极大线性无关组就是它本身.

● 一个向量组与它的极大无关组等价.

● 一个向量组的任意两个极大无关组等价.

● n 维单位向量组 $e_1, e_2, \cdots, e_n$ 就是全体 n 维向量的集合（n 维向量空间）R^n 的一个极大无关组.

（6）向量组的秩的有关结论

● 只含零向量的向量组没有极大无关组，规定它的秩为 0.

● 如果一个向量组 A 的秩为 r，则向量组 A 中的任意 $r+1$ 个向量都线性相关，因此，向量组 A 中的任意 r 个线性无关的向量都是向量组 A 的极大线性无关组.

● 向量组 $A:\alpha_1,\alpha_2,\cdots,\alpha_m$ 线性相关的充分必要条件是 $R(A)<m$，即向量组 A 的秩小于向量的个数 m.

● 向量组 $A:\alpha_1,\alpha_2,\cdots,\alpha_m$ 线性无关的充分必要条件是 $R(A)=m$，即向量组 A 的秩等于向量的个数 m.

● 等价的向量组具有相同的秩.

● 矩阵的初等行变换不会改变其行向量组的秩.

● 行阶梯形矩阵中，行向量组的秩就是非零行的行数.

- 矩阵的列向量组的秩等于它的行向量组的秩.

（7）向量空间的有关结论

- 等价的向量组生成的向量空间相同.
- n 维单位向量组 $\boldsymbol{e}_1,\boldsymbol{e}_2,\cdots,\boldsymbol{e}_n$ 就是 n 维向量空间 R^n 的一个基（称为自然基），且 R^n 的维数 $\dim R^n=n$.
- 任意 n 个线性无关的 n 维向量都是 n 维向量空间 R^n 的基.
- 向量空间 V 可以由它的任何一个基生成.

二、典型例题解析

1. 向量的线性运算

例 1 设 $3(\boldsymbol{\alpha}_1-\boldsymbol{\alpha})+2(\boldsymbol{\alpha}_2+\boldsymbol{\alpha})=5(\boldsymbol{\alpha}_3+\boldsymbol{\alpha})$，其中 $\boldsymbol{\alpha}_1=(2,5,1,3)^{\mathrm{T}}$，$\boldsymbol{\alpha}_2=(10,1,5,10)^{\mathrm{T}}$，$\boldsymbol{\alpha}_3=(4,1,-1,1)^{\mathrm{T}}$，求 $\boldsymbol{\alpha}$.

分析 将向量 $\boldsymbol{\alpha}$ 看作未知向量，从题目给定的方程中，求解出 $\boldsymbol{\alpha}$，即用 $\boldsymbol{\alpha}_1$、$\boldsymbol{\alpha}_2$、$\boldsymbol{\alpha}_3$ 表示出 $\boldsymbol{\alpha}$，然后代入具体数字计算即可.

解 由题目，有 $3\boldsymbol{\alpha}_1-3\boldsymbol{\alpha}+2\boldsymbol{\alpha}_2+2\boldsymbol{\alpha}=5\boldsymbol{\alpha}_3+5\boldsymbol{\alpha}$，推出

$$\begin{aligned}\boldsymbol{\alpha}&=\frac{1}{6}(3\boldsymbol{\alpha}_1+2\boldsymbol{\alpha}_2-5\boldsymbol{\alpha}_3)\\&=\frac{1}{6}[3(2,5,1,3)^{\mathrm{T}}+2(10,1,5,10)^{\mathrm{T}}+(4,1,-1,1)^{\mathrm{T}}]=(1,2,3,4)^{\mathrm{T}}\end{aligned}$$

评注 向量的线性运算是指向量的加法与数乘运算，计算时，只需按照向量加法与数乘运算的定义，按照 8 条运算规律进行计算即可.

2. 判断一个向量（组）能否由另一个向量组线性表出

例 2 已知 $\boldsymbol{\alpha}_1=\begin{pmatrix}1\\2\\2\end{pmatrix}$，$\boldsymbol{\alpha}_2=\begin{pmatrix}2\\-2\\1\end{pmatrix}$，判断下列命题正确与否：

（1）$\boldsymbol{\alpha}=\begin{pmatrix}0\\6\\3\end{pmatrix}$ 能由 $\boldsymbol{\alpha}_1,\boldsymbol{\alpha}_2$ 线性表出；

（2）$\boldsymbol{\alpha}=\begin{pmatrix}2\\1\\7\end{pmatrix}$ 能由 $\boldsymbol{\alpha}_1,\boldsymbol{\alpha}_2$ 线性表出.

分析 向量 $\boldsymbol{\beta}$ 能由向量组 $\boldsymbol{\alpha}_1,\boldsymbol{\alpha}_2,\cdots,\boldsymbol{\alpha}_m$ 线性表出，有两个等价条件：

（1）方程 $x_1\boldsymbol{\alpha}_1+x_2\boldsymbol{\alpha}_2+\cdots+x_m\boldsymbol{\alpha}_m=\boldsymbol{\beta}$ 有解；

（2）$R(\boldsymbol{\alpha}_1,\boldsymbol{\alpha}_2,\cdots,\boldsymbol{\alpha}_m)=R(\boldsymbol{\alpha}_1,\boldsymbol{\alpha}_2,\cdots,\boldsymbol{\alpha}_m,\boldsymbol{\beta})$.

具体做题时，可以用等价条件（1）求解方程，也可以用等价条件（2）求出向量组 $\boldsymbol{\alpha}_1,\boldsymbol{\alpha}_2,\cdots,\boldsymbol{\alpha}_m$ 及 $\boldsymbol{\alpha}_1,\boldsymbol{\alpha}_2,\cdots,\boldsymbol{\alpha}_m,\boldsymbol{\beta}$ 的秩.

解　(1)（用方法 1）设 $x_1\boldsymbol{\alpha}_1+x_2\boldsymbol{\alpha}_2=\boldsymbol{\alpha}$，即

$$\begin{cases} x_1+2x_2=0 \\ 2x_1-2x_2=6 \\ 2x_1+\ \ x_2=3 \end{cases}$$

由于 $\begin{pmatrix} 1 & 2 & 0 \\ 2 & -2 & 6 \\ 2 & 1 & 3 \end{pmatrix} \to \begin{pmatrix} 1 & 2 & 0 \\ 0 & -6 & 6 \\ 0 & -3 & 3 \end{pmatrix} \to \begin{pmatrix} 1 & 2 & 0 \\ 0 & 1 & -1 \\ 0 & 0 & 0 \end{pmatrix} \to \begin{pmatrix} 1 & 0 & 2 \\ 0 & 1 & -1 \\ 0 & 0 & 0 \end{pmatrix}$

解得：$x_1=2$，$x_2=-1$，所以 $\boldsymbol{\alpha}=2\boldsymbol{\alpha}_1-\boldsymbol{\alpha}_2$，命题正确.

(2)（用方法 2）$(\boldsymbol{\alpha}_1,\boldsymbol{\alpha}_2,\boldsymbol{\alpha})=\begin{pmatrix} 1 & 2 & 2 \\ 2 & -2 & 1 \\ 2 & 1 & 7 \end{pmatrix} \to \begin{pmatrix} 1 & 2 & 2 \\ 0 & -6 & -3 \\ 0 & -3 & 3 \end{pmatrix}$

$$\to \begin{pmatrix} 1 & 2 & 2 \\ 0 & 2 & 1 \\ 0 & 1 & -1 \end{pmatrix} \to \begin{pmatrix} 1 & 2 & 2 \\ 0 & 1 & -1 \\ 0 & 2 & 1 \end{pmatrix} \to \begin{pmatrix} 1 & 2 & 2 \\ 0 & 1 & -1 \\ 0 & 0 & 3 \end{pmatrix}$$

因为 $R(\boldsymbol{\alpha}_1,\boldsymbol{\alpha}_2)=2$，而 $R(\boldsymbol{\alpha}_1,\boldsymbol{\alpha}_2,\boldsymbol{\alpha})=3$，故 $R(\boldsymbol{\alpha}_1,\boldsymbol{\alpha}_2)\neq R(\boldsymbol{\alpha}_1,\boldsymbol{\alpha}_2,\boldsymbol{\alpha})$，所以 $\boldsymbol{\alpha}$ 不能由 $\boldsymbol{\alpha}_1,\boldsymbol{\alpha}_2$ 线性表出，命题不正确.

评注　当题目要求必须求出线性表出的系数时，只能使用方法 1，具体求解出方程组，若方程组无解，则所讨论的向量不能由给定的向量组表示；当不需要求出线性表出的系数时，可以使用方法 2，利用向量组的秩来判断.

两种方法都需要将向量组按列构成一个矩阵，然后使用矩阵的初等变换对矩阵进行计算，所不同的是方法 1 需要将矩阵化为行最简形矩阵，而方法 2 只需将矩阵化为行阶梯形矩阵即可.

3. 判断向量组是否等价

例 3　已知向量组（Ⅰ）：$\boldsymbol{\alpha}_1=(1,2,3)$，$\boldsymbol{\alpha}_2=(1,0,1)$ 和向量组（Ⅱ）：$\boldsymbol{\beta}_1=(-1,2,t)$，$\boldsymbol{\beta}_2=(4,1,5)$，问 t 为何值时，两个向量组等价？并写出等价时，两个向量组相互线性表示的表示式.

分析　向量组 $\boldsymbol{\beta}_1,\boldsymbol{\beta}_2,\cdots,\boldsymbol{\beta}_t$ 与向量组 $\boldsymbol{\alpha}_1,\boldsymbol{\alpha}_2,\cdots,\boldsymbol{\alpha}_s$ 等价的充分必要条件是 $R(\boldsymbol{\alpha}_1,\boldsymbol{\alpha}_2,\cdots,\boldsymbol{\alpha}_s)=R(\boldsymbol{\beta}_1,\boldsymbol{\beta}_2,\cdots,\boldsymbol{\beta}_t)=R(\boldsymbol{\alpha}_1,\boldsymbol{\alpha}_2,\cdots,\boldsymbol{\alpha}_s,\boldsymbol{\beta}_1,\boldsymbol{\beta}_2,\cdots,\boldsymbol{\beta}_t)$.

本题不仅要求出向量组等价时的未知参数，还要求出两个向量组相互线性表示的表示式，因此，必须将矩阵 $\boldsymbol{A}=(\boldsymbol{\alpha}_1^{\mathrm{T}},\boldsymbol{\alpha}_2^{\mathrm{T}}\vdots\boldsymbol{\beta}_1^{\mathrm{T}},\boldsymbol{\beta}_2^{\mathrm{T}})$ 以及 $\boldsymbol{B}=(\boldsymbol{\beta}_1^{\mathrm{T}},\boldsymbol{\beta}_2^{\mathrm{T}}\vdots\boldsymbol{\alpha}_1^{\mathrm{T}},\boldsymbol{\alpha}_2^{\mathrm{T}})$ 用初等行变换化为行最简形矩阵.

解 设矩阵 $\boldsymbol{A}=(\boldsymbol{\alpha}_1^{\mathrm{T}},\boldsymbol{\alpha}_2^{\mathrm{T}}\vdots\boldsymbol{\beta}_1^{\mathrm{T}},\boldsymbol{\beta}_2^{\mathrm{T}})$，对 $\boldsymbol{A}$ 施以初等行变换：

$$\boldsymbol{A}=\left(\begin{array}{cc:cc}1&1&-1&4\\2&0&2&1\\3&1&t&5\end{array}\right)\to\left(\begin{array}{cc:cc}1&0&1&\frac{1}{2}\\0&1&-2&\frac{7}{2}\\0&0&t-1&0\end{array}\right)$$

当 $t=1$ 时，$R(\boldsymbol{\alpha}_1^{\mathrm{T}},\boldsymbol{\alpha}_2^{\mathrm{T}})=R(\boldsymbol{\beta}_1^{\mathrm{T}},\boldsymbol{\beta}_2^{\mathrm{T}})=R(\boldsymbol{\alpha}_1^{\mathrm{T}},\boldsymbol{\alpha}_2^{\mathrm{T}}\vdots\boldsymbol{\beta}_1^{\mathrm{T}},\boldsymbol{\beta}_2^{\mathrm{T}})=2$，故向量组（Ⅰ）与向量组（Ⅱ）等价．由于初等行变换不会改变列向量组的线性关系，故有 $\boldsymbol{\beta}_1=\boldsymbol{\alpha}_1-2\boldsymbol{\alpha}_2$，$\boldsymbol{\beta}_2=\frac{1}{2}\boldsymbol{\alpha}_1+\frac{7}{2}\boldsymbol{\alpha}_2$．

当 $t=1$ 时，记矩阵 $\boldsymbol{B}=(\boldsymbol{\beta}_1^{\mathrm{T}},\boldsymbol{\beta}_2^{\mathrm{T}}\vdots\boldsymbol{\alpha}_1^{\mathrm{T}},\boldsymbol{\alpha}_2^{\mathrm{T}})$，对 $\boldsymbol{B}$ 施以初等行变换，有

$$\boldsymbol{B}=\left(\begin{array}{cc:cc}-1&4&1&1\\2&1&2&0\\1&5&3&1\end{array}\right)\to\left(\begin{array}{cc:cc}1&0&\frac{7}{9}&-\frac{1}{9}\\0&1&\frac{4}{9}&\frac{2}{9}\\0&0&0&0\end{array}\right)$$

于是 $\boldsymbol{\alpha}_1=\frac{7}{9}\boldsymbol{\beta}_1+\frac{4}{9}\boldsymbol{\beta}_2$，$\boldsymbol{\alpha}_2=-\frac{1}{9}\boldsymbol{\beta}_1+\frac{2}{9}\boldsymbol{\beta}_2$．

评注 两个向量组等价，即两个向量组能相互线性表出．若不需要求出相互线性表出的系数，则只需将矩阵 $\boldsymbol{A}=(\boldsymbol{\alpha}_1^{\mathrm{T}},\boldsymbol{\alpha}_2^{\mathrm{T}}\vdots\boldsymbol{\beta}_1^{\mathrm{T}},\boldsymbol{\beta}_2^{\mathrm{T}})$ 化为行阶梯形矩阵，判断是否有 $R(\boldsymbol{\alpha}_1^{\mathrm{T}},\boldsymbol{\alpha}_2^{\mathrm{T}})=R(\boldsymbol{\beta}_1^{\mathrm{T}},\boldsymbol{\beta}_2^{\mathrm{T}})=R(\boldsymbol{\alpha}_1^{\mathrm{T}},\boldsymbol{\alpha}_2^{\mathrm{T}}\vdots\boldsymbol{\beta}_1^{\mathrm{T}},\boldsymbol{\beta}_2^{\mathrm{T}})$ 即可，可参考主教材上的例子及本章习题选解部分题 14 的解答；若需要求出线性表出的系数，则可参照本题的方法.

4. 判断向量组的线性相关性

例 4 判断下列向量组的线性相关：

（1）$\boldsymbol{\alpha}_1=(1,1,1)^{\mathrm{T}}$，$\boldsymbol{\alpha}_2=(1,2,3)^{\mathrm{T}}$，$\boldsymbol{\alpha}_3=(1,3,6)^{\mathrm{T}}$；

（2）$\boldsymbol{\alpha}_1=(1,-1,2,4)^{\mathrm{T}}$，$\boldsymbol{\alpha}_2=(0,3,1,2)^{\mathrm{T}}$，$\boldsymbol{\alpha}_3=(3,0,7,14)^{\mathrm{T}}$．

分析 可以利用向量组的秩对向量组的线性相关性进行判断：

- 向量组 $\boldsymbol{A}:\boldsymbol{\alpha}_1,\boldsymbol{\alpha}_2,\cdots,\boldsymbol{\alpha}_m$ 线性相关的充分必要条件是 $R(\boldsymbol{A})<m$，即向量组 $\boldsymbol{A}:\boldsymbol{\alpha}_1,\boldsymbol{\alpha}_2,\cdots,\boldsymbol{\alpha}_m$ 的秩小于向量的个数 m．
- 向量组 $\boldsymbol{A}:\boldsymbol{\alpha}_1,\boldsymbol{\alpha}_2,\cdots,\boldsymbol{\alpha}_m$ 线性无关的充分必要条件是 $R(\boldsymbol{A})=m$，即向量组

$\boldsymbol{A}:\boldsymbol{\alpha}_1,\boldsymbol{\alpha}_2,\cdots,\boldsymbol{\alpha}_m$ 的秩等于向量的个数 m.

为此，只需将给定的向量组按列构成一个矩阵，然后用初等行变换将此矩阵化为行阶梯形矩阵，观察非零行的行数是否小于向量的个数即可.

判断一个向量组是否线性相关，还可以用求解齐次方程组的方法：如果齐次方程组 $x_1\boldsymbol{\alpha}_1+x_2\boldsymbol{\alpha}_2+\cdots+x_m\boldsymbol{\alpha}_m=\boldsymbol{0}$ 有非零解，则向量组 $\boldsymbol{\alpha}_1,\boldsymbol{\alpha}_2,\cdots,\boldsymbol{\alpha}_m$ 线性相关；如果其次方程组 $x_1\boldsymbol{\alpha}_1+x_2\boldsymbol{\alpha}_2+\cdots+x_m\boldsymbol{\alpha}_m=\boldsymbol{0}$ 只有零解，则向量组 $\boldsymbol{\alpha}_1,\boldsymbol{\alpha}_2,\cdots,\boldsymbol{\alpha}_m$ 线性无关.

解　(1)（利用向量组的秩）$(\boldsymbol{\alpha}_1,\boldsymbol{\alpha}_2,\boldsymbol{\alpha}_3)=\begin{pmatrix}1&1&1\\1&2&3\\1&3&6\end{pmatrix}\xrightarrow[r_3-r_1]{r_2-r_1}\begin{pmatrix}1&1&1\\0&1&2\\0&2&5\end{pmatrix}$

$$\xrightarrow{r_3-2r_1}\begin{pmatrix}1&1&1\\0&1&2\\0&0&1\end{pmatrix}$$

由于 $R(\boldsymbol{\alpha}_1,\boldsymbol{\alpha}_2,\boldsymbol{\alpha}_3)=3$，所以 $\boldsymbol{\alpha}_1,\boldsymbol{\alpha}_2,\boldsymbol{\alpha}_3$ 线性无关.

(2)（利用齐次线性方程组）设 $x_1\boldsymbol{\alpha}_1+x_2\boldsymbol{\alpha}_2+x_3\boldsymbol{\alpha}_3=\boldsymbol{0}$，即有

$$\begin{cases}x_1 & & +3x_3 & =0\\ -x_1 & +3x_2 & & =0\\ 2x_1 & +x_2 & +7x_3 & =0\\ 4x_1 & +2x_2 & +14x_3 & =0\end{cases}$$

由于齐次方程组有非零解 $x_1=-3t$，$x_2=-t$，$x_3=t$（t 为任意常数），所以向量组 $\boldsymbol{\alpha}_1,\boldsymbol{\alpha}_2,\boldsymbol{\alpha}_3$ 线性相关.

评注　在已知向量分量的情况下，求秩、看齐次方程组是否有非零解是判断线性相关性的两个基本方法.

5. 求向量组的秩与极大线性无关组

例 5　求向量组 $\boldsymbol{\alpha}_1=(1,-2,0,3)^{\mathrm{T}}$，$\boldsymbol{\alpha}_2=(2,-5,-3,6)^{\mathrm{T}}$，$\boldsymbol{\alpha}_3=(0,1,3,0)^{\mathrm{T}}$，$\boldsymbol{\alpha}_4=(2,-1,4,-7)^{\mathrm{T}}$，$\boldsymbol{\alpha}_5=(5,-8,1,2)^{\mathrm{T}}$ 的秩和一个极大线性无关组，并将不属于极大线性无关组的向量表成极大线性无关组的线性组合.

分析　求向量组的秩与一个极大无关组的一般方法是：将向量组按列排列成一个矩阵，然后用初等行变换将矩阵化为行阶梯形矩阵，其中，非零行的行数就是向量组的秩，非零行的第一个非零元（主元）所在的列对应的原向量，就是此向量组的一个极大无关组.

若还要将不属于极大线性无关组的向量表成极大线性无关组的线性组合，则必须把行阶梯形矩阵进一步化为行最简形矩阵.

解 $(\boldsymbol{\alpha}_1,\boldsymbol{\alpha}_2,\boldsymbol{\alpha}_3,\boldsymbol{\alpha}_4,\boldsymbol{\alpha}_5)=\begin{pmatrix}1&2&0&2&5\\-2&-5&1&-1&-8\\0&-3&3&4&1\\3&6&0&-7&2\end{pmatrix}$

$$\to\begin{pmatrix}1&2&0&2&5\\0&-1&1&3&2\\0&-3&3&4&1\\0&0&0&-13&-13\end{pmatrix}\to\begin{pmatrix}1&2&0&2&5\\0&-1&1&3&2\\0&0&0&-5&-5\\0&0&0&1&1\end{pmatrix}\to\begin{pmatrix}1&2&0&2&5\\0&-1&1&3&2\\0&0&0&1&1\\0&0&0&0&0\end{pmatrix}=\boldsymbol{B}$$

因为$\boldsymbol{B}$中有3个非零行，所以向量组的秩为3．又因非零行的第1个不等于零的数分别在1，2，4列，所以$\boldsymbol{\alpha}_1,\boldsymbol{\alpha}_2,\boldsymbol{\alpha}_4$是向量组$\boldsymbol{\alpha}_1,\boldsymbol{\alpha}_2,\boldsymbol{\alpha}_3,\boldsymbol{\alpha}_4,\boldsymbol{\alpha}_5$的一个极大线性无关组.

对矩阵$\boldsymbol{B}$继续作行变换化为行最简形矩阵，即

$$\boldsymbol{B}\to\begin{pmatrix}1&0&2&8&9\\0&1&-1&-3&-2\\0&0&0&1&1\\0&0&0&0&0\end{pmatrix}\to\begin{pmatrix}1&0&2&0&1\\0&1&-1&0&1\\0&0&0&1&1\\0&0&0&0&0\end{pmatrix}$$

由于矩阵的初等行变换不改变列向量组的线性关系，故有：

$$\boldsymbol{\alpha}_3=2\boldsymbol{\alpha}_1-\boldsymbol{\alpha}_2,\quad \boldsymbol{\alpha}_5=\boldsymbol{\alpha}_1+\boldsymbol{\alpha}_2+\boldsymbol{\alpha}_4 .$$

评注（1）一个向量组的秩是唯一的，但极大线性无关组一般不是唯一的，如本题中，向量组$\boldsymbol{\alpha}_1,\boldsymbol{\alpha}_2,\boldsymbol{\alpha}_5$或$\boldsymbol{\alpha}_1,\boldsymbol{\alpha}_3,\boldsymbol{\alpha}_4$或$\boldsymbol{\alpha}_1,\boldsymbol{\alpha}_3,\boldsymbol{\alpha}_5$都是向量组$\boldsymbol{\alpha}_1,\boldsymbol{\alpha}_2,\boldsymbol{\alpha}_3,\boldsymbol{\alpha}_4,\boldsymbol{\alpha}_5$的极大线性无关组.

（2）本例解题方法的依据在于“矩阵的初等行变换不改变列向量组的线性关系”，这也正是用初等变换法求解线性方程组的原理.

6. 证明向量组的秩与线性相关性

例6 （1）已知$\boldsymbol{\alpha}_1,\boldsymbol{\alpha}_2,\boldsymbol{\alpha}_3$线性无关，证明$\boldsymbol{\alpha}_1+\boldsymbol{\alpha}_2$，$3\boldsymbol{\alpha}_2+2\boldsymbol{\alpha}_3$，$\boldsymbol{\alpha}_1-2\boldsymbol{\alpha}_2+\boldsymbol{\alpha}_3$线性无关.

（2）设向量组$\boldsymbol{\alpha}_1$，$\boldsymbol{\alpha}_2,\cdots,\boldsymbol{\alpha}_m$ $(m>1)$ 线性无关，向量$\boldsymbol{\beta}=\boldsymbol{\alpha}_1+\boldsymbol{\alpha}_2+\cdots+\boldsymbol{\alpha}_m$，证明：向量组$\boldsymbol{\beta}-\boldsymbol{\alpha}_1$，$\boldsymbol{\beta}-\boldsymbol{\alpha}_2,\cdots,\boldsymbol{\beta}-\boldsymbol{\alpha}_m$线性无关.

分析 当向量的分量没有具体给出时，要判断给定的n维向量组$\alpha_1,\alpha_2,\cdots,\alpha_s$是否线性相关，可利用以下方法：

①当向量组中向量个数大于向量维数，即$s>n$时，向量组$\boldsymbol{\alpha}_1,\boldsymbol{\alpha}_2,\cdots,\boldsymbol{\alpha}_s$必线性相关.

②当向量组中向量个数等于向量维数，即$s=n$时，可直接计算这n个向量构成的矩阵$\boldsymbol{A}$的行列式．当$|\boldsymbol{A}|=0$时，向量组线性相关；当$|\boldsymbol{A}|\neq 0$时，向量组线性无关.

③当向量组中向量个数小于向量维数，即$s<n$时，可化为齐次线性方程组

$$k_1\boldsymbol{\alpha}_1+k_2\boldsymbol{\alpha}_2+\cdots+k_s\boldsymbol{\alpha}_s=\mathbf{0}$$

是否有非零解的问题；或直接求向量组 $\boldsymbol{A}=(\boldsymbol{\alpha}_1,\boldsymbol{\alpha}_2,\cdots,\boldsymbol{\alpha}_3)$ 的秩，当 $R(\boldsymbol{A})<s$ 时，向量组线性相关；当 $R(\boldsymbol{A})=s$ 时，向量组线性无关.

证明（1）　**方法 1**　（用向量组的秩）

令 $\boldsymbol{\beta}_1=\boldsymbol{\alpha}_1+\boldsymbol{\alpha}_2$，$\boldsymbol{\beta}_2=3\boldsymbol{\alpha}_2+2\boldsymbol{\alpha}_3$，$\boldsymbol{\beta}_3=\boldsymbol{\alpha}_1-2\boldsymbol{\alpha}_2+\boldsymbol{\alpha}_3$，可得

$$\boldsymbol{\alpha}_1=\frac{1}{9}(7\boldsymbol{\beta}_1-\boldsymbol{\beta}_2+2\boldsymbol{\beta}_3)，\quad \boldsymbol{\alpha}_2=\frac{1}{9}(2\boldsymbol{\beta}_1+\boldsymbol{\beta}_2-2\boldsymbol{\beta}_3)，\quad \boldsymbol{\alpha}_3=\frac{1}{3}(\boldsymbol{\beta}_2+\boldsymbol{\beta}_3-\boldsymbol{\beta}_1)$$

因为 $\boldsymbol{\alpha}_1,\boldsymbol{\alpha}_2,\boldsymbol{\alpha}_3$ 与 $\boldsymbol{\beta}_1,\boldsymbol{\beta}_2,\boldsymbol{\beta}_3$ 可以互相线性表出，它们是等价向量组，于是

$$R(\boldsymbol{\beta}_1,\boldsymbol{\beta}_2,\boldsymbol{\beta}_3)=R(\boldsymbol{\alpha}_1,\boldsymbol{\alpha}_2,\boldsymbol{\alpha}_3)=3$$

即 $\boldsymbol{\alpha}_1+\boldsymbol{\alpha}_2,3\boldsymbol{\alpha}_2+2\boldsymbol{\alpha}_3,\boldsymbol{\alpha}_1-2\boldsymbol{\alpha}_2+\boldsymbol{\alpha}_3$ 线性无关.

方法 2　（转化为齐次方程组是否有非零解问题）

若有

$$k_1(\boldsymbol{\alpha}_1+\boldsymbol{\alpha}_2)+k_2(3\boldsymbol{\alpha}_2+2\boldsymbol{\alpha}_3)+k_3(\boldsymbol{\alpha}_1-2\boldsymbol{\alpha}_2+\boldsymbol{\alpha}_3)=\mathbf{0}$$

即

$$(k_1+k_3)\boldsymbol{\alpha}_1+(k_1+3k_2-2k_3)\boldsymbol{\alpha}_2+(2k_2+k_3)\boldsymbol{\alpha}_3=\mathbf{0}$$

由于 $\boldsymbol{\alpha}_1,\boldsymbol{\alpha}_2,\boldsymbol{\alpha}_3$ 线性无关，上式成立必有

$$\begin{cases}k_1 \qquad\quad + \ k_3=0\\ k_1+3k_2-2k_3=0\\ \qquad 2k_2+\ k_3=0\end{cases}$$

由于系数行列式

$$\begin{vmatrix}1 & 0 & 1\\ 1 & 3 & -2\\ 0 & 2 & 1\end{vmatrix}=9\neq 0$$

由主教材第二章中的定理 5，该齐次方程组只有零解，故必有 $k_1=0$，$k_2=0$，$k_3=0$，线性无关性得证.

（2）因为 $\boldsymbol{\beta}=\boldsymbol{\alpha}_1+\boldsymbol{\alpha}_2+\cdots+\boldsymbol{\alpha}_m$，所以

$$(\boldsymbol{\beta}-\boldsymbol{\alpha}_1,\ \boldsymbol{\beta}-\boldsymbol{\alpha}_2,\cdots,\boldsymbol{\beta}-\boldsymbol{\alpha}_m)=(\boldsymbol{\alpha}_1,\ \boldsymbol{\alpha}_2,\cdots,\boldsymbol{\alpha}_m)\boldsymbol{A}，\ 其中\ \boldsymbol{A}=\begin{pmatrix}0 & 1 & \cdots & 1\\ 1 & 0 & \cdots & 1\\ \vdots & \vdots & \ddots & \vdots\\ 1 & 1 & \cdots & 0\end{pmatrix}_{m\times m}$$

先计算矩阵 $\boldsymbol{A}$ 的行列式的值. 将矩阵 $\boldsymbol{A}$ 的行列式中第 2 列，第 3 列，…，第 m 列都加到第 1 列，并提取公因子，得

$$|A|=(m-1)\begin{vmatrix}1&1&\cdots&1\\1&0&\cdots&1\\\vdots&\vdots&\ddots&\vdots\\1&1&\cdots&0\end{vmatrix}=(m-1)\begin{vmatrix}1&1&\cdots&1\\0&-1&\cdots&0\\\vdots&\vdots&\ddots&\vdots\\0&0&\cdots&-1\end{vmatrix}=(m-1)(-1)^{m-1}\neq 0$$

可知矩阵 $\boldsymbol{A}$ 可逆，因此向量组 $\boldsymbol{\alpha}_1,\ \boldsymbol{\alpha}_2,\cdots,\boldsymbol{\alpha}_m$ 与向量组 $\boldsymbol{\beta}-\boldsymbol{\alpha}_1,\ \boldsymbol{\beta}-\boldsymbol{\alpha}_2,\cdots,\boldsymbol{\beta}-\boldsymbol{\alpha}_m$ 等价，得 $R(\boldsymbol{\beta}-\boldsymbol{\alpha}_1,\ \boldsymbol{\beta}-\boldsymbol{\alpha}_2,\cdots,\boldsymbol{\beta}-\boldsymbol{\alpha}_m)=R(\boldsymbol{\alpha}_1,\ \boldsymbol{\alpha}_2,\cdots,\boldsymbol{\alpha}_m)$.

又因为向量组 $\boldsymbol{\alpha}_1,\ \boldsymbol{\alpha}_2,\cdots,\boldsymbol{\alpha}_m$ 线性无关，可知 $R(\boldsymbol{\alpha}_1,\ \boldsymbol{\alpha}_2,\cdots,\boldsymbol{\alpha}_m)=m$，所以 $R(\boldsymbol{\beta}-\boldsymbol{\alpha}_1,\ \boldsymbol{\beta}-\boldsymbol{\alpha}_2,\cdots,\boldsymbol{\beta}-\boldsymbol{\alpha}_m)=m$，因此向量组 $\boldsymbol{\beta}-\boldsymbol{\alpha}_1,\ \boldsymbol{\beta}-\boldsymbol{\alpha}_2,\cdots,\boldsymbol{\beta}-\boldsymbol{\alpha}_m$ 线性无关.

评注 向量组的线性相关性的证明较为抽象，并且涉及的知识面很广，如向量组的秩、向量组的等价、线性方程组的求解、行列式的计算、线性相关性的有关结论等．线性相关性的证明既是本章的重点，又是本章的难点，要学好这一部分，必须深刻理解有关的定义、定理和方法，同时多看例子，多思考.

例 7 设 $\boldsymbol{\alpha}_1,\boldsymbol{\alpha}_2,\cdots,\boldsymbol{\alpha}_n$ 是一组 n 维向量，证明 $\boldsymbol{\alpha}_1,\boldsymbol{\alpha}_2,\cdots,\boldsymbol{\alpha}_n$ 线性无关的充分必要条件是任一 n 维向量都可由它们线性表出.

分析 对必要性和充分性分别加以证明，证明过程中要综合应用有关定理和结论.

证明 (1)必要性. 已知 $\boldsymbol{\alpha}_1,\boldsymbol{\alpha}_2,\cdots,\boldsymbol{\alpha}_n$ 线性无关，对任一 n 维向量 β，由于 $\boldsymbol{\alpha}_1,\boldsymbol{\alpha}_2,\cdots,\boldsymbol{\alpha}_n$，$\boldsymbol{\beta}$ 是 $n+1$ 个 n 维向量，它们必然线性相关，从而 $\boldsymbol{\beta}$ 可由 $\boldsymbol{\alpha}_1,\boldsymbol{\alpha}_2,\cdots,\boldsymbol{\alpha}_n$ 线性表出（定理 3).

（2）充分证．若 $\boldsymbol{\alpha}_1,\boldsymbol{\alpha}_2,\cdots,\boldsymbol{\alpha}_n$ 可以线性表出任一 n 维向量，那么单位向量 $\boldsymbol{e}_1,\boldsymbol{e}_2,\cdots,\boldsymbol{e}_n$ 可由 $\boldsymbol{\alpha}_1,\boldsymbol{\alpha}_2,\cdots,\boldsymbol{\alpha}_n$ 线性表出.

显然 $\boldsymbol{\alpha}_1,\boldsymbol{\alpha}_2,\cdots,\boldsymbol{\alpha}_n$ 可由单位向量 $\boldsymbol{e}_1,\boldsymbol{e}_2,\cdots,\boldsymbol{e}_n$ 线性表出，于是 $\boldsymbol{\alpha}_1,\boldsymbol{\alpha}_2,\cdots,\boldsymbol{\alpha}_n$ 与 $\boldsymbol{e}_1,\boldsymbol{e}_2,\cdots,\boldsymbol{e}_n$ 是等价向量组．从而秩 $R(\boldsymbol{\alpha}_1,\boldsymbol{\alpha}_2,\cdots,\boldsymbol{\alpha}_n)=R(e_1,e_2,\cdots,e_n)$，而 $R(e_1,\cdots,e_n)=n$，所以 $R(\alpha_1,\cdots,\alpha_n)=n$，即 $\boldsymbol{\alpha}_1,\boldsymbol{\alpha}_2,\cdots,\boldsymbol{\alpha}_n$ 线性无关.

评注 在充分性的证明中，利用向量组的秩判断向量组的线性相关性，是证明向量组的线性相关性的一种常用方法．从向量空间的角度看，本题实际上说明任意 n 个线性无关的 n 维向量都是 n 维向量空间 R^n 的一个基.

例 8 设向量组 $\boldsymbol{A}:\boldsymbol{\alpha}_1,\cdots,\boldsymbol{\alpha}_s$ 的秩为 r_1，向量组 $\boldsymbol{B}:\boldsymbol{\beta}_1,\cdots,\boldsymbol{\beta}_t$ 的秩为 r_2，向量组 $\boldsymbol{C}:\boldsymbol{\alpha}_1,\cdots,\boldsymbol{\alpha}_s,\boldsymbol{\beta}_1,\cdots,\boldsymbol{\beta}_t$ 的秩为 r_3，求证 $\max(r_1,r_2)\leqslant r_3\leqslant r_1+r_2$.

分析 可以利用主教材中例 12 的结论：若向量组 $\boldsymbol{A}:\boldsymbol{\alpha}_1,\boldsymbol{\alpha}_2,\cdots,\boldsymbol{\alpha}_s$ 能由向量组 $\boldsymbol{B}:\boldsymbol{\beta}_1,\boldsymbol{\beta}_2,\cdots,\boldsymbol{\beta}_t$ 线性表出，则有 $R(A)\leqslant R(B)$.

证 由于向量组 $\boldsymbol{A}$ 可由向量组 $\boldsymbol{C}$ 线性表出，所以 $r_1\leqslant r_3$；又因为向量组 $\boldsymbol{B}$ 也可由向量组 $\boldsymbol{C}$ 线性表出，所以 $r_1\leqslant r_3$，故 $\max(r_1,r_2)\leqslant r_3$.

设向量组 $\boldsymbol{A}$ 的极大无关组为：$\boldsymbol{A}':\boldsymbol{\alpha}_1',\boldsymbol{\alpha}_2',\cdots,\boldsymbol{\alpha}_{r_1}'$；向量组 $\boldsymbol{B}$ 的极大无关组为 $\boldsymbol{B}':\boldsymbol{\beta}_1',\boldsymbol{\beta}_2',\cdots,\boldsymbol{\beta}_{r_2}'$；又设向量组 $\boldsymbol{C}':\boldsymbol{\alpha}_1',\boldsymbol{\alpha}_2',\cdots,\boldsymbol{\alpha}_{r_1}',\boldsymbol{\beta}_1',\boldsymbol{\beta}_2',\cdots,\boldsymbol{\beta}_{r_2}'$.

由于向量组 A 与 A' 等价，向量组 B 与 B' 等价，向量组 C 可以由向量组 C' 线性表出，故向量组 C 的秩 r_3 不超过向量组 C' 的秩，而向量组 C' 的秩不超过 r_1+r_2，故 $r_3 \leqslant r_1+r_2$.

评注　在与向量组的秩有关的证明题中，往往可以假设出向量组的极大无关组，以便于分析和表达，主教材上的例 12、例 13 均如此.

7. 判断一个集合是否构成向量空间

例 9　判断下列集合是否是向量空间

（1）$V=\{\boldsymbol{x}=(x_1,0,\cdots,0,x_n)|x_1,x_n\in\mathbf{R}\}$，其中 $n\geqslant 2$；

（2）$V=\{\boldsymbol{x}=(0,1,x_3)|x_3\in\mathbf{R}\}$.

分析　要判断一个集合 V 是否构成向量空间，需先说明集合 V 非空，然后验证以下两点：①集合 V 对加法运算封闭；②集合 V 对数乘运算封闭.

解　（1）因 $(x_1,0,\cdots,0,x_n)\in V$，故 V 非空，

设 $\boldsymbol{\alpha}=(x_1,0,\cdots,0,x_n)\in V$，$\boldsymbol{\beta}=(y_1,0,\cdots,0,y_n)\in V$，$k\in\mathbf{R}$，则有：

① $\boldsymbol{\alpha}+\boldsymbol{\beta}=(x_1+y_1,0,\cdots,0,x_n+y_n)\in V$，即集合 V 对加法运算封闭；

② $k\boldsymbol{\alpha}=(kx_1,0,\cdots,0,kx_n)\in V$，即集合 V 对数乘运算封闭，所以，集合 V 是向量空间.

（2）因 $(0,1,0)\in V$，故 V 非空. 设 $\boldsymbol{\alpha}=(0,1,a)\in V$，$\boldsymbol{\beta}=(0,1,b)\in V$，则有：$\boldsymbol{\alpha}+\boldsymbol{\beta}=(0,2,a+b)\notin V$，即集合 V 对加法运算不封闭. 所以，集合 V 不是向量空间.

评注　判断一个集合 V 是否构成向量空间，关键是验证该集合是否对加法与数乘运算封闭.

8. 求向量空间中某一向量在一个基下的坐标

例 10　证明 $\boldsymbol{\alpha}_1=(1,2,-1,-2)^{\mathrm{T}}$，$\boldsymbol{\alpha}_2=(2,3,0,-1)^{\mathrm{T}}$，$\boldsymbol{\alpha}_3=(1,3,-1,0)^{\mathrm{T}}$，$\boldsymbol{\alpha}_4=(1,2,1,4)^{\mathrm{T}}$ 是 R^4 的一个基，并求向量 $\boldsymbol{\beta}=(7,14,-1,2)^{\mathrm{T}}$ 在基 $\boldsymbol{\alpha}_1,\boldsymbol{\alpha}_2,\boldsymbol{\alpha}_3,\boldsymbol{\alpha}_4$ 下的坐标.

分析　由于任意 n 个线性无关的 n 维向量都是 n 维向量空间 R^n 的基，因此，要证 $\boldsymbol{\alpha}_1,\boldsymbol{\alpha}_2,\boldsymbol{\alpha}_3,\boldsymbol{\alpha}_4$ 是 4 维向量空间 R^4 的一个基，只需证明 $\boldsymbol{\alpha}_1,\boldsymbol{\alpha}_2,\boldsymbol{\alpha}_3,\boldsymbol{\alpha}_4$ 线性无关；要求向量 $\boldsymbol{\beta}$ 在这组基下的坐标，只需将 $\boldsymbol{\beta}$ 用 $\boldsymbol{\alpha}_1,\boldsymbol{\alpha}_2,\boldsymbol{\alpha}_3,\boldsymbol{\alpha}_4$ 线性表出.

解　对矩阵 $(\boldsymbol{\alpha}_1,\boldsymbol{\alpha}_2,\boldsymbol{\alpha}_3,\boldsymbol{\alpha}_4,\boldsymbol{\beta})$ 作初等行变换（具体步骤略），有：

$$\begin{pmatrix} 1 & 2 & 1 & 1 & 7 \\ 2 & 3 & 3 & 2 & 14 \\ -1 & 0 & -1 & 1 & -1 \\ -2 & -1 & 0 & 4 & 2 \end{pmatrix} \xrightarrow{r} \begin{pmatrix} 1 & 2 & 1 & 1 & 7 \\ 0 & 1 & -1 & 0 & 0 \\ 0 & 0 & 1 & 1 & 3 \\ 0 & 0 & 0 & 1 & 1 \end{pmatrix} = \boldsymbol{B}$$

由于

$$(\boldsymbol{\alpha}_1,\boldsymbol{\alpha}_2,\boldsymbol{\alpha}_3,\boldsymbol{\alpha}_4)\xrightarrow{r}\begin{pmatrix}1&2&1&1\\0&1&-1&0\\0&0&1&1\\0&0&0&1\end{pmatrix}$$

即矩阵 $(\boldsymbol{\alpha}_1,\boldsymbol{\alpha}_2,\boldsymbol{\alpha}_3,\boldsymbol{\alpha}_4)$ 经过初等行变换后得到的阶梯形矩阵中含有 4 个非零行，故 $R(\boldsymbol{\alpha}_1,\boldsymbol{\alpha}_2,\boldsymbol{\alpha}_3,\boldsymbol{\alpha}_4)=4$，即向量组 $\boldsymbol{\alpha}_1,\boldsymbol{\alpha}_2,\boldsymbol{\alpha}_3,\boldsymbol{\alpha}_4$ 线性无关.

由于任意 4 个线性无关的 4 维向量都是 4 维向量空间 R^4 的一个基，因此，向量组 $\boldsymbol{\alpha}_1,\boldsymbol{\alpha}_2,\boldsymbol{\alpha}_3,\boldsymbol{\alpha}_4$ 是 R^4 的一个基.

为求出向量 $\boldsymbol{\beta}$ 在基 $\boldsymbol{\alpha}_1,\boldsymbol{\alpha}_2,\boldsymbol{\alpha}_3,\boldsymbol{\alpha}_4$ 下的坐标，进一步使用初等行变换将矩阵 $\boldsymbol{B}$ 化为行最简形矩阵（具体步骤略）:

$$\boldsymbol{B}=\begin{pmatrix}1&2&1&1&7\\0&1&-1&0&0\\0&0&1&1&3\\0&0&0&1&1\end{pmatrix}\xrightarrow{r}\begin{pmatrix}1&0&0&0&0\\0&1&0&0&2\\0&0&1&0&2\\0&0&0&1&1\end{pmatrix}$$

由于 $\begin{pmatrix}0\\2\\2\\1\end{pmatrix}=0\cdot\begin{pmatrix}1\\0\\0\\0\end{pmatrix}+2\cdot\begin{pmatrix}0\\1\\0\\0\end{pmatrix}+2\cdot\begin{pmatrix}0\\0\\1\\0\end{pmatrix}+1\cdot\begin{pmatrix}0\\0\\0\\1\end{pmatrix}$，而初等行变换不会改变列向量组的线性关系，故有 $\boldsymbol{\beta}=0\cdot\boldsymbol{\alpha}_1+2\cdot\boldsymbol{\alpha}_2+2\cdot\boldsymbol{\alpha}_3+1\cdot\boldsymbol{\alpha}_4$，即向量 $\boldsymbol{\beta}$ 在基 $\boldsymbol{\alpha}_1,\boldsymbol{\alpha}_2,\boldsymbol{\alpha}_3,\boldsymbol{\alpha}_4$ 下的坐标为 $(0,2,2,1)$.

评注（1）求向量 $\boldsymbol{\beta}$ 在基 $\boldsymbol{\alpha}_1,\boldsymbol{\alpha}_2,\boldsymbol{\alpha}_3,\boldsymbol{\alpha}_4$ 下的坐标，只需将 $\boldsymbol{\beta}$ 用 $\boldsymbol{\alpha}_1,\boldsymbol{\alpha}_2,\boldsymbol{\alpha}_3,\boldsymbol{\alpha}_4$ 线性表出，本质上就是求解线性方程组 $x_1\boldsymbol{\alpha}_1+x_2\boldsymbol{\alpha}_2+x_3\boldsymbol{\alpha}_3+x_4\boldsymbol{\alpha}_4=\boldsymbol{\beta}$，所使用的方法和采用初等行变换法求解线性方程组是一致的.

（2）本章中，大部分的计算题都与矩阵的初等行变换有关，例如，判断一个向量是否能由一个向量组线性表出（及求出线性表出的系数）、求一个向量组的秩与一个极大线性无关组、判断向量组的线性相关性、判断向量组是否是向量空间的基、求向量在基下的坐标等，都需要用到初等的初等行变换，因此，熟练掌握矩阵的初等行变换，是本章（也是整个“线性代数”课程）求解计算题的关键之一.

三、习题选解

1．设 $\boldsymbol{\alpha}=\begin{pmatrix}2\\0\\-1\\3\end{pmatrix}$，$\boldsymbol{\beta}=\begin{pmatrix}1\\7\\4\\-2\end{pmatrix}$，$\boldsymbol{\gamma}=\begin{pmatrix}0\\1\\0\\1\end{pmatrix}$，

（1）求 $2\boldsymbol{\alpha}+\boldsymbol{\beta}-3\boldsymbol{\gamma}$；

（2）若有 $\boldsymbol{\chi}$，满足 $3\boldsymbol{\alpha}-\boldsymbol{\beta}+5\boldsymbol{\gamma}+2\boldsymbol{\chi}=\boldsymbol{0}$，求 $\boldsymbol{\chi}$.

解　（1）$2\boldsymbol{\alpha}+\boldsymbol{\beta}-3\boldsymbol{r}=2\begin{pmatrix}2\\0\\-1\\3\end{pmatrix}+\begin{pmatrix}1\\7\\4\\-2\end{pmatrix}-3\begin{pmatrix}0\\1\\0\\1\end{pmatrix}=\begin{pmatrix}4+1-0\\0+7-3\\-2+4-0\\6-2-3\end{pmatrix}=\begin{pmatrix}5\\4\\2\\1\end{pmatrix}$.

（2）由 $3\boldsymbol{\alpha}-\boldsymbol{\beta}+5\boldsymbol{r}+2\boldsymbol{\chi}=\boldsymbol{0}$，得

$$\boldsymbol{\chi}=\frac{1}{2}(-3\boldsymbol{\alpha}+\boldsymbol{\beta}-5\boldsymbol{r})$$

$$=\frac{1}{2}\left[-3\begin{pmatrix}2\\0\\-1\\3\end{pmatrix}+\begin{pmatrix}1\\7\\4\\-2\end{pmatrix}-5\begin{pmatrix}0\\1\\0\\1\end{pmatrix}\right]=\begin{pmatrix}-\frac{5}{2}\\1\\\frac{7}{2}\\-8\end{pmatrix}$$

2．设有矩阵

$$\boldsymbol{A}=\begin{pmatrix}1&1&6&2\\0&2&1&5\\4&0&9&-1\end{pmatrix}$$

写出矩阵 $\boldsymbol{A}$ 的列向量组和行向量组.

解　$\boldsymbol{A}$ 的列向量组为：

$$\boldsymbol{\alpha}_1=\begin{pmatrix}1\\0\\4\end{pmatrix},\quad \boldsymbol{\alpha}_2=\begin{pmatrix}1\\2\\0\end{pmatrix},\quad \boldsymbol{\alpha}_3=\begin{pmatrix}6\\1\\9\end{pmatrix},\quad \boldsymbol{\alpha}_4=\begin{pmatrix}2\\5\\-1\end{pmatrix}$$

行向量组为：$\boldsymbol{\beta}_1=(1,1,6,2)$，$\boldsymbol{\beta}_2=(0,2,1,5)$，$\boldsymbol{\beta}_3=(4,0,9,-1)$.

3．已知向量 $\boldsymbol{\alpha}_1=\begin{pmatrix}1\\2\\2\end{pmatrix}$，$\boldsymbol{\alpha}_2=\begin{pmatrix}2\\-2\\1\end{pmatrix}$，$\boldsymbol{\alpha}_3=\begin{pmatrix}0\\6\\3\end{pmatrix}$，问向量 $\boldsymbol{\alpha}_3$ 能否由向量 $\boldsymbol{\alpha}_1$、$\boldsymbol{\alpha}_2$ 线性表出？

解　（1）观察法

观察可知，$\boldsymbol{\alpha}_3=2\boldsymbol{\alpha}_1-\boldsymbol{\alpha}_2$，故 $\boldsymbol{\alpha}_3$ 可由 $\boldsymbol{\alpha}_1,\boldsymbol{\alpha}_2$ 线性表出.

（2）解方程法

设有 x_1，x_2，使 $x_1\boldsymbol{\alpha}_1+x_2\boldsymbol{\alpha}_2=\boldsymbol{\alpha}_3$，具体写出方程组：

$$\begin{cases}x_1+2x_2=0\\2x_1-2x_2=6\\2x_1+\ \ x_2=3\end{cases}$$

解得：$x_1=2$，$x_2=-1$，故有 $\boldsymbol{\alpha}_3=2\boldsymbol{\alpha}_1-\boldsymbol{\alpha}_2$，即 $\boldsymbol{\alpha}_3$ 可由 $\boldsymbol{\alpha}_1,\boldsymbol{\alpha}_2$ 线性表出.

4．已知向量$\boldsymbol{\beta}=\begin{pmatrix}1\\a\\3\end{pmatrix}$能由$\boldsymbol{\alpha}_1=\begin{pmatrix}2\\1\\0\end{pmatrix}$，$\boldsymbol{\alpha}_2=\begin{pmatrix}-3\\2\\1\end{pmatrix}$线性表出，求$a$的值．

解 因$\boldsymbol{\beta}$可由$\boldsymbol{\alpha}_1,\boldsymbol{\alpha}_2$线性表出，故存在$x_1$，$x_2$，使$x_1\boldsymbol{\alpha}_1+x_2\boldsymbol{\alpha}_2=\boldsymbol{\beta}$，即方程组$\begin{cases}2x_1-3x_2=1\\x_1+2x_2=a\\x_2=3\end{cases}$有解．解此方程，得$x_1$=5，$x_2$=3，故$a$=11．

5．判断下列向量组是线性相关还是线性无关的．

（1）$\boldsymbol{\alpha}_1=\begin{pmatrix}1\\3\end{pmatrix}$，$\boldsymbol{\alpha}_2=\begin{pmatrix}2\\5\end{pmatrix}$；

（2）$\boldsymbol{\alpha}_1=\begin{pmatrix}1\\-3\\4\end{pmatrix}$，$\boldsymbol{\alpha}_2=\begin{pmatrix}2\\1\\-3\end{pmatrix}$，$\boldsymbol{\alpha}_3=\begin{pmatrix}5\\-1\\-2\end{pmatrix}$；

（3）$\boldsymbol{\alpha}_1=\begin{pmatrix}2\\0\\0\end{pmatrix}$，$\boldsymbol{\alpha}_2=\begin{pmatrix}3\\6\\0\end{pmatrix}$，$\boldsymbol{\alpha}_3=\begin{pmatrix}5\\1\\4\end{pmatrix}$．

解 （1）由于向量只含有两个向量，且对应分量不成比例，即 1：2≠3：5，故$\boldsymbol{\alpha}_1,\boldsymbol{\alpha}_2$线性无关．

（2）由于$\boldsymbol{\alpha}_1+2\boldsymbol{\alpha}_2-\boldsymbol{\alpha}_3=0$，故$\boldsymbol{\alpha}_1,\boldsymbol{\alpha}_2,\boldsymbol{\alpha}_3$线性相关．

（3）设有x_1，x_2，x_3，使$x_1\boldsymbol{\alpha}_1+x_2\boldsymbol{\alpha}_2+x_3\boldsymbol{\alpha}_3=\mathbf{0}$

即：$\begin{cases}2x_1+3x_2+5x_3=0\\\quad\quad 6x_2+x_3=0\Rightarrow x_1=0,x_2=0,x_3=0\\\quad\quad\quad 4x_3=0\end{cases}$

故$\boldsymbol{\alpha}_1,\boldsymbol{\alpha}_2,\boldsymbol{\alpha}_3$线性无关．

6．判断下列命题是否正确，正确的请给出证明，错误的请举出反例．

（1）若两个向量组的秩相等，则此两个向量组等价．

（2）若向量组$\boldsymbol{\alpha}_1,\boldsymbol{\alpha}_2,\cdots,\boldsymbol{\alpha}_s$可由$\boldsymbol{\beta}_1,\boldsymbol{\beta}_2,\cdots,\boldsymbol{\beta}_t$线性表出，则必有$s<t$．

（3）若向量组$\boldsymbol{\alpha}_1,\boldsymbol{\alpha}_2,\cdots,\boldsymbol{\alpha}_s$与$\boldsymbol{\alpha}_2,\cdots,\boldsymbol{\alpha}_s$都线性相关，则$\boldsymbol{\alpha}_1$必不能由$\boldsymbol{\alpha}_2,\cdots,\boldsymbol{\alpha}_s$线性表出．

（4）若向量组$\boldsymbol{\alpha}_1,\boldsymbol{\alpha}_2,\cdots,\boldsymbol{\alpha}_s$线性无关，则对任意一组不全为 0 的数$k_1,k_2,\cdots,k_s$，都有$k_1\boldsymbol{\alpha}_1+k_2\boldsymbol{\alpha}_2+\cdots+k_s\boldsymbol{\alpha}_s\neq\mathbf{0}$．

（5）若$\boldsymbol{\alpha}_1,\boldsymbol{\alpha}_2$线性相关，$\boldsymbol{\beta}_1,\boldsymbol{\beta}_2$线性相关，则$\boldsymbol{\alpha}_1+\boldsymbol{\beta}_1,\boldsymbol{\alpha}_2+\boldsymbol{\beta}_2$也线性相关．

解 （1）错误．例如$\boldsymbol{\alpha}_1=\begin{pmatrix}1\\0\\0\end{pmatrix},\boldsymbol{\alpha}_2=\begin{pmatrix}0\\1\\0\end{pmatrix},\boldsymbol{\beta}_1=\begin{pmatrix}0\\1\\0\end{pmatrix},\boldsymbol{\beta}_2=\begin{pmatrix}0\\0\\1\end{pmatrix}$，向量组$\boldsymbol{\alpha}_1,\boldsymbol{\alpha}_2$与向量组$\boldsymbol{\beta}_1,\boldsymbol{\beta}_2$的秩都等于 2，但$\boldsymbol{\alpha}_1,\boldsymbol{\alpha}_2$与$\boldsymbol{\beta}_1,\boldsymbol{\beta}_2$不等价．

（2）错误．例如$\boldsymbol{\alpha}_1=\begin{pmatrix}0\\0\end{pmatrix},\boldsymbol{\alpha}_2=\begin{pmatrix}2\\0\end{pmatrix}$可由$\boldsymbol{\beta}=\begin{pmatrix}1\\0\end{pmatrix}$线性表出，但 $s=2>t=1$．

（3）错误．例如，取$\boldsymbol{\alpha}_1=\begin{pmatrix}1\\1\end{pmatrix},\boldsymbol{\alpha}_2=\begin{pmatrix}1\\0\end{pmatrix},\boldsymbol{\alpha}_3=\begin{pmatrix}0\\1\end{pmatrix},\boldsymbol{\alpha}_4=\begin{pmatrix}2\\2\end{pmatrix}$，则$\boldsymbol{\alpha}_1,\boldsymbol{\alpha}_2,\boldsymbol{\alpha}_3,\boldsymbol{\alpha}_4$线性相关，$\boldsymbol{\alpha}_2,\boldsymbol{\alpha}_3,\boldsymbol{\alpha}_4$也线性相关，但$\boldsymbol{\alpha}_1$可由$\boldsymbol{\alpha}_2,\boldsymbol{\alpha}_3,\boldsymbol{\alpha}_4$线性表出．

（4）正确．按线性无关的定义可知．

（5）错误．例如，取$\boldsymbol{\alpha}_1=\begin{pmatrix}1\\0\end{pmatrix}$，$\boldsymbol{\alpha}_2=\begin{pmatrix}2\\0\end{pmatrix}$，$\boldsymbol{\beta}_1=\begin{pmatrix}0\\1\end{pmatrix}$，$\boldsymbol{\beta}_2=\begin{pmatrix}0\\3\end{pmatrix}$，则$\boldsymbol{\alpha}_1,\boldsymbol{\alpha}_2$及$\boldsymbol{\beta}_1,\boldsymbol{\beta}_2$均线性相关，但$\boldsymbol{\alpha}_1+\boldsymbol{\beta}_1=\begin{pmatrix}1\\1\end{pmatrix},\boldsymbol{\alpha}_2+\boldsymbol{\beta}_2=\begin{pmatrix}2\\3\end{pmatrix}$线性无关．

7．若向量组$\boldsymbol{\alpha},\boldsymbol{\beta},\boldsymbol{\gamma}$线性无关，证明：向量组$\boldsymbol{\alpha}+\boldsymbol{\beta},\boldsymbol{\beta}+\boldsymbol{\gamma},\boldsymbol{\gamma}+\boldsymbol{\alpha}$也线性无关．

证　设有一组数k_1,k_2,k_3，使$k_1(\boldsymbol{\alpha}+\boldsymbol{\beta})+k_2(\boldsymbol{\beta}+\boldsymbol{\gamma})+k_3(\boldsymbol{\gamma}+\boldsymbol{\alpha})=\mathbf{0}$，整理得：$(k_1+k_3)\boldsymbol{\alpha}+(k_1+k_2)\boldsymbol{\beta}+(k_2+k_3)\boldsymbol{\gamma}=\mathbf{0}$，因$\boldsymbol{\alpha},\boldsymbol{\beta},\boldsymbol{\gamma}$线性无关，故有

$$\begin{cases}k_1+k_3=0\\k_1+k_2=0\\k_2+k_3=0\end{cases}，求解此齐次方程，得：\begin{cases}k_1=0\\k_2=0\\k_3=0\end{cases}$$

故$\boldsymbol{\alpha}+\boldsymbol{\beta},\boldsymbol{\beta}+\boldsymbol{\gamma},\boldsymbol{\gamma}+\boldsymbol{\alpha}$ 线性无关．

8．若向量组$\boldsymbol{\alpha}_1,\boldsymbol{\alpha}_2,\cdots,\boldsymbol{\alpha}_s\ (s\geqslant 2)$中，$\boldsymbol{\alpha}_1\neq\mathbf{0}$，且每个$\boldsymbol{\alpha}_i\ (i=2,3,\cdots,s)$都不能由$\boldsymbol{\alpha}_1,\boldsymbol{\alpha}_2,\cdots,\boldsymbol{\alpha}_{i-1}$ 线性表出，证明：$\boldsymbol{\alpha}_1,\boldsymbol{\alpha}_2,\cdots,\boldsymbol{\alpha}_s$ 线性无关．

证　（反证法）如果$\boldsymbol{\alpha}_1,\boldsymbol{\alpha}_2,\cdots,\boldsymbol{\alpha}_3$线性相关，那么存在不全为零的数$k_1,k_2,\cdots,k_s$，使得

$$k_1\boldsymbol{\alpha}_1+k_2\boldsymbol{\alpha}_2+\cdots+k_s\boldsymbol{\alpha}_s=\mathbf{0}\tag{1}$$

对于k_s，k_{s-1}，…，k_2，k_1这一串数，设第 1 个不为零的数是k_j，即$k_s=k_{s-1}=\cdots=k_{j+1}=0$，$k_j\neq 0$．此时，$j\neq 1$，否则$k_s=k_{s-1}=\cdots=k_2=0$，$k_1\neq 0$，式（1）变为：$k_1\boldsymbol{\alpha}_1=\mathbf{0}$，$k_1\neq 0$，与已知$\boldsymbol{\alpha}_1\neq\mathbf{0}$矛盾．

那么式（1）成为

$$k_1\boldsymbol{\alpha}_1+k_2\boldsymbol{\alpha}_2+\cdots+k_j\boldsymbol{\alpha}_j=\mathbf{0}，\quad k_j\neq 0$$

从而$\boldsymbol{\alpha}_j=-\dfrac{k_1}{k_j}\boldsymbol{\alpha}_1-\dfrac{k_2}{k_j}\boldsymbol{\alpha}_2-\cdots-\dfrac{k_{j-1}}{k_j}\boldsymbol{\alpha}_{j-1}$

即$\boldsymbol{\alpha}_j$可由$\boldsymbol{\alpha}_1,\boldsymbol{\alpha}_2,\cdots,\boldsymbol{\alpha}_{j-1}$表示，与已知矛盾．

因此$\boldsymbol{\alpha},\boldsymbol{\alpha}_1,\boldsymbol{\alpha}_2,\cdots,\boldsymbol{\alpha}_s$线性无关．

9．设$\boldsymbol{\alpha}_1,\boldsymbol{\alpha}_2,\cdots,\boldsymbol{\alpha}_n$是一组$n$维向量，已知$n$维单位向量$\boldsymbol{e}_1,\boldsymbol{e}_2,\cdots,\boldsymbol{e}_n$能由它们线性表出，证明$\boldsymbol{\alpha}_1,\boldsymbol{\alpha}_2,\cdots,\boldsymbol{\alpha}_n$线性无关．

证　因n维单位向量$\boldsymbol{e}_1,\boldsymbol{e}_2,\cdots,\boldsymbol{e}_n$ 能由$\boldsymbol{\alpha}_1,\boldsymbol{\alpha}_2,\cdots,\boldsymbol{\alpha}_n$线性表出，故

$$n=R(\boldsymbol{e}_1,\boldsymbol{e}_2,\cdots,\boldsymbol{e}_n)\leqslant R(\boldsymbol{\alpha}_1,\boldsymbol{\alpha}_2,\cdots,\boldsymbol{\alpha}_n)$$

另一方面由于向量组的秩不会大于向量组所含向量的个数，故

$$R(\boldsymbol{\alpha}_1,\boldsymbol{\alpha}_2,\cdots,\boldsymbol{\alpha}_n)\leqslant n$$

∴ $R(\boldsymbol{\alpha}_1,\boldsymbol{\alpha}_2,\cdots,\boldsymbol{\alpha}_n)=n$

∴ 向量组 $\boldsymbol{\alpha}_1,\boldsymbol{\alpha}_2,\cdots,\boldsymbol{\alpha}_n$ 线性无关.

10. 设非零向量 $\boldsymbol{\beta}$ 可以由向量组 $\boldsymbol{\alpha}_1,\boldsymbol{\alpha}_2,\cdots,\boldsymbol{\alpha}_s$ 线性表出，证明：表示法唯一的充分必要条件是 $\boldsymbol{\alpha}_1,\boldsymbol{\alpha}_2,\cdots,\boldsymbol{\alpha}_s$ 线性无关.

证 （1）必要性（反证法）

假设 $\boldsymbol{\alpha}_1,\boldsymbol{\alpha}_2,\cdots,\boldsymbol{\alpha}_r$ 线性相关，即存在不全为零的数 k_1，k_2，…，k_r（不防设 $k_1\neq 0$），使得：

$$k_1\boldsymbol{\alpha}_1+k_2\boldsymbol{\alpha}_2+\cdots+k_r\boldsymbol{\alpha}_r=\boldsymbol{0} \qquad ①$$

设

$$\boldsymbol{\beta}=l_1\boldsymbol{\alpha}_1+l_2\boldsymbol{\alpha}_2+\cdots+l_r\boldsymbol{\alpha}_r \qquad ②$$

①+② 得：

$$\boldsymbol{\beta}=(k_1+l_1)\boldsymbol{\alpha}_1+(k_2+l_2)\boldsymbol{\alpha}_2+\cdots+(k_r+l_r)\boldsymbol{\alpha}_r \qquad ③$$

因 $k_1\neq 0$，故 $k_1+l_1\neq l_1$，则②与③是 $\boldsymbol{\beta}$ 的两种不同表示法，这与题设中 $\boldsymbol{\beta}$ 的表示法唯一相矛盾，故 $\boldsymbol{\alpha}_1,\boldsymbol{\alpha}_2,\cdots,\boldsymbol{\alpha}_r$ 线性无关.

（2）充分性（反证法）

假设 $\boldsymbol{\beta}$ 有两种不同的表示法：

$$\boldsymbol{\beta}=k_1\boldsymbol{\alpha}_1+k_2\boldsymbol{\alpha}_2+\cdots+k_r\boldsymbol{\alpha}_r \qquad ④$$

$$\boldsymbol{\beta}=l_1\boldsymbol{\alpha}_1+l_2\boldsymbol{\alpha}_2+\cdots+l_r\boldsymbol{\alpha}_r \qquad ⑤$$

④−⑤得：$\boldsymbol{0}=(k_1-l_1)\boldsymbol{\alpha}_1+(k_2-l_2)\boldsymbol{\alpha}_2+\cdots+(k_r-l_r)\boldsymbol{\alpha}_r$，因④、⑤是 $\boldsymbol{\beta}$ 的两种不同的表示法，故一定存在 $i(1\leqslant i\leqslant r)$，使得 $k_i\neq l_i$，即有 $k_i-l_i\neq 0$，由此得 $\boldsymbol{\alpha}_1,\boldsymbol{\alpha}_2,\cdots,\boldsymbol{\alpha}_r$ 线性相关，这与题设 $\boldsymbol{\alpha}_1,\boldsymbol{\alpha}_2,\cdots,\boldsymbol{\alpha}_r$ 线性无关矛盾. 故 $\boldsymbol{\beta}$ 的表示法唯一.

11. 设向量组 $\boldsymbol{A}$ 与向量组 $\boldsymbol{B}$ 有相同的秩，且向量组 $\boldsymbol{A}$ 可以由向量组 $\boldsymbol{B}$ 线性表出，证明：向量组 $\boldsymbol{A}$ 与向量组 $\boldsymbol{B}$ 等价.

证 设向量组 $\boldsymbol{A}$ 与向量组 $\boldsymbol{B}$ 的秩都等于 r，且设 $\boldsymbol{\alpha}_1,\boldsymbol{\alpha}_2,\cdots,\boldsymbol{\alpha}_r$ 是向量组 $\boldsymbol{A}$ 的极大无关组，设 $\boldsymbol{\beta}_1,\boldsymbol{\beta}_2,\cdots,\boldsymbol{\beta}_r$ 是向量组 $\boldsymbol{B}$ 的极大无关组.

因向量组 $\boldsymbol{A}$ 可由向量组 $\boldsymbol{B}$ 线性表出，故 $\boldsymbol{\alpha}_1,\boldsymbol{\alpha}_2,\cdots,\boldsymbol{\alpha}_r$ 可由 $\boldsymbol{\beta}_1,\boldsymbol{\beta}_2,\cdots,\boldsymbol{\beta}_r$ 线性表出，因此，向量组 $\boldsymbol{\alpha}_1,\boldsymbol{\alpha}_2,\cdots,\boldsymbol{\alpha}_r,\boldsymbol{\beta}_1$ 也可由 $\boldsymbol{\beta}_1,\boldsymbol{\beta}_2,\cdots,\boldsymbol{\beta}_r$ 线性表出，因 $r+1>r$，故 $\boldsymbol{\alpha}_1,\boldsymbol{\alpha}_2,\cdots,\boldsymbol{\alpha}_r,\boldsymbol{\beta}_1$ 线性相关，于是 $\boldsymbol{\beta}_1$ 可由 $\boldsymbol{\alpha}_1,\boldsymbol{\alpha}_2,\cdots,\boldsymbol{\alpha}_r$ 线性表出. 同理，$\boldsymbol{\beta}_i(i=2,3,\cdots,r)$ 也能由 $\boldsymbol{\alpha}_1,\boldsymbol{\alpha}_2,\cdots,\boldsymbol{\alpha}_r$ 线性看出，故 $\boldsymbol{\beta}_1,\boldsymbol{\beta}_2,\cdots,\boldsymbol{\beta}_r$ 能由 $\boldsymbol{\alpha}_1,\boldsymbol{\alpha}_2,\cdots,\boldsymbol{\alpha}_r$ 线性表出. 因此，$\boldsymbol{\beta}_1,\boldsymbol{\beta}_2,\cdots,\boldsymbol{\beta}_r$ 与 $\boldsymbol{\alpha}_1,\boldsymbol{\alpha}_2,\cdots,\boldsymbol{\alpha}_r$ 等价. 又因任一向量组与其极大无关组等价，由等价关系的传递性知，向量组 $\boldsymbol{A}$ 与向量组 $\boldsymbol{B}$ 等价.

12. 设向量组 $\boldsymbol{\alpha}_1,\boldsymbol{\alpha}_2,\cdots,\boldsymbol{\alpha}_s$ 的秩为 r，在其中任意取出 m 个向量 $\boldsymbol{\alpha}_{i_1},\boldsymbol{\alpha}_{i_2},\cdots,\boldsymbol{\alpha}_{i_m}$，若此向量组的秩为 r_1，证明：$r_1\geqslant r+m-s$.

证 记向量组 $\boldsymbol{\alpha}_1,\boldsymbol{\alpha}_2,\cdots,\boldsymbol{\alpha}_s$ 为 $\boldsymbol{S}$，记 $\boldsymbol{\alpha}_{i_1},\boldsymbol{\alpha}_{i_2},\cdots,\boldsymbol{\alpha}_{i_m}$ 为 $\boldsymbol{S}_1$，设 $\boldsymbol{\alpha}_{j_1},\boldsymbol{\alpha}_{j_2},\cdots,\boldsymbol{\alpha}_{j_r}$ 是 $\boldsymbol{S}_1$ 的极大

线性无关组，它在 $\boldsymbol{S}$ 中仍然是线性无关的，现将其逐步扩充为 $\boldsymbol{S}$ 的极大线性无关组，那么还应增加 $r-r_1$ 个向量，而这些向量必取自 $\boldsymbol{S}-\boldsymbol{S}_1$，而 $\boldsymbol{S}-\boldsymbol{S}_1$ 中共有 $s-m$ 个向量，于是 $r-r_1 \leqslant s-m$ ，即 $r_1 \geqslant r+m-s$.

13．设有向量组 $\boldsymbol{\alpha}_1=(1,1,1)$，$\boldsymbol{\alpha}_2=(1,2,3)$，$\boldsymbol{\alpha}_3=(1,3,t)$．$t$ 为何值时，向量组 $\boldsymbol{\alpha}_1,\boldsymbol{\alpha}_2,\boldsymbol{\alpha}_3$ 线性相关？

解　将 $\boldsymbol{\alpha}_1,\boldsymbol{\alpha}_2,\boldsymbol{\alpha}_3$ 按行（或按列）排列成一个矩阵，然后用初等行变换将矩阵化为行阶梯形.

$$\boldsymbol{A}=\begin{pmatrix}\boldsymbol{\alpha}_1\\\boldsymbol{\alpha}_2\\\boldsymbol{\alpha}_3\end{pmatrix}=\begin{pmatrix}1&1&1\\1&2&3\\1&3&t\end{pmatrix}\xrightarrow[r_3-r_1]{r_2-r_1}\begin{pmatrix}1&1&1\\0&1&2\\0&2&t-1\end{pmatrix}\xrightarrow{r_3-2r_2}\begin{pmatrix}1&1&1\\0&1&2\\0&0&t-5\end{pmatrix}$$

可见当 $t=5$ 时，$R(\boldsymbol{\alpha}_1,\boldsymbol{\alpha}_2,\boldsymbol{\alpha}_3)=2$，$\boldsymbol{\alpha}_1,\boldsymbol{\alpha}_2,\boldsymbol{\alpha}_3$ 线性相关.

14．已知向量组

$$\boldsymbol{A}:\boldsymbol{\alpha}_1=\begin{pmatrix}0\\1\\1\end{pmatrix},\boldsymbol{\alpha}_2=\begin{pmatrix}1\\1\\0\end{pmatrix};\quad \boldsymbol{B}:\boldsymbol{\beta}_1=\begin{pmatrix}-1\\0\\1\end{pmatrix},\boldsymbol{\beta}_2=\begin{pmatrix}1\\2\\1\end{pmatrix},\boldsymbol{\beta}_3=\begin{pmatrix}3\\2\\-1\end{pmatrix}$$

证明：向量组 $\boldsymbol{A}$ 与向量组 $\boldsymbol{B}$ 等价.

解　根据向量组等价的充分必要条件，即证明

$$R(\boldsymbol{\alpha}_1,\boldsymbol{\alpha}_2)=R(\boldsymbol{\beta}_1,\boldsymbol{\beta}_2,\boldsymbol{\beta}_3)=R(\boldsymbol{\alpha}_1,\boldsymbol{\alpha}_2,\boldsymbol{\beta}_1,\boldsymbol{\beta}_2,\boldsymbol{\beta}_3).$$

由于向量组 $\boldsymbol{A}$ 只含两个向量，所以它的线性相关性只要用这两个向量的对应分量是否成比例来确定，因此很容易求得向量组 $\boldsymbol{A}$ 的秩 $R(\boldsymbol{\alpha}_1,\boldsymbol{\alpha}_2)=2$．而向量组 $\boldsymbol{B}$ 含有 3 个向量，所以一般只有通过计算才能求得它的秩．为此用向量组 $\boldsymbol{\beta}_1,\boldsymbol{\beta}_2,\boldsymbol{\beta}_3,\boldsymbol{\alpha}_1,\boldsymbol{\alpha}_2$ 作矩阵，并作初等行变换.

$$(\boldsymbol{\beta}_1,\boldsymbol{\beta}_2,\boldsymbol{\beta}_3,\boldsymbol{\alpha}_1,\boldsymbol{\alpha}_2)=\begin{pmatrix}-1&1&3&0&1\\0&2&2&1&1\\1&1&-1&1&0\end{pmatrix}\xrightarrow{r_3+r_1}\begin{pmatrix}-1&1&3&0&1\\0&2&2&1&1\\0&2&2&1&1\end{pmatrix}$$

$$\xrightarrow{r_3-r_2}\begin{pmatrix}-1&1&3&0&1\\0&2&2&1&1\\0&0&0&0&0\end{pmatrix}$$

可知 $R(\boldsymbol{\beta}_1,\boldsymbol{\beta}_2,\boldsymbol{\beta}_3)=2,\ R(\boldsymbol{\beta}_1,\boldsymbol{\beta}_2,\boldsymbol{\beta}_3,\boldsymbol{\alpha}_1,\boldsymbol{\alpha}_2)=2$.

由于　$R(\boldsymbol{\alpha}_1,\boldsymbol{\alpha}_2,\boldsymbol{\beta}_1,\boldsymbol{\beta}_2,\boldsymbol{\beta}_3)=R(\boldsymbol{\beta}_1,\boldsymbol{\beta}_2,\boldsymbol{\beta}_3,\boldsymbol{\alpha}_1,\boldsymbol{\alpha}_2)$.

得　$R(\boldsymbol{\alpha}_1,\boldsymbol{\alpha}_2)=R(\boldsymbol{\beta}_1,\boldsymbol{\beta}_2,\boldsymbol{\beta}_3)=R(\boldsymbol{\alpha}_1,\boldsymbol{\alpha}_2,\boldsymbol{\beta}_1,\boldsymbol{\beta}_2,\boldsymbol{\beta}_3)$，因此向量组 $\boldsymbol{A}$ 与向量组 $\boldsymbol{B}$ 等价.

15．用初等行变换求下列向量组的秩，并判断向量组的线性相关性.

（1）$\begin{pmatrix}-1\\3\\1\end{pmatrix}$，$\begin{pmatrix}2\\1\\0\end{pmatrix}$，$\begin{pmatrix}1\\4\\1\end{pmatrix}$　　　　（2）$\begin{pmatrix}2\\3\\0\end{pmatrix}$，$\begin{pmatrix}-1\\4\\0\end{pmatrix}$，$\begin{pmatrix}0\\0\\2\end{pmatrix}$

解　（1）将向量组按行（也可以按列）构成矩阵 $\boldsymbol{A}$，得

$$\boldsymbol{A}=\begin{pmatrix}-1&3&1\\2&1&0\\1&4&1\end{pmatrix}\xrightarrow{r_1\times(-1)}\begin{pmatrix}1&-3&-1\\2&1&0\\1&4&1\end{pmatrix}\xrightarrow[r_3-r_1]{r_2-2r_1}\begin{pmatrix}1&-3&-1\\0&7&2\\0&7&2\end{pmatrix}\xrightarrow{r_3-r_2}\begin{pmatrix}1&-3&-1\\0&7&2\\0&0&0\end{pmatrix}$$

故此向量组的秩为 2.

由于向量组的秩小于向量的个数，故此向量组线性相关.

（2）将向量组按行（也可以按列）构成矩阵 $\boldsymbol{A}$，得

$$\boldsymbol{A}=\begin{pmatrix}2&3&0\\-1&4&0\\0&0&2\end{pmatrix}\xrightarrow{r_1\leftrightarrow r_2}\begin{pmatrix}-1&4&0\\2&3&0\\0&0&2\end{pmatrix}\xrightarrow{r_2+2r_1}\begin{pmatrix}-1&4&0\\0&11&0\\0&0&2\end{pmatrix}$$

可见此向量组的秩为 3．由于此向量组的秩等于向量的个数，故此向量组线性无关.

16．求下列向量组的秩和一个极大线性无关组.

（1）$\boldsymbol{\alpha}_1=\begin{pmatrix}1\\2\\-1\end{pmatrix}$，$\boldsymbol{\alpha}_2=\begin{pmatrix}9\\100\\10\end{pmatrix}$，$\boldsymbol{\alpha}_3=\begin{pmatrix}-2\\-4\\2\end{pmatrix}$；

（2）$\boldsymbol{\alpha}_1=(1,-2,0,3)$，$\boldsymbol{\alpha}_2=(2,-5,-3,6)$，$\boldsymbol{\alpha}_3=(0,1,3,0)$，$\boldsymbol{\alpha}_4=(2,-1,4,-7)$.

解　（1）将 $\boldsymbol{\alpha}_1,\boldsymbol{\alpha}_2,\boldsymbol{\alpha}_3$ 按列构成矩阵，然后用初等行变换将矩阵化为阶梯形矩阵：

$$\boldsymbol{A}=(\boldsymbol{\alpha}_1,\boldsymbol{\alpha}_2,\boldsymbol{\alpha}_3)=\begin{pmatrix}1&9&-2\\2&100&-4\\-1&10&2\end{pmatrix}\xrightarrow[r_3+r_1]{r_2-2r_1}\begin{pmatrix}1&9&-2\\0&82&0\\0&19&0\end{pmatrix}$$

$$\xrightarrow[r_3\times\frac{1}{19}]{r_2\times\frac{1}{82}}\begin{pmatrix}1&9&-2\\0&1&0\\0&1&0\end{pmatrix}\xrightarrow{r_3-r_2}\begin{pmatrix}1&9&-2\\0&1&0\\0&0&0\end{pmatrix}$$

故 $R(\boldsymbol{\alpha}_1,\boldsymbol{\alpha}_2,\boldsymbol{\alpha}_3)=2$，一个极大无关组为 $\boldsymbol{\alpha}_1,\boldsymbol{\alpha}_2$（或 $\boldsymbol{\alpha}_2,\boldsymbol{\alpha}_3$）.

（2）将 $\boldsymbol{\alpha}_1,\boldsymbol{\alpha}_2,\boldsymbol{\alpha}_3,\boldsymbol{\alpha}_4$ 按列构成矩阵，然后用初等行变换将矩阵化为行阶梯形矩阵：

$$\boldsymbol{A}=(\boldsymbol{\alpha}_1,\boldsymbol{\alpha}_2,\boldsymbol{\alpha}_3,\boldsymbol{\alpha}_4)=\begin{pmatrix}1&2&0&2\\-2&-5&1&-1\\0&-3&3&4\\3&6&0&-7\end{pmatrix}\xrightarrow[r_4-3r_1]{r_2+2r_1}\begin{pmatrix}1&2&0&2\\0&-1&1&3\\0&-3&3&4\\0&0&0&-13\end{pmatrix}$$

$$\xrightarrow[r_4\times\left(-\frac{1}{13}\right)]{r_3-3r_2}\begin{pmatrix}1&2&0&2\\0&-1&1&3\\0&0&0&-5\\0&0&0&1\end{pmatrix}\xrightarrow[r_4+\left(-\frac{1}{5}\right)\cdot r_3]{}\begin{pmatrix}1&2&0&2\\0&-1&1&3\\0&0&0&-5\\0&0&0&0\end{pmatrix}=\boldsymbol{B}$$

因 $\boldsymbol{B}$ 中有 3 个非零行，故 $R(\boldsymbol{\alpha}_1,\boldsymbol{\alpha}_2,\boldsymbol{\alpha}_3,\boldsymbol{\alpha}_4)=3$．又因为非零行的第 1 个非零元所在的列为 1、2、4 列，故 $\boldsymbol{\alpha}_1,\boldsymbol{\alpha}_2,\boldsymbol{\alpha}_4$ 是向量组的一个极大无关组．

17．设有向量组

$$\boldsymbol{\alpha}_1=\begin{pmatrix}1\\2\\3\\-4\end{pmatrix},\quad \boldsymbol{\alpha}_2=\begin{pmatrix}2\\3\\-4\\1\end{pmatrix},\quad \boldsymbol{\alpha}_3=\begin{pmatrix}2\\-5\\8\\-3\end{pmatrix},\quad \boldsymbol{\alpha}_4=\begin{pmatrix}3\\-4\\1\\2\end{pmatrix}$$

求此向量组的秩与一个极大线性无关组，并将不属于极大无关组中的向量用极大无关组线性表出．

解　将向量 $\boldsymbol{\alpha}_1,\boldsymbol{\alpha}_2,\boldsymbol{\alpha}_3,\boldsymbol{\alpha}_4$ 按列构成矩阵 $\boldsymbol{A}$，然后将 $\boldsymbol{A}$ 用初等行变换化为行阶梯形矩阵：

$$\boldsymbol{A}=(\boldsymbol{\alpha}_1,\boldsymbol{\alpha}_2,\boldsymbol{\alpha}_3,\boldsymbol{\alpha}_4)=\begin{pmatrix}1&2&2&3\\2&3&-5&-4\\3&-4&8&1\\-4&1&-3&2\end{pmatrix}\xrightarrow[r_4+4r_1]{\substack{r_2-2r_1\\r_3-3r_1}}\begin{pmatrix}1&2&2&3\\0&-1&-9&-10\\0&-10&2&-8\\0&9&5&14\end{pmatrix}$$

$$\xrightarrow{r_2\times(-1)}\begin{pmatrix}1&2&2&3\\0&1&9&10\\0&-10&2&-8\\0&9&5&14\end{pmatrix}\xrightarrow[r_4-9r_2]{r_3+10r_2}\begin{pmatrix}1&2&2&3\\0&1&9&10\\0&0&92&92\\0&0&-76&-76\end{pmatrix}$$

$$\xrightarrow[r_4\times\left(-\frac{1}{76}\right)]{r_3\times\frac{1}{92}}\begin{pmatrix}1&2&2&3\\0&1&9&10\\0&0&1&1\\0&0&1&1\end{pmatrix}\xrightarrow{r_4-r_3}\begin{pmatrix}1&2&2&3\\0&1&9&10\\0&0&1&1\\0&0&0&0\end{pmatrix}=\boldsymbol{B}$$

∴ $R(\boldsymbol{\alpha}_1,\boldsymbol{\alpha}_2,\boldsymbol{\alpha}_3,\boldsymbol{\alpha}_4)=3$，一个极大无关组为 $\boldsymbol{\alpha}_1,\boldsymbol{\alpha}_2,\boldsymbol{\alpha}_3$．要将 $\boldsymbol{\alpha}_4$ 用 $\boldsymbol{\alpha}_1,\boldsymbol{\alpha}_2,\boldsymbol{\alpha}_3$ 表出，进一步将阶梯形矩阵 $\boldsymbol{B}$ 用初等行变换化为行最简形矩阵：

$$\boldsymbol{B}=\begin{pmatrix}1&2&2&3\\0&1&9&10\\0&0&1&1\\0&0&0&0\end{pmatrix}\xrightarrow{r_1-2r_2}\begin{pmatrix}1&0&-16&-17\\0&1&9&10\\0&0&1&1\\0&0&0&0\end{pmatrix}\xrightarrow[r_2-9r_3]{r_1+16r_3}\begin{pmatrix}1&0&0&-1\\0&1&0&1\\0&0&1&1\\0&0&0&0\end{pmatrix}$$

$$=(\boldsymbol{\beta}_1,\boldsymbol{\beta}_2,\boldsymbol{\beta}_3,\boldsymbol{\beta}_4)$$

由于 $\boldsymbol{\beta}_4 = -\boldsymbol{\beta}_1 + \boldsymbol{\beta}_2 + \boldsymbol{\beta}_3$，故 $\boldsymbol{\alpha}_4 = -\boldsymbol{\alpha}_1 + \boldsymbol{\alpha}_2 + \boldsymbol{\alpha}_3$.

18．已知矩阵

$$\boldsymbol{A} = \begin{pmatrix} 1 & 1 & 2 & 2 & 1 \\ 0 & 2 & 1 & 5 & -1 \\ 2 & 0 & 3 & -1 & 3 \\ 1 & 1 & 2 & 4 & -1 \end{pmatrix}$$

求矩阵 $\boldsymbol{A}$ 的列向量组的一个极大线性无关组，并将不属于极大无关组中的向量用极大无关组线性表出.

解 将矩阵 $\boldsymbol{A}$ 用初等行变换化为行阶梯形矩阵，即可看出 $\boldsymbol{A}$ 的列向量组的秩与极大线性无关组.

$$\boldsymbol{A} = (\boldsymbol{\alpha}_1, \boldsymbol{\alpha}_2, \boldsymbol{\alpha}_3, \boldsymbol{\alpha}_4, \boldsymbol{\alpha}_5) = \begin{pmatrix} 1 & 1 & 2 & 2 & 1 \\ 0 & 2 & 1 & 5 & -1 \\ 2 & 0 & 3 & -1 & 3 \\ 1 & 1 & 2 & 4 & -1 \end{pmatrix} \xrightarrow[r_4 - r_1]{r_3 - 2r_1} \begin{pmatrix} 1 & 1 & 2 & 2 & 1 \\ 0 & 2 & 1 & 5 & -1 \\ 0 & -2 & -1 & -5 & 1 \\ 0 & 0 & 0 & 2 & -2 \end{pmatrix}$$

$$\xrightarrow[r_4 \times \frac{1}{2}]{r_3 + r_2} \begin{pmatrix} 1 & 1 & 2 & 2 & 1 \\ 0 & 2 & 1 & 5 & -1 \\ 0 & 0 & 0 & 0 & 0 \\ 0 & 0 & 0 & 1 & -1 \end{pmatrix} \xrightarrow{r_3 \leftrightarrow r_4} \begin{pmatrix} 1 & 1 & 2 & 2 & 1 \\ 0 & 2 & 1 & 5 & -1 \\ 0 & 0 & 0 & 1 & -1 \\ 0 & 0 & 0 & 0 & 0 \end{pmatrix}$$

可知 $\boldsymbol{\alpha}_1, \boldsymbol{\alpha}_2, \boldsymbol{\alpha}_4$ 为矩阵 $\boldsymbol{A}$ 的列向量组的一个极大无关组.

为将 $\boldsymbol{\alpha}_3, \boldsymbol{\alpha}_5$ 用 $\boldsymbol{\alpha}_1, \boldsymbol{\alpha}_2, \boldsymbol{\alpha}_4$ 线性表出，进一步用初等行变换将阶梯形矩阵化为行最简形矩阵：

$$\begin{pmatrix} 1 & 1 & 2 & 2 & 1 \\ 0 & 2 & 1 & 5 & -1 \\ 0 & 0 & 0 & 1 & -1 \\ 0 & 0 & 0 & 0 & 0 \end{pmatrix} \xrightarrow{r_2 \times \frac{1}{2}} \begin{pmatrix} 1 & 1 & 2 & 2 & 1 \\ 0 & 1 & \frac{1}{2} & \frac{5}{2} & -\frac{1}{2} \\ 0 & 0 & 0 & 1 & -1 \\ 0 & 0 & 0 & 0 & 0 \end{pmatrix} \xrightarrow{r_1 - r_2}$$

$$\begin{pmatrix} 1 & 0 & \frac{3}{2} & -\frac{1}{2} & \frac{3}{2} \\ 0 & 1 & \frac{1}{2} & \frac{5}{2} & -\frac{1}{2} \\ 0 & 0 & 0 & 1 & -1 \\ 0 & 0 & 0 & 0 & 0 \end{pmatrix} \xrightarrow[r_2 - \frac{5}{2} r_3]{r_1 + \frac{1}{2} \times r_3} \begin{pmatrix} 1 & 0 & \frac{3}{2} & 0 & 1 \\ 0 & 1 & \frac{1}{2} & 0 & 2 \\ 0 & 0 & 0 & 1 & -1 \\ 0 & 0 & 0 & 0 & 0 \end{pmatrix}$$

所以，$\boldsymbol{\alpha}_3 = \frac{3}{2}\boldsymbol{\alpha}_1 + \frac{1}{2}\boldsymbol{\alpha}_2, \boldsymbol{\alpha}_5 = \boldsymbol{\alpha}_1 + 2\boldsymbol{\alpha}_2 - \boldsymbol{\alpha}_4$.

19．以下向量集合是否构成向量空间，为什么？

（1）$V=\{x=(x_1,x_2,x_3)|x_1\cdot x_2=0,x_1,x_2,x_3\in\mathbf{R}\}$；

（2）$V=\{x=(x_1,x_2,\cdots,x_n)|x_1+\cdots+x_n=0,x_1,\cdots,x_n\in\mathbf{R}\}$；

（3）$V=\{x=(x_1,x_2,\cdots,x_n)|x_1+\cdots+x_n=1,x_1,\cdots,x_n\in\mathbf{R}\}$.

解　（1）V 不构成向量空间，因为对于 $\boldsymbol{\alpha}=(1,0,a)\in V,\boldsymbol{\beta}=(0,1,b)\in V$，但 $\boldsymbol{\alpha}+\boldsymbol{\beta}=(1,1,a+b)\notin V$，即集合 V 对加法运算不封闭.

（2）V 构成向量空间.

（3）V 不构成向量空间，因为对于 $\boldsymbol{\alpha}=(x_1,x_2,\cdots,x_n)\in V$，$k$ 为不等于 1 的实数，有 $\boldsymbol{\alpha}_2=(kx_1,kx_2,\cdots,kx_n)\notin V$.

20．求由向量组

$$\boldsymbol{\alpha}_1=\begin{pmatrix}1\\2\\1\\0\end{pmatrix},\quad \boldsymbol{\alpha}_2=\begin{pmatrix}1\\1\\1\\2\end{pmatrix},\quad \boldsymbol{\alpha}_3=\begin{pmatrix}3\\4\\3\\4\end{pmatrix},\quad \boldsymbol{\alpha}_4=\begin{pmatrix}1\\1\\2\\1\end{pmatrix},\quad \boldsymbol{\alpha}_5=\begin{pmatrix}4\\5\\6\\4\end{pmatrix}$$

所生成的向量空间的一个基与维数.

解　要求由向量 $\boldsymbol{\alpha}_1,\boldsymbol{\alpha}_2,\boldsymbol{\alpha}_3,\boldsymbol{\alpha}_4,\boldsymbol{\alpha}_5$ 所生成的向量空间的一组基与维数，只需求出向量组 $\boldsymbol{\alpha}_1,\boldsymbol{\alpha}_2,\boldsymbol{\alpha}_3,\boldsymbol{\alpha}_4,\boldsymbol{\alpha}_5$ 的一个极大线性无关组及向量组的秩．为此，将向量组按列构成一个矩阵，然后用初等行变换将矩阵化为行阶梯形矩阵.

$$\boldsymbol{A}=(\boldsymbol{\alpha}_1,\boldsymbol{\alpha}_2,\boldsymbol{\alpha}_3,\boldsymbol{\alpha}_4,\boldsymbol{\alpha}_5)=\begin{pmatrix}1&1&3&1&4\\2&1&4&1&5\\1&1&3&2&6\\0&2&4&1&4\end{pmatrix}\xrightarrow[r_3-r_1]{r_2-2r_1}\begin{pmatrix}1&1&3&1&4\\0&-1&-2&-1&-3\\0&0&0&1&2\\0&2&4&1&4\end{pmatrix}$$

$$\xrightarrow[r_3\leftrightarrow r_4]{r_2\times(-1)}\begin{pmatrix}1&1&3&1&4\\0&1&2&1&3\\0&2&4&1&4\\0&0&0&1&2\end{pmatrix}\xrightarrow{r_3-2r_2}\begin{pmatrix}1&1&3&1&4\\0&1&2&1&3\\0&0&0&-1&-2\\0&0&0&1&2\end{pmatrix}\xrightarrow[r_4-r_3]{r_3\times(-1)}$$

$$\begin{pmatrix}1&1&3&1&4\\0&1&2&1&3\\0&0&0&1&2\\0&0&0&0&0\end{pmatrix}=\boldsymbol{B}$$

由于 $R(\boldsymbol{\alpha}_1,\boldsymbol{\alpha}_2,\boldsymbol{\alpha}_3,\boldsymbol{\alpha}_4,\boldsymbol{\alpha}_5)=3$，且 $\boldsymbol{\alpha}_1,\boldsymbol{\alpha}_2,\boldsymbol{\alpha}_4$ 为一个极大无关组，故 $\boldsymbol{\alpha}_1,\boldsymbol{\alpha}_2,\boldsymbol{\alpha}_3,\boldsymbol{\alpha}_4,\boldsymbol{\alpha}_5$ 所生成的向量空间的一个基是 $\boldsymbol{\alpha}_1,\boldsymbol{\alpha}_2,\boldsymbol{\alpha}_4$，向量空间的维数为 3.

21．由向量组 $\boldsymbol{\alpha}_1=(1,1,0,0)$，$\boldsymbol{\alpha}_2=(1,0,1,1)$ 所生成的向量空间记为 V_1，由向量组

$\boldsymbol{\beta}_1=(2,-1,3,3)$，$\boldsymbol{\beta}_2=(0,1,-1,-1)$所生成的向量空间记为$V_2$，试证：$V_1=V_2$.

证 由于等价的向量组生成的向量空间相同，故要证$V_1=V_2$，只需证向量组$\boldsymbol{\alpha}_1,\boldsymbol{\alpha}_2$与向量组$\boldsymbol{\beta}_1,\boldsymbol{\beta}_2$等价（具体过程略）.

22．给定向量组$\boldsymbol{\alpha}_1=\begin{pmatrix}1\\-1\\0\end{pmatrix}$，$\boldsymbol{\alpha}_2=\begin{pmatrix}2\\1\\3\end{pmatrix}$，$\boldsymbol{\alpha}_3=\begin{pmatrix}3\\1\\2\end{pmatrix}$，$\boldsymbol{\beta}=\begin{pmatrix}5\\0\\7\end{pmatrix}$，试验证向量组$\boldsymbol{\alpha}_1,\boldsymbol{\alpha}_2,\boldsymbol{\alpha}_3$是三维向量空间$\mathbf{R}^3$的一个基，并求出向量$\boldsymbol{\beta}$在这组基下的坐标.

解 要证$\boldsymbol{\alpha}_1,\boldsymbol{\alpha}_2,\boldsymbol{\alpha}_3$是$\boldsymbol{R}^3$的一组基，只需验证$\boldsymbol{\alpha}_1,\boldsymbol{\alpha}_2,\boldsymbol{\alpha}_3$线性无关；要求$\boldsymbol{\beta}$在这组基下的坐标，只需将$\boldsymbol{\beta}$用$\boldsymbol{\alpha}_1,\boldsymbol{\alpha}_2,\boldsymbol{\alpha}_3$线性表出．令

$$\boldsymbol{A}=(\boldsymbol{\alpha}_1,\boldsymbol{\alpha}_2,\boldsymbol{\alpha}_3,\boldsymbol{\beta})=\begin{pmatrix}1&2&3&5\\-1&1&1&0\\0&3&2&7\end{pmatrix}\xrightarrow{r_2+r_1}\begin{pmatrix}1&2&3&5\\0&3&4&5\\0&3&2&7\end{pmatrix}\xrightarrow{r_3-r_2}\begin{pmatrix}1&2&3&5\\0&3&4&5\\0&0&-2&2\end{pmatrix}=\boldsymbol{B}$$

由于$(\boldsymbol{\alpha}_1,\boldsymbol{\alpha}_2,\boldsymbol{\alpha}_3)\xrightarrow{r}\begin{pmatrix}0&1&2\\0&3&4\\0&0&-2\end{pmatrix}$，故$R(\boldsymbol{\alpha}_1,\boldsymbol{\alpha}_2,\boldsymbol{\alpha}_3)=3$，因此，$\boldsymbol{\alpha}_1,\boldsymbol{\alpha}_2,\boldsymbol{\alpha}_3$是$\mathbf{R}^3$的一组基.

为将$\boldsymbol{\beta}$用$\boldsymbol{\alpha}_1,\boldsymbol{\alpha}_2,\boldsymbol{\alpha}_3$线性表出，继续用初等行变换将$\boldsymbol{B}$化为行最简形矩阵：

$$\begin{pmatrix}1&2&3&5\\0&3&4&5\\0&0&-2&2\end{pmatrix}\xrightarrow[r_3\times\left(-\frac{1}{2}\right)]{r_2\times\frac{1}{3}}\begin{pmatrix}1&2&3&5\\0&1&\frac{4}{3}&\frac{5}{3}\\0&0&1&-1\end{pmatrix}\xrightarrow{r_1-2r_2}\begin{pmatrix}1&0&\frac{1}{3}&\frac{5}{3}\\0&1&\frac{4}{3}&\frac{5}{3}\\0&0&1&-1\end{pmatrix}$$

$$\xrightarrow[r_2-\frac{4}{3}r_3]{r_1-\frac{1}{3}r_3}\begin{pmatrix}1&0&0&2\\0&1&0&3\\0&0&1&-1\end{pmatrix}$$

故有$\boldsymbol{\beta}=2\boldsymbol{\alpha}_1+3\boldsymbol{\alpha}_2-\boldsymbol{\alpha}_3$，即$\boldsymbol{\beta}$在基$\boldsymbol{\alpha}_1,\boldsymbol{\alpha}_2,\boldsymbol{\alpha}_3$下的坐标为（2，3，−1）.

23．已知V_1，V_2都是R^3的二维子空间，证明：V_1与V_2有非零的公共向量.

证 因为V_1，V_2是二维子空间，故可设$\boldsymbol{\alpha}_1,\boldsymbol{\alpha}_2$与$\boldsymbol{\beta}_1,\boldsymbol{\beta}_2$是它们各自的基，那么$\boldsymbol{\alpha}_1,\boldsymbol{\alpha}_2,\boldsymbol{\beta}_1,\boldsymbol{\beta}_2$是4个3维向量，它们一定线性相关，故存在不全为零的k_1，k_2，l_1，l_2，使

$$k_1\boldsymbol{\alpha}_1+k_2\boldsymbol{\alpha}_2+l_1\boldsymbol{\beta}_1+l_2\boldsymbol{\beta}_2=\mathbf{0}$$

其中k_1，k_2必不全为零，否则上式为$l_1\boldsymbol{\beta}_1+l_2\boldsymbol{\beta}_2=\mathbf{0}$，与$\boldsymbol{\beta}_1,\boldsymbol{\beta}_2$是基、线性无关相矛盾.

因此，令$\boldsymbol{\gamma}=k_1\boldsymbol{\alpha}_1+k_2\boldsymbol{\alpha}_2=-l_1\boldsymbol{\beta}_1-l_2\boldsymbol{\beta}_2$，则$\boldsymbol{\gamma}\neq\mathbf{0},\boldsymbol{\gamma}\in V_1$且$\boldsymbol{\gamma}\in V_2$，即$\boldsymbol{\gamma}$是$V_1$与$V_2$的非零的公共向量.

四、思考练习题

1. 思考题

（1）向量与矩阵有什么区别和联系？

（2）向量$\boldsymbol{\beta}$能由向量组$\boldsymbol{\alpha}_1,\boldsymbol{\alpha}_2,\cdots,\boldsymbol{\alpha}_m$线性表出，与方程组

$$x_1\boldsymbol{\alpha}_1+x_2\boldsymbol{\alpha}_2+\cdots+x_m\boldsymbol{\alpha}_m=\boldsymbol{\beta}$$

有什么联系？

（3）向量组$\boldsymbol{\alpha}_1,\boldsymbol{\alpha}_2,\cdots,\boldsymbol{\alpha}_m$的线性相关性与齐次方程组$x_1\boldsymbol{\alpha}_1+x_2\boldsymbol{\alpha}_2+\cdots+x_m\boldsymbol{\alpha}_m=\mathbf{0}$的解之间有何联系？

（4）为什么说矩阵的初等行变换不会改变列向量组的线性关系？

（5）如何判断一个向量集合是否构成向量空间？

2. 判断题

（1）如果向量组$\boldsymbol{\alpha}_1,\boldsymbol{\alpha}_2,\cdots,\boldsymbol{\alpha}_s$线性相关，则其任一部分组也线性相关.（　　）

（2）如果向量组$\boldsymbol{\alpha}_1,\boldsymbol{\alpha}_2,\cdots,\boldsymbol{\alpha}_s$线性无关，则其任一部分组也线性无关.（　　）

（3）如果两个向量组等价，则它们所含向量的个数相同.（　　）

（4）向量组$\boldsymbol{\alpha}_1,\boldsymbol{\alpha}_2,\cdots,\boldsymbol{\alpha}_s$线性无关的充分必要条件是其任一向量都不能向其余向量线性表出.（　　）

（5）如果向量组$\boldsymbol{\alpha}_1,\boldsymbol{\alpha}_2,\cdots,\boldsymbol{\alpha}_s$的秩为$r$，则$\boldsymbol{\alpha}_1,\boldsymbol{\alpha}_2,\cdots,\boldsymbol{\alpha}_s$中任意$r$个向量都线性无关.（　　）

（6）如何向量组$\boldsymbol{\alpha}_1,\boldsymbol{\alpha}_2,\cdots,\boldsymbol{\alpha}_s$线性相关，向量组（Ⅱ）与其等价，则向量组（Ⅱ）也线性相关.（　　）

（7）一个向量组的秩与极大线性无关组都是唯一的.（　　）

（8）若向量组$\boldsymbol{\alpha}_1,\boldsymbol{\alpha}_2,\cdots,\boldsymbol{\alpha}_s$是向量空间$V$的一个基，$\boldsymbol{\beta}\in V$，则$\beta$在基$\boldsymbol{\alpha}_1,\boldsymbol{\alpha}_2,\cdots,\boldsymbol{\alpha}_s$下的坐标是唯一的.（　　）

（9）齐次线性方程组$\boldsymbol{A}x=\mathbf{0}$的所有解向量的集合构成一个向量空间.（　　）

3. 单选题

（1）若向量组$\boldsymbol{\alpha},\boldsymbol{\beta},\boldsymbol{\gamma}$线性无关；$\boldsymbol{\alpha},\boldsymbol{\beta},\boldsymbol{\delta}$线性相关，则（　　）.

A. $\boldsymbol{\alpha}$必可由$\boldsymbol{\beta},\boldsymbol{\gamma},\boldsymbol{\delta}$线性表示

B. $\boldsymbol{\beta}$必不可由$\boldsymbol{\alpha},\boldsymbol{\gamma},\boldsymbol{\delta}$线性表示

C．$\boldsymbol{\delta}$必可由$\boldsymbol{\alpha},\boldsymbol{\beta},\boldsymbol{\gamma}$线性表示

D．$\boldsymbol{\delta}$必不可由$\boldsymbol{\alpha},\boldsymbol{\beta},\boldsymbol{\gamma}$线性表示

（2）设向量组（Ⅰ）是向量组（Ⅱ）的线性无关的部分向量组，则（　　）.

A．向量组（Ⅰ）是向量组（Ⅱ）的极大线性无关组

B．向量组（Ⅰ）与向量组（Ⅱ）的秩相等

C．当向量组（Ⅰ）可由向量组（Ⅱ）线性表示时，向量组（Ⅰ）与向量组（Ⅱ）等价

D．当向量组（Ⅱ）可由向量组（Ⅰ）线性表示时，向量组（Ⅰ）与向量组（Ⅱ）等价

（3）设$\boldsymbol{\alpha}_1,\boldsymbol{\alpha}_2,\cdots,\boldsymbol{\alpha}_m$是$m$个$n$维向量，则下列命题中与命题“$\boldsymbol{\alpha}_1,\boldsymbol{\alpha}_2,\cdots,\boldsymbol{\alpha}_m$线性无关”不等价的是（　　）.

A．对任意一组不全为零的数$k_1,k_2,\cdots,k_m$，必有$\sum_{i=1}^{m}k_i\boldsymbol{\alpha}_i \neq \mathbf{0}$

B．若$\sum_{i=1}^{m}k_i\boldsymbol{\alpha}_i = \mathbf{0}$，则必有$k_1 = k_2 = \cdots = k_m = 0$

C．不存在不全为零的数$k_1,k_2,\cdots,k_m$，使得$\sum_{i=1}^{m}k_i\boldsymbol{\alpha}_i = \mathbf{0}$

D．$\boldsymbol{\alpha}_1,\boldsymbol{\alpha}_2,\cdots,\boldsymbol{\alpha}_m$中没有零向量

（4）n维向量$\boldsymbol{\alpha}_1,\boldsymbol{\alpha}_2,\cdots,\boldsymbol{\alpha}_s$线性无关的充分必要条件是（　　）.

A．向量组中没有零向量

B．向量组中向量的个数$s \leqslant n$

C．向量组中任一向量均不能由其余$s-1$个向量组性表示

D．向量组中有一个向量不能由其余$s-1$个向量线性表示

（5）设向量组Ⅰ：$\boldsymbol{\alpha}_1,\boldsymbol{\alpha}_2,\cdots,\boldsymbol{\alpha}_r$可由向量组Ⅱ：$\boldsymbol{\beta}_1,\boldsymbol{\beta}_2,\cdots,\boldsymbol{\beta}_s$线性表示，则（　　）.

A．当$r<s$时，向量组Ⅱ必线性相关

B．当$r>s$时，向量组Ⅱ必线性相关

C．当$r<s$时，向量组Ⅰ必线性相关

D．当$r>s$时，向量组Ⅰ必线性相关

（6）已知向量组$\boldsymbol{\alpha}_1,\boldsymbol{\alpha}_2,\boldsymbol{\alpha}_3,\boldsymbol{\alpha}_4$线性无关，则下列向量组中线性无关的是（　　）.

A．$\boldsymbol{\alpha}_1+\boldsymbol{\alpha}_2,\boldsymbol{\alpha}_2+\boldsymbol{\alpha}_3,\boldsymbol{\alpha}_3+\boldsymbol{\alpha}_4,\boldsymbol{\alpha}_4+\boldsymbol{\alpha}_1$

B．$\boldsymbol{\alpha}_1-\boldsymbol{\alpha}_2,\boldsymbol{\alpha}_2-\boldsymbol{\alpha}_3,\boldsymbol{\alpha}_3-\boldsymbol{\alpha}_4,\boldsymbol{\alpha}_4-\boldsymbol{\alpha}_1$

C．$\boldsymbol{\alpha}_1+\boldsymbol{\alpha}_2,\boldsymbol{\alpha}_2+\boldsymbol{\alpha}_3,\boldsymbol{\alpha}_3+\boldsymbol{\alpha}_4,\boldsymbol{\alpha}_4-\boldsymbol{\alpha}_1$

D．$\boldsymbol{\alpha}_1+\boldsymbol{\alpha}_2,\boldsymbol{\alpha}_2+\boldsymbol{\alpha}_3,\boldsymbol{\alpha}_3-\boldsymbol{\alpha}_4,\boldsymbol{\alpha}_4-\boldsymbol{\alpha}_1$

（7）已知向量组$\boldsymbol{\alpha}_1,\boldsymbol{\alpha}_2,\cdots,\boldsymbol{\alpha}_s$的秩为$r(r<s)$，则下列命题中正确的是（　　）.

A．向量组中任意 $r-1$ 个向量都线性无关

B．向量组中任意 r 个向量都线性无关

C．向量组中任意 $r+1$ 个向量都线性相关

D．向量组中存在 $r+1$ 个线性无关的向量

（8）已知三维向量空间 $\mathbf{R}^3$ 的一个基为：$\boldsymbol{\alpha}_1=(1,1,0)^{\mathrm{T}}, \boldsymbol{\alpha}_2=(1,0,1)^{\mathrm{T}}, \boldsymbol{\alpha}_3=(0,1,1)^{\mathrm{T}}$，则向量 $\boldsymbol{\beta}=(2,0,0)^{\mathrm{T}}$ 在上述基下的坐标为（　　）.

A．$(-1,1,1)^{\mathrm{T}}$　　B．$(1,-1,-1)^{\mathrm{T}}$

C．$(-1,1,-1)^{\mathrm{T}}$　　D．$(1,1,-1)^{\mathrm{T}}$

第四章　矩阵的运算与秩

一、内容提要

1. 基本概念

（1）矩阵的加法：设有两个$m\times n$矩阵$\boldsymbol{A}=(a_{ij})$，$\boldsymbol{B}=(b_{ij})$，把它们的对应元素相加，得到一个新的$m\times n$矩阵，即

$$\boldsymbol{C}=\begin{pmatrix} a_{11}+b_{11} & a_{12}+b_{12} & \cdots & a_{1n}+b_{1n} \\ a_{21}+b_{21} & a_{22}+b_{22} & \cdots & a_{2n}+b_{2n} \\ \vdots & \vdots & \ddots & \vdots \\ a_{m1}+b_{m1} & a_{m2}+b_{m2} & \cdots & a_{mn}+b_{mn} \end{pmatrix}$$

称矩阵$\boldsymbol{C}$是矩阵$\boldsymbol{A}$与$\boldsymbol{B}$的和，记作$\boldsymbol{C}=\boldsymbol{A}+\boldsymbol{B}$．求两个矩阵和的运算叫作**矩阵的加法**．

（2）矩阵的数乘：设$\boldsymbol{A}=(a_{ij})$是一个$m\times n$矩阵，k是一个实数，称矩阵

$$\begin{pmatrix} ka_{11} & ka_{12} & \cdots & ka_{1n} \\ ka_{21} & ka_{22} & \cdots & ka_{2n} \\ \vdots & \vdots & \ddots & \vdots \\ ka_{m1} & ka_{m2} & \cdots & ka_{mn} \end{pmatrix}$$

为数k与矩阵$\boldsymbol{A}$的数量乘积，并记为$k\boldsymbol{A}$．求数与矩阵乘积的运算叫作**数与矩阵的乘法（简称数乘）**.

（3）矩阵的乘法：设$\boldsymbol{A}=(a_{ij})$是一个$m\times p$矩阵，$\boldsymbol{B}=(b_{ij})$是一个$p\times n$矩阵，那么矩阵$\boldsymbol{A}$与$\boldsymbol{B}$的**乘积**是一个$m\times n$矩阵$\boldsymbol{C}=(c_{ij})$，这个矩阵的第i行第j列$(i=1,2,\cdots m;j=1,2,\cdots n)$的元素$c_{ij}$等于$\boldsymbol{A}$的第$i$行的元素与$\boldsymbol{B}$的第$j$列的对应元素的乘积之和，即

$$c_{ij}=a_{i1}b_{1j}+a_{i2}b_{2j}+\cdots+a_{ip}b_{pj}$$

（4）方阵的幂：设$\boldsymbol{A}$是n阶方阵，k是正整数，用$\boldsymbol{A}^k$表示k个$\boldsymbol{A}$的连乘积，即

$$\boldsymbol{A}^k=\underbrace{\boldsymbol{A}\cdot\boldsymbol{A}\cdot\cdots\cdot\boldsymbol{A}}_{k\text{个}}$$

（5）转置矩阵：矩阵$\boldsymbol{A}$的转置矩阵$\boldsymbol{A}^{\mathrm{T}}$，就是把矩阵$\boldsymbol{A}$的各行依次写成各列而保持

其元素的次序不变所得到的矩阵.

（6）几种特殊的矩阵.

对称矩阵：设 $\boldsymbol{A}$ 为 n 阶方阵，如果满足 $\boldsymbol{A}^{\mathrm{T}}=\boldsymbol{A}$，即 $a_{ij}=a_{ji}(i,j=1,2,\cdots,n)$，则称 $\boldsymbol{A}$ 为**对称矩阵**（简称对称阵）.

反对称矩阵：如果对于方阵 $\boldsymbol{A}$，有 $\boldsymbol{A}^{\mathrm{T}}=-\boldsymbol{A}$，即 $a_{ij}=-a_{ji}(i,j=1,2,\cdots,n)$，则称 $\boldsymbol{A}$ 为**反对称矩阵**（简称反对称阵）.

共轭矩阵：当 $\boldsymbol{A}=(a_{ij})$ 为复矩阵时，用 $\overline{a}_{ij}$ 表示 a_{ij} 的共轭复数. 记 $\overline{\boldsymbol{A}}=(\overline{a}_{ij})$，称 $\overline{\boldsymbol{A}}$ 为 $\boldsymbol{A}$ 的**共轭矩阵**.

（7）分块矩阵：用若干条位于行与行之间的横线及若干条位于列与列之间的纵线将矩阵 $\boldsymbol{A}$ 分成若干小矩阵，每个小矩阵都称为 $\boldsymbol{A}$ 的子块，以子块为元素形成的矩阵称为**分块矩阵**.

（8）准对角矩阵：把形如

$$\boldsymbol{A}=\begin{pmatrix} \boldsymbol{A}_1 & 0 & \cdots & 0 \\ 0 & \boldsymbol{A}_2 & \cdots & 0 \\ \vdots & \vdots & \ddots & \vdots \\ 0 & 0 & \cdots & \boldsymbol{A}_t \end{pmatrix}$$

的分块方阵（其中 $\boldsymbol{A}_i$ 都是方阵,$i=1,2,\cdots,t$）称为**准对角矩阵**，也称为**分块对角矩阵**.

（9）矩阵的子式：在一个 s 行 t 列矩阵中，任取 k 行 k 列（$k\leqslant s,k\leqslant t$），位于这些行列交叉处的 k^2 个元素（不改变元素的相对位置）所构成的 k 阶行列式叫作这个**矩阵的一个 k 阶子式**.

（10）矩阵的秩：一个矩阵中不等于零的子式的最大阶数，叫作这**个矩阵的秩**，用秩 $\boldsymbol{A}$ 或 $R(\boldsymbol{A})$ 来表示.

（11）初等矩阵：对单位矩阵 $\boldsymbol{E}$ 施行一次初等变换得到的矩阵称为初等矩阵.

（12）逆矩阵：设 $\boldsymbol{A}$ 是一个 n 阶矩阵，若存在 n 阶矩阵 $\boldsymbol{B}$，使得 $\boldsymbol{AB}=\boldsymbol{BA}=\boldsymbol{E}$，则称 $\boldsymbol{A}$ 是**可逆矩阵（或非奇异矩阵）**，而 $\boldsymbol{B}$ 称为 $\boldsymbol{A}$ 的**逆矩阵**.

（13）伴随矩阵：设 n 阶矩阵 $\boldsymbol{A}=\left(a_{ij}\right)$，元素 a_{ij} 在 $|\boldsymbol{A}|$ 中的代数余子式为 $\boldsymbol{A}_{ij}(i,j=1,2,\cdots.n)$，则矩阵

$$\boldsymbol{A}^*=\begin{pmatrix} \boldsymbol{A}_{11} & \boldsymbol{A}_{21} & \cdots & \boldsymbol{A}_{n1} \\ \boldsymbol{A}_{12} & \boldsymbol{A}_{22} & \cdots & \boldsymbol{A}_{n2} \\ \vdots & \vdots & \ddots & \vdots \\ \boldsymbol{A}_{1n} & \boldsymbol{A}_{2n} & \cdots & \boldsymbol{A}_{nn} \end{pmatrix}$$

称为 $\boldsymbol{A}$ 的**伴随矩阵**.

2. 主要定理

（1）矩阵的运算律

- 矩阵的线性运算（加法和数乘）满足下面的运算律．

$\boldsymbol{A}+\boldsymbol{B}=\boldsymbol{B}+\boldsymbol{A}$；

$(\boldsymbol{A}+\boldsymbol{B})+\boldsymbol{C}=\boldsymbol{A}+(\boldsymbol{B}+\boldsymbol{C})$；

$\boldsymbol{A}+\boldsymbol{0}=\boldsymbol{A}$，$\boldsymbol{A}+(-\boldsymbol{A})=\boldsymbol{0}$；

$k(l\boldsymbol{A})=(kl)\boldsymbol{A}$；

$(k+l)\boldsymbol{A}=k\boldsymbol{A}+l\boldsymbol{A}$，$k(\boldsymbol{A}+\boldsymbol{B})=k\boldsymbol{A}+k\boldsymbol{B}$；

$1\cdot\boldsymbol{A}=\boldsymbol{A}$，$(-1)\cdot\boldsymbol{A}=-\boldsymbol{A}$；

$\boldsymbol{0}\cdot\boldsymbol{A}=\boldsymbol{0}$．

- 矩阵的乘法满足下面的运算律．

结合律：$(\boldsymbol{AB})\boldsymbol{C}=\boldsymbol{A}(\boldsymbol{BC})$；

乘法对加法的分配律：$\boldsymbol{A}(\boldsymbol{B}+\boldsymbol{C})=\boldsymbol{AB}+\boldsymbol{AC}$，$(\boldsymbol{B}+\boldsymbol{C})\boldsymbol{D}=\boldsymbol{BD}+\boldsymbol{CD}$；

$(k\boldsymbol{A})\boldsymbol{B}=k(\boldsymbol{AB})=\boldsymbol{A}(k\boldsymbol{B})$；$\boldsymbol{A0}=\boldsymbol{0}$，$\boldsymbol{0A}=\boldsymbol{0}$．

（2）行列式的乘法定理

设 $\boldsymbol{A},\boldsymbol{B}$ 为 n 阶矩阵，则有 $|\boldsymbol{AB}|=|\boldsymbol{A}|\cdot|\boldsymbol{B}|$．

（3）转置矩阵的运算律

矩阵的转置满足下面的运算规律．

- $(\boldsymbol{A}^{\mathrm{T}})^{\mathrm{T}}=\boldsymbol{A}$；
- $(\boldsymbol{A}+\boldsymbol{B})^{\mathrm{T}}=\boldsymbol{A}^{\mathrm{T}}+\boldsymbol{B}^{\mathrm{T}}$；
- $(\boldsymbol{AB})^{\mathrm{T}}=\boldsymbol{B}^{\mathrm{T}}\boldsymbol{A}^{\mathrm{T}}$；
- $(k\boldsymbol{A})^{\mathrm{T}}=k\boldsymbol{A}^{\mathrm{T}}$；
- 若 $\boldsymbol{A}$ 为 n 阶方阵，则 $\boldsymbol{A}$ 的行列式与 $\boldsymbol{A}^{\mathrm{T}}$ 的行列式相等，即 $|\boldsymbol{A}|=|\boldsymbol{A}^{\mathrm{T}}|$．

（4）分块矩阵的运算

- 分块矩阵的加法运算．

设 $\boldsymbol{A},\boldsymbol{B}$ 都是 $m\times n$ 矩阵，采用相同的分块方法，得到分块矩阵：

$$\boldsymbol{A}=\begin{pmatrix}\boldsymbol{A}_{11} & \boldsymbol{A}_{12} & \cdots & \boldsymbol{A}_{1t}\\ \boldsymbol{A}_{21} & \boldsymbol{A}_{22} & \cdots & \boldsymbol{A}_{2t}\\ \vdots & \vdots & \ddots & \vdots\\ \boldsymbol{A}_{s1} & \boldsymbol{A}_{s2} & \cdots & \boldsymbol{A}_{st}\end{pmatrix},\quad \boldsymbol{B}=\begin{pmatrix}\boldsymbol{B}_{11} & \boldsymbol{B}_{12} & \cdots & \boldsymbol{B}_{1t}\\ \boldsymbol{B}_{21} & \boldsymbol{B}_{22} & \cdots & \boldsymbol{B}_{2t}\\ \vdots & \vdots & \ddots & \vdots\\ \boldsymbol{B}_{s1} & \boldsymbol{B}_{s2} & \cdots & \boldsymbol{B}_{st}\end{pmatrix}$$

，其中，子块 $\boldsymbol{A}_{ij}$ 与 $\boldsymbol{B}_{ij}$ 同型．

规定

$$A+B=\begin{pmatrix} A_{11}+B_{11} & A_{12}+B_{12} & \cdots & A_{1t}+B_{1t} \\ A_{21}+B_{21} & A_{22}+B_{22} & \cdots & A_{2t}+B_{2t} \\ \vdots & \vdots & \ddots & \vdots \\ A_{s1}+B_{s1} & A_{s2}+B_{s2} & \cdots & A_{st}+B_{st} \end{pmatrix}$$

● 分块矩阵的数乘运算.

设 λ 是一个常数，A 的分块矩阵为:

$$A=\begin{pmatrix} A_{11} & A_{12} & \cdots & A_{1t} \\ A_{21} & A_{22} & \cdots & A_{2t} \\ \vdots & \vdots & \ddots & \vdots \\ A_{s1} & A_{s2} & \cdots & A_{st} \end{pmatrix}$$

则规定

$$\lambda A=\begin{pmatrix} \lambda A_{11} & \lambda A_{12} & \cdots & \lambda A_{1t} \\ \lambda A_{21} & \lambda A_{22} & \cdots & \lambda A_{2t} \\ \vdots & \vdots & \ddots & \vdots \\ \lambda A_{s1} & \lambda A_{s2} & \cdots & \lambda A_{st} \end{pmatrix}$$

● 分块矩阵的乘积运算.

设 A 为 $m\times n$ 矩阵，B 为 $n\times p$ 矩阵，按如下方法分块:

$$A=\begin{pmatrix} A_{11} & A_{12} & \cdots & A_{1t} \\ A_{21} & A_{22} & \cdots & A_{2t} \\ \vdots & \vdots & \ddots & \vdots \\ A_{s1} & A_{s2} & \cdots & A_{st} \end{pmatrix},\quad B=\begin{pmatrix} B_{11} & B_{12} & \cdots & B_{1r} \\ B_{21} & B_{22} & \cdots & B_{2r} \\ \vdots & \vdots & \ddots & \vdots \\ B_{t1} & B_{t2} & \cdots & B_{tr} \end{pmatrix}$$

其中 $A_{i1},A_{i2},\cdots,A_{it}$ 的列数分别等于 $B_{1j},B_{2j},\cdots,B_{tj}$ 的行数，则规定:

$$AB=\begin{pmatrix} C_{11} & C_{12} & \cdots & C_{1r} \\ C_{21} & C_{22} & \cdots & C_{2r} \\ \vdots & \vdots & \ddots & \vdots \\ C_{s1} & C_{s2} & \cdots & C_{st} \end{pmatrix}$$

其中 $C_{ij}=\sum_{k=1}^{t}A_{ik}B_{kj}(i=1,2,\cdots,s;j=1,2,\cdots,r)$.

● 分块矩阵的转置.

设分块矩阵

$$A=\begin{pmatrix} A_{11} & A_{12} & \cdots & A_{1t} \\ A_{21} & A_{22} & \cdots & A_{2t} \\ \vdots & \vdots & \ddots & \vdots \\ A_{s1} & A_{s2} & \cdots & A_{st} \end{pmatrix}$$

则

$$A^{\mathrm{T}}=\begin{pmatrix} A_{11}^{\mathrm{T}} & A_{21}^{\mathrm{T}} & \cdots & A_{s1}^{\mathrm{T}} \\ A_{12}^{\mathrm{T}} & A_{22}^{\mathrm{T}} & \cdots & A_{s2}^{\mathrm{T}} \\ \vdots & \vdots & \ddots & \vdots \\ A_{1t}^{\mathrm{T}} & A_{2t}^{\mathrm{T}} & \cdots & A_{st}^{\mathrm{T}} \end{pmatrix}$$

（5）关于矩阵的秩的性质

- 初等变换不改变矩阵的秩；
- 矩阵的秩等于它的列向量组的秩，也等于它的行向量组的秩.

关于矩阵的秩，还有如下结论：

- 设 A 为 $m\times n$ 矩阵，则 $R(A)\leqslant\min(m,n)$；
- $R(A^{\mathrm{T}})=R(A)$；
- $\max\{R(A),R(B)\}\leqslant R(A,B)\leqslant R(A)+R(B)$；
- $R(A+B)\leqslant R(A)+R(B)$；
- $R(AB)\leqslant\min\{R(A),R(B)\}$.

（6）初等矩阵的性质

设 A 是一个 $m\times n$ 矩阵，对 A 左乘一个 m 阶初等矩阵，相当于对 A 进行相应的初等行变换；对 A 右乘一个 n 阶初等矩阵，相当于对 A 进行相应的初等列变换.

（7）可逆矩阵的性质

可逆矩阵具有如下性质：

- $(A^{-1})^{-1}=A$；
- 若 A 可逆，数 $\lambda\neq0$，则 λA 可逆，且 $(\lambda A)^{-1}=\frac{1}{\lambda}A^{-1}$；
- 若 A 可逆，则它的转置矩阵 A^{T} 也可逆，且 $(A^{\mathrm{T}})^{-1}=(A^{-1})^{\mathrm{T}}$；
- $|A^{-1}|=\frac{1}{|A|}$，即逆矩阵的行列式等于原矩阵行列式的倒数；
- 若 A、B 都是 n 阶可逆矩阵，则 AB 也可逆，并且 $(AB)^{-1}=B^{-1}A^{-1}$.

这一性质可推广到有限个 n 阶可逆矩阵的乘积：

$$(A_1A_2\cdots A_m)^{-1}=A_m^{-1}\cdots A_2^{-1}A_1^{-1}$$

- 如果 A 是可逆的对称矩阵（反对称矩阵），那么 A^{-1} 也是对称矩阵（反对称矩阵）；

- 如果矩阵 $\boldsymbol{A}$ 是准对角矩阵，即

$$\boldsymbol{A}=\begin{pmatrix} \boldsymbol{A}_1 & 0 & \cdots & 0 \\ 0 & \boldsymbol{A}_2 & \cdots & 0 \\ \vdots & \vdots & \ddots & \vdots \\ 0 & 0 & \cdots & \boldsymbol{A}_t \end{pmatrix}$$

其中 $\boldsymbol{A}_1,\boldsymbol{A}_2,\cdots,\boldsymbol{A}_t$ 都是可逆矩阵，则 $\boldsymbol{A}$ 可逆，且

$$\boldsymbol{A}^{-1}=\begin{pmatrix} \boldsymbol{A}_1^{-1} & 0 & \cdots & 0 \\ 0 & \boldsymbol{A}_2^{-1} & \cdots & 0 \\ \vdots & \vdots & \ddots & \vdots \\ 0 & 0 & \cdots & \boldsymbol{A}_t^{-1} \end{pmatrix}$$

- 初等矩阵都是可逆的，并且其逆矩阵也是同类型的初等矩阵.

（8）n 阶矩阵 $\boldsymbol{A}$ 可逆的充分必要条件

- 存在 n 阶方阵 $\boldsymbol{B}$，使 $\boldsymbol{AB}=\boldsymbol{E}$ $(或\boldsymbol{BA}=\boldsymbol{E})$；
- $\boldsymbol{A}$ 为非奇异矩阵，即 $|\boldsymbol{A}|\neq 0$；且若 $|\boldsymbol{A}|\neq 0$，则 $\boldsymbol{A}^{-1}=\dfrac{1}{|\boldsymbol{A}|}\cdot\boldsymbol{A}^*$，其中 $\boldsymbol{A}^*$ 为 $\boldsymbol{A}$ 的伴随矩阵；
- $\boldsymbol{A}$ 可表示为一系列初等矩阵之积；
- $\boldsymbol{A}$ 为满秩矩阵，即 $R(\boldsymbol{A})=n$；
- $\boldsymbol{A}$ 的行（列）向量组线性无关；
- $\boldsymbol{A}$ 可通过一系列初等变换化为同阶的单位矩阵.

二、典型例题解析

1. 矩阵的运算

例 1　已知

$$\boldsymbol{A}=\begin{pmatrix} 1 & 1 & 1 \\ 2 & -1 & 0 \\ 1 & 0 & 1 \end{pmatrix},\quad \boldsymbol{B}=\begin{pmatrix} 1 & 0 & 0 \\ 2 & 1 & 0 \\ 0 & 2 & 1 \end{pmatrix}$$

求 $\boldsymbol{AB}-\boldsymbol{BA}$，$(\boldsymbol{AB})^{\mathrm{T}}-\boldsymbol{A}^{\mathrm{T}}\boldsymbol{B}^{\mathrm{T}}$.

分析　本题只需按照矩阵的乘积运算法则和矩阵的转置来求解即可.

解

$$AB=\begin{pmatrix}1&1&1\\2&-1&0\\1&0&1\end{pmatrix}\begin{pmatrix}1&0&0\\2&1&0\\0&2&1\end{pmatrix}=\begin{pmatrix}3&3&1\\0&-1&0\\1&2&1\end{pmatrix}$$

$$BA=\begin{pmatrix}1&0&0\\2&1&0\\0&2&1\end{pmatrix}\begin{pmatrix}1&1&1\\2&-1&0\\1&0&1\end{pmatrix}=\begin{pmatrix}1&1&1\\4&1&2\\5&-2&1\end{pmatrix}$$

$$AB-BA=\begin{pmatrix}3&3&1\\0&-1&0\\1&2&1\end{pmatrix}-\begin{pmatrix}1&1&1\\4&1&2\\5&-2&1\end{pmatrix}=\begin{pmatrix}2&2&0\\-4&-2&-2\\-4&4&0\end{pmatrix}$$

而

$$(AB)^{\mathrm{T}}-A^{\mathrm{T}}B^{\mathrm{T}}=(AB)^{\mathrm{T}}-(BA)^{\mathrm{T}}=(AB-BA)^{\mathrm{T}}$$

$$=\begin{pmatrix}2&2&0\\-4&-2&-2\\-4&4&0\end{pmatrix}^{\mathrm{T}}=\begin{pmatrix}2&-4&-4\\2&-2&4\\0&-2&0\end{pmatrix}$$

评注 这个例子说明，在一般情况下 $AB\neq BA$，$(AB)^{\mathrm{T}}\neq A^{\mathrm{T}}B^{\mathrm{T}}$．因此，在矩阵的运算中应特别注意乘法不具有交换性.

例 2 设

$$A=\begin{pmatrix}1&1\\0&1\end{pmatrix}$$

求所有与矩阵 A 可交换的矩阵 B．

分析 要使得矩阵 B 与矩阵 A 可交换，即满足 $AB=BA$，那么 AB与BA 都必须存在，而且同型，因此矩阵 B 一定是二阶方阵，可以先设它为$\begin{pmatrix}a&b\\c&d\end{pmatrix}$，并代入方程 $AB=BA$ 中，再求出矩阵 B．

解 设

$$B=\begin{pmatrix}a&b\\c&d\end{pmatrix}$$

代入方程 $AB=BA$ 中，得

$$\begin{pmatrix}1&1\\0&1\end{pmatrix}\begin{pmatrix}a&b\\c&d\end{pmatrix}=\begin{pmatrix}a+c&b+d\\c&d\end{pmatrix}=\begin{pmatrix}a&b\\c&d\end{pmatrix}\begin{pmatrix}1&1\\0&1\end{pmatrix}=\begin{pmatrix}a&a+b\\c&c+d\end{pmatrix}$$

于是，a,b,c,d 满足：$a+c=a,b+d=a+b,d=c+d$，从中可解得 $c=0,a=d$．即满足

方程 $\boldsymbol{AB}=\boldsymbol{BA}$ 的方阵 $\boldsymbol{B}$ 为

$$\begin{pmatrix} a & b \\ 0 & a \end{pmatrix}$$

其中 a,b 是任意数.

评注　矩阵乘法没有交换律，因此对于两个矩阵 $\boldsymbol{A}$ 和 $\boldsymbol{B}$ ，要使得乘积 $\boldsymbol{AB}$ 与 $\boldsymbol{BA}$ 相等，需要按本题中的方法去验证. 在学习矩阵时，要注意它的运算律与数的运算律的区别. 实际上，对于每一个新的运算系统，都必须一一验证运算律是否成立，然后才可以使用.

例 3　设

$$\boldsymbol{A}=\begin{pmatrix} 1 & 1 & 0 \\ 0 & 1 & 1 \\ 0 & 0 & 1 \end{pmatrix}$$

求 $\boldsymbol{A}^n$.

分析　求一个方阵的方幂，通常可以先用递推的方法推测结果，再利用数学归纳法对结论加以证明.

解　首先可以求出

$$\boldsymbol{A}^2=\boldsymbol{AA}=\begin{pmatrix} 1 & 1 & 0 \\ 0 & 1 & 1 \\ 0 & 0 & 1 \end{pmatrix}\begin{pmatrix} 1 & 1 & 0 \\ 0 & 1 & 1 \\ 0 & 0 & 1 \end{pmatrix}=\begin{pmatrix} 1 & 2 & 1 \\ 0 & 1 & 2 \\ 0 & 0 & 1 \end{pmatrix}$$

$$\boldsymbol{A}^3=\boldsymbol{A}^2\boldsymbol{A}=\begin{pmatrix} 1 & 2 & 1 \\ 0 & 1 & 2 \\ 0 & 0 & 1 \end{pmatrix}\begin{pmatrix} 1 & 1 & 0 \\ 0 & 1 & 1 \\ 0 & 0 & 1 \end{pmatrix}=\begin{pmatrix} 1 & 3 & 3 \\ 0 & 1 & 3 \\ 0 & 0 & 1 \end{pmatrix}$$

$$\boldsymbol{A}^4=\boldsymbol{A}^3\boldsymbol{A}=\begin{pmatrix} 1 & 3 & 3 \\ 0 & 1 & 3 \\ 0 & 0 & 1 \end{pmatrix}\begin{pmatrix} 1 & 1 & 0 \\ 0 & 1 & 1 \\ 0 & 0 & 1 \end{pmatrix}=\begin{pmatrix} 1 & 4 & 6 \\ 0 & 1 & 4 \\ 0 & 0 & 1 \end{pmatrix}$$

观察这些矩阵的规律，可推测

$$\boldsymbol{A}^n=\begin{pmatrix} 1 & n & \dfrac{n(n-1)}{2} \\ 0 & 1 & n \\ 0 & 0 & 1 \end{pmatrix}$$

下面用数学归纳法证明这个结论：

上面的计算已经表明，当 $n=2$ 时结论成立；假设当 $n=k$ 时结论成立，即

$$A^k=\begin{pmatrix}1 & k & \dfrac{k(k-1)}{2}\\ 0 & 1 & k\\ 0 & 0 & 1\end{pmatrix}$$

则当 $n=k+1$ 时，有

$$A^{k+1}=A^kA=\begin{pmatrix}1 & k & \dfrac{k(k-1)}{2}\\ 0 & 1 & k\\ 0 & 0 & 1\end{pmatrix}\begin{pmatrix}1 & 1 & 0\\ 0 & 1 & 1\\ 0 & 0 & 1\end{pmatrix}=\begin{pmatrix}1 & k+1 & \dfrac{(k+1)k}{2}\\ 0 & 1 & k+1\\ 0 & 0 & 1\end{pmatrix}$$

故当 $n=k+1$ 时结论也成立，于是上述结果正确.

评注 求解与自然数有关的问题，数学归纳法总是一个选择，对于行列式是如此，对于矩阵问题也是如此.

除此之外，本题还可以将矩阵 A 分解成两个矩阵的和再来求其方幂. 例如

$$A=\begin{pmatrix}1 & 1 & 0\\ 0 & 1 & 1\\ 0 & 0 & 1\end{pmatrix}=\begin{pmatrix}1 & 0 & 0\\ 0 & 1 & 0\\ 0 & 0 & 1\end{pmatrix}+\begin{pmatrix}0 & 1 & 0\\ 0 & 0 & 1\\ 0 & 0 & 0\end{pmatrix}$$

读者可以自己试做.

2. 分块矩阵的运算

例 4 利用分块矩阵的乘法求下列矩阵 A 和 B 的乘积 AB.

（1）$A=\begin{pmatrix}1 & 2 & 0 & 0 & 0\\ 3 & 4 & 0 & 0 & 0\\ 0 & 0 & 1 & 3 & 2\\ 0 & 0 & 2 & 1 & 3\\ 0 & 0 & 3 & 2 & 1\end{pmatrix}$，$B=\begin{pmatrix}1 & -1 & 0\\ 0 & 0 & -1\\ 0 & 0 & 1\\ 0 & 1 & 0\\ 0 & 1 & 1\end{pmatrix}$

（2）$A=\begin{pmatrix}0 & 0 & 2 & 0 & 0\\ 0 & 0 & 0 & 2 & 0\\ 3 & 0 & 0 & 0 & 0\\ 0 & 3 & 0 & 0 & 0\\ 0 & 0 & 0 & 0 & -1\end{pmatrix}$，$B=\begin{pmatrix}b_{11} & b_{12}\\ b_{21} & b_{22}\\ b_{31} & b_{32}\\ b_{41} & b_{42}\\ b_{51} & b_{52}\end{pmatrix}$.

分析 在分块矩阵的乘法中，对 A 的列的分法一定要与对 B 的行的分法一致，而对 A 的行的分法与对 B 的列的分法可以随意. 两个分块矩阵相乘，实际上以子块为元素，

按矩阵的乘法规则相乘.

解　（1）将矩阵 $\boldsymbol{A}$ 和 $\boldsymbol{B}$ 按如下方法分块

$$\boldsymbol{A}=\left(\begin{array}{cc:ccc}1&2&0&0&0\\3&4&0&0&0\\\hdashline 0&0&1&3&2\\0&0&2&1&3\\0&0&3&2&1\end{array}\right),\quad \boldsymbol{B}=\left(\begin{array}{c:cc}1&-1&0\\0&0&-1\\\hdashline 0&0&1\\0&1&0\\0&1&1\end{array}\right)$$

并且令

$$\boldsymbol{A}=\begin{pmatrix}\boldsymbol{A}_{11}&\boldsymbol{O}\\\boldsymbol{O}&\boldsymbol{A}_{22}\end{pmatrix},\quad \boldsymbol{B}=\begin{pmatrix}\boldsymbol{B}_{11}&-\boldsymbol{E}\\\boldsymbol{O}&\boldsymbol{B}_{22}\end{pmatrix}$$

则有

$$\boldsymbol{AB}=\begin{pmatrix}\boldsymbol{A}_{11}\boldsymbol{B}_{11}&-\boldsymbol{A}_{11}\\\boldsymbol{O}&\boldsymbol{A}_{22}\boldsymbol{B}_{22}\end{pmatrix}.$$

由

$$\boldsymbol{A}_{11}\boldsymbol{B}_{11}=\begin{pmatrix}1&2\\3&4\end{pmatrix}\begin{pmatrix}1\\0\end{pmatrix}=\begin{pmatrix}1\\3\end{pmatrix},\quad \boldsymbol{A}_{22}\boldsymbol{B}_{22}=\begin{pmatrix}1&3&2\\2&1&3\\3&2&1\end{pmatrix}\begin{pmatrix}0&1\\1&0\\1&1\end{pmatrix}=\begin{pmatrix}5&3\\4&5\\3&4\end{pmatrix}$$

所以

$$\boldsymbol{AB}=\left(\begin{array}{c:cc}1&-1&-2\\3&-3&-4\\\hdashline 0&5&3\\0&4&5\\0&3&4\end{array}\right).$$

（2）将矩阵 $\boldsymbol{A}$ 和 $\boldsymbol{B}$ 按如下方法分块

$$\boldsymbol{A}=\left(\begin{array}{cc:cc:c}0&0&2&0&0\\0&0&0&2&0\\\hdashline 3&0&0&0&0\\0&3&0&0&0\\\hdashline 0&0&0&0&-1\end{array}\right),\quad \boldsymbol{B}=\left(\begin{array}{cc}b_{11}&b_{12}\\b_{21}&b_{22}\\\hdashline b_{31}&b_{32}\\b_{41}&b_{42}\\\hdashline b_{51}&b_{52}\end{array}\right)$$

并且令

$$A=\begin{pmatrix} O & 2E & O \\ 3E & O & O \\ O & O & -E \end{pmatrix}, \quad B=\begin{pmatrix} B_1 \\ B_2 \\ B_3 \end{pmatrix}$$

则

$$AB=\begin{pmatrix} 2B_2 \\ 3B_1 \\ -B_3 \end{pmatrix}=\begin{pmatrix} 2b_{31} & 2b_{32} \\ 2b_{41} & 2b_{42} \\ \hdashline 3b_{11} & 3b_{12} \\ 3b_{21} & 3b_{22} \\ \hdashline -b_{31} & -b_{32} \end{pmatrix}$$

评注 利用分块矩阵，把子块看成元素，可将高阶矩阵的运算化为较低阶矩阵的运算．因此，在某些情况下，通过对矩阵进行适当分块，可以简化矩阵的运算．在对矩阵进行分块时，除了要满足分块矩阵乘法运算规律，还要考虑计算的简化，通常要使分块中出现零矩阵或单位矩阵．

3. 有关矩阵秩的计算与证明

例 5 求下列矩阵的秩

$$A=\begin{pmatrix} 1 & 2 & 0 & 0 & 1 \\ 0 & 6 & 2 & 4 & 10 \\ 1 & 11 & 3 & 6 & 16 \\ 1 & -19 & -7 & -14 & -34 \end{pmatrix}.$$

分析 本题可用初等变换求矩阵的秩，即用矩阵的初等行（或列）变换，把所给的矩阵化为阶梯形矩阵，由于阶梯形矩阵的秩就是其非零行（或列）的个数，而初等变换不改变矩阵的秩，所以化得的阶梯形矩阵中非零行（或列）的个数就是原矩阵的秩．

解 对矩阵 A 施行初等行变换，得

$$A=\begin{pmatrix} 1 & 2 & 0 & 0 & 1 \\ 0 & 6 & 2 & 4 & 10 \\ 1 & 11 & 3 & 6 & 16 \\ 1 & -19 & -7 & -14 & -34 \end{pmatrix}\xrightarrow[r_4-r_1]{r_3-r_1}\begin{pmatrix} 1 & 2 & 0 & 0 & 1 \\ 0 & 6 & 2 & 4 & 10 \\ 0 & 9 & 3 & 6 & 15 \\ 0 & -21 & -7 & -14 & -35 \end{pmatrix}$$

$$\xrightarrow{r_2\times\frac{1}{2}}\begin{pmatrix} 1 & 2 & 0 & 0 & 1 \\ 0 & 3 & 1 & 2 & 5 \\ 0 & 9 & 3 & 6 & 15 \\ 0 & -21 & -7 & -14 & -35 \end{pmatrix}\xrightarrow[r_4+7r_2]{r_3-3r_2}\begin{pmatrix} 1 & 2 & 0 & 0 & 1 \\ 0 & 3 & 1 & 2 & 5 \\ 0 & 0 & 0 & 0 & 0 \\ 0 & 0 & 0 & 0 & 0 \end{pmatrix}=B$$

所以 $R(\boldsymbol{A})=R(\boldsymbol{B})=2$.

评注　求矩阵的秩有两种方法：一种是按照定义，计算矩阵的各阶子式，从阶数最高的子式开始，找到不等于零的子式中阶数最大的一个子式，则这个子式的阶数就是矩阵的秩；另一种是用初等变换求矩阵的秩. 第一种方法当矩阵的行数与列数较多时，计算量很大；第二种方法则较为简单实用，其原因是不再需要计算很多行列式.

例 6　求下列矩阵的秩

$$\boldsymbol{A}=\begin{pmatrix} a_1b_1 & a_1b_2 & \cdots & a_1b_n \\ a_2b_1 & a_2b_2 & \cdots & a_2b_n \\ \vdots & \vdots & \ddots & \vdots \\ a_nb_1 & a_nb_2 & \cdots & a_nb_n \end{pmatrix}$$

分析　仍然可以用初等变换来求矩阵的秩，只是在进行初等变换的时候要注意根据 a_i, b_i 是否为零，分情况来讨论.

解　当 $a_i\,(i=1,2,\cdots,n)$ 不全为零且 $b_j\,(j=1,2,\cdots,n)$ 不全为零时，不妨设 $a_1\neq 0, b_1\neq 0$，对矩阵 $\boldsymbol{A}$ 作初等行变换，即

$$\boldsymbol{A}\xrightarrow[i=2,3,\cdots,n]{r_i-\frac{a_i}{a_1}r_1}\begin{pmatrix} a_1b_1 & a_1b_2 & \cdots & a_1b_n \\ 0 & 0 & \cdots & 0 \\ \vdots & \vdots & \ddots & \vdots \\ 0 & 0 & \cdots & 0 \end{pmatrix}.$$

因此 $R(\boldsymbol{A})=1$.

当 $a_i\,(i=1,2,\cdots,n)$ 全为零或 $b_j\,(j=1,2,\cdots,n)$ 全为零时，显然 $R(\boldsymbol{A})=0$.

例 7　设 $\boldsymbol{A}$、$\boldsymbol{B}$ 均为 $m\times n$ 矩阵，试证明

$$R(\boldsymbol{A}+\boldsymbol{B})\leqslant R(\boldsymbol{A})+R(\boldsymbol{B})$$

分析　易知 $\boldsymbol{A}+\boldsymbol{B}$ 的行向量组可由 $\boldsymbol{A}$ 的行向量组和 $\boldsymbol{B}$ 的行向量组线性表示，又因为矩阵的秩等于它的行向量组的秩，于是可以用 $\boldsymbol{A}+\boldsymbol{B}$ 的行向量组的秩来证明矩阵的秩满足条件.

解　设 $\boldsymbol{A}$ 的行向量组的一个极大线性无关组为：$\alpha_1,\alpha_2,\cdots,\alpha_s\ (R(\boldsymbol{A})=s)$，$\boldsymbol{B}$ 的行向量组的一个极大线性无关组为：$\boldsymbol{\beta}_1,\boldsymbol{\beta}_2,\cdots,\boldsymbol{\beta}_t\ (R(\boldsymbol{B})=t)$. 由于一个向量组与它的极大线性无关组等价，由传递性可知，$\boldsymbol{A}+\boldsymbol{B}$ 的行向量组可由向量组

$$\boldsymbol{\alpha}_1,\boldsymbol{\alpha}_2,\cdots,\boldsymbol{\alpha}_s,\ \boldsymbol{\beta}_1,\boldsymbol{\beta}_2,\cdots,\boldsymbol{\beta}_t$$

线性表示，所以

$$\begin{aligned} R(\boldsymbol{A}+\boldsymbol{B}) &= (\boldsymbol{A}+\boldsymbol{B})\text{的行秩}\leqslant R(\boldsymbol{\alpha}_1,\boldsymbol{\alpha}_2,\cdots,\boldsymbol{\alpha}_s,\boldsymbol{\beta}_1,\boldsymbol{\beta}_2,\cdots\boldsymbol{\beta}_t) \\ &\leqslant s+t=R(\boldsymbol{A})+R(\boldsymbol{B}) \end{aligned}$$

评注 由于矩阵的秩等于它的列向量组的秩，也等于它的行向量组的秩，因此有关矩阵的秩的证明很多情况下可以转化为向量组的秩的证明.

4. 有关逆矩阵的计算和证明

例 8 已知

$$\boldsymbol{A}=\begin{pmatrix}1&0&1\\2&1&0\\-3&2&-5\end{pmatrix}$$

求 $(\boldsymbol{E}-\boldsymbol{A})^{-1}$.

分析 本题是求逆矩阵的问题，可用伴随矩阵或初等变换来求.

解

方法 1 （用伴随矩阵）

令

$$\boldsymbol{B}=\boldsymbol{E}-\boldsymbol{A}=\begin{pmatrix}0&0&-1\\-2&0&0\\3&-2&6\end{pmatrix}$$

则矩阵 $\boldsymbol{B}$ 的代数余子式为

$$\boldsymbol{B}_{11}=(-1)^{1+1}\begin{vmatrix}0&0\\-2&6\end{vmatrix}=0,\quad \boldsymbol{B}_{12}=(-1)^{1+2}\begin{vmatrix}-2&0\\3&6\end{vmatrix}=12,\quad \boldsymbol{B}_{13}=(-1)^{1+3}\begin{vmatrix}-2&0\\3&-2\end{vmatrix}=4$$

$$\boldsymbol{B}_{21}=(-1)^{2+1}\begin{vmatrix}0&-1\\-2&6\end{vmatrix}=2,\quad \boldsymbol{B}_{22}=(-1)^{2+2}\begin{vmatrix}0&-1\\3&6\end{vmatrix}=3,\quad \boldsymbol{B}_{23}=(-1)^{2+3}\begin{vmatrix}0&0\\3&-2\end{vmatrix}=0$$

$$\boldsymbol{B}_{31}=(-1)^{3+1}\begin{vmatrix}0&-1\\0&0\end{vmatrix}=0,\quad \boldsymbol{B}_{32}=(-1)^{3+2}\begin{vmatrix}0&-1\\-2&0\end{vmatrix}=2,\quad \boldsymbol{B}_{33}=(-1)^{3+3}\begin{vmatrix}0&0\\-2&0\end{vmatrix}=0$$

$$|\boldsymbol{B}|=|\boldsymbol{E}-\boldsymbol{A}|=\begin{vmatrix}0&0&-1\\-2&0&0\\3&-2&6\end{vmatrix}=-4$$

所以

$$(\boldsymbol{E}-\boldsymbol{A})^{-1}=\frac{1}{|\boldsymbol{B}|}\boldsymbol{B}^*=\begin{pmatrix}0&-\frac{1}{2}&0\\-3&-\frac{3}{4}&-\frac{1}{2}\\-1&0&0\end{pmatrix}$$

方法 2　（用初等变换）

令

$$B = E - A = \begin{pmatrix} 0 & 0 & -1 \\ -2 & 0 & 0 \\ 3 & -2 & 6 \end{pmatrix}$$

构造矩阵 (B,E) 并对它做初等行变换，即

$$(B,E) = \begin{pmatrix} 0 & 0 & -1 & 1 & 0 & 0 \\ -2 & 0 & 0 & 0 & 1 & 0 \\ 3 & -2 & 6 & 0 & 0 & 1 \end{pmatrix} \xrightarrow{r_1 \leftrightarrow r_2} \begin{pmatrix} -2 & 0 & 0 & 0 & 1 & 0 \\ 0 & 0 & -1 & 1 & 0 & 0 \\ 3 & -2 & 6 & 0 & 0 & 1 \end{pmatrix}$$

$$\xrightarrow{r_2 \leftrightarrow r_3} \begin{pmatrix} -2 & 0 & 0 & 0 & 1 & 0 \\ 3 & -2 & 6 & 0 & 0 & 1 \\ 0 & 0 & -1 & 1 & 0 & 0 \end{pmatrix} \xrightarrow[r_3 \times (-1)]{r_1 \times \left(-\frac{1}{2}\right)} \begin{pmatrix} 1 & 0 & 0 & 0 & -\frac{1}{2} & 0 \\ 3 & -2 & 6 & 0 & 0 & 1 \\ 0 & 0 & 1 & -1 & 0 & 0 \end{pmatrix}$$

$$\xrightarrow{r_2 - 3r_1} \begin{pmatrix} 1 & 0 & 0 & 0 & -\frac{1}{2} & 0 \\ 0 & -2 & 6 & 0 & \frac{3}{2} & 1 \\ 0 & 0 & 1 & -1 & 0 & 0 \end{pmatrix} \xrightarrow{r_2 - 6r_3} \begin{pmatrix} 1 & 0 & 0 & 0 & -\frac{1}{2} & 0 \\ 0 & -2 & 0 & 6 & \frac{3}{2} & 1 \\ 0 & 0 & 1 & -1 & 0 & 0 \end{pmatrix}$$

$$\xrightarrow{r_2 \times \left(-\frac{1}{2}\right)} \begin{pmatrix} 1 & 0 & 0 & 0 & -\frac{1}{2} & 0 \\ 0 & 1 & 0 & -3 & -\frac{3}{4} & -\frac{1}{2} \\ 0 & 0 & 1 & -1 & 0 & 0 \end{pmatrix}$$

于是有

$$(E - A)^{-1} = B^{-1} = \begin{pmatrix} 0 & -\frac{1}{2} & 0 \\ -3 & -\frac{3}{4} & -\frac{1}{2} \\ -1 & 0 & 0 \end{pmatrix}$$

评注　求逆矩阵的方法有 3 种：利用定义、伴随矩阵及初等变换．利用初等变换求逆矩阵，通常比用伴随矩阵求逆矩阵要简单，特别是当矩阵的阶数比较高时，这种方法的优越性就更明显．而用定义求逆矩阵的方法只在某些比较特殊的情况下使用．

例 9 设 $\boldsymbol{A},\boldsymbol{B},\boldsymbol{A}+\boldsymbol{B}$ 都是可逆矩阵，试求 $\left(\boldsymbol{A}^{-1}+\boldsymbol{B}^{-1}\right)^{-1}$.

分析 本题可用定义来求逆矩阵.

解 设 $\left(\boldsymbol{A}^{-1}+\boldsymbol{B}^{-1}\right)^{-1}=\boldsymbol{X}$，则有：$\left(\boldsymbol{A}^{-1}+\boldsymbol{B}^{-1}\right)\boldsymbol{X}=\boldsymbol{E}$. 上式两端左乘 $\boldsymbol{A}$，得

$$\boldsymbol{A}\left(\boldsymbol{A}^{-1}+\boldsymbol{B}^{-1}\right)\boldsymbol{X}=\left(\boldsymbol{A}\boldsymbol{A}^{-1}+\boldsymbol{A}\boldsymbol{B}^{-1}\right)\boldsymbol{X}=\left(\boldsymbol{E}+\boldsymbol{A}\boldsymbol{B}^{-1}\right)\boldsymbol{X}=\boldsymbol{A}$$

于是有

$$\left(\boldsymbol{E}+\boldsymbol{A}\boldsymbol{B}^{-1}\right)\boldsymbol{X}=\left(\boldsymbol{B}\boldsymbol{B}^{-1}+\boldsymbol{A}\boldsymbol{B}^{-1}\right)\boldsymbol{X}=\left(\boldsymbol{A}+\boldsymbol{B}\right)\boldsymbol{B}^{-1}\boldsymbol{X}=\boldsymbol{A}$$

由 $\left(\boldsymbol{A}+\boldsymbol{B}\right)\boldsymbol{B}^{-1}\boldsymbol{X}=\boldsymbol{A}$ 两边左乘 $\left(\boldsymbol{A}+\boldsymbol{B}\right)^{-1}$，再左乘 $\boldsymbol{B}$，得

$$\boldsymbol{X}=\boldsymbol{B}\left(\boldsymbol{A}+\boldsymbol{B}\right)^{-1}\boldsymbol{A}$$

故 $\left(\boldsymbol{A}^{-1}+\boldsymbol{B}^{-1}\right)^{-1}=\boldsymbol{X}=\boldsymbol{B}\left(\boldsymbol{A}+\boldsymbol{B}\right)^{-1}\boldsymbol{A}$.

评注 求逆矩阵时，如果矩阵没有具体给出，通常可以考虑用逆矩阵的定义来求.

例 10 设

$$\boldsymbol{A}=\begin{pmatrix}\boldsymbol{B} & \boldsymbol{D}\\ \boldsymbol{0} & \boldsymbol{C}\end{pmatrix}$$

其中 $\boldsymbol{B}$，$\boldsymbol{C}$ 都是可逆方阵，证明 $\boldsymbol{A}$ 可逆，并求 $\boldsymbol{A}^{-1}$.

分析 要证明矩阵 $\boldsymbol{A}$ 可逆，只需根据矩阵可逆的充分必要条件，证明矩阵 $\boldsymbol{A}$ 的行列式不为零，而求逆矩阵的方法，本题可用逆矩阵的定义，也可用初等变换.

解 由于 $\boldsymbol{B}$，$\boldsymbol{C}$ 可逆，所以 $|\boldsymbol{A}|=|\boldsymbol{B}|\cdot|\boldsymbol{C}|\neq 0$，故 $\boldsymbol{A}$ 可逆. 下面求 $\boldsymbol{A}^{-1}$.

设

$$\boldsymbol{A}^{-1}=\begin{pmatrix}\boldsymbol{X} & \boldsymbol{Z}\\ \boldsymbol{W} & \boldsymbol{Y}\end{pmatrix}$$

则

$$\begin{pmatrix}\boldsymbol{B} & \boldsymbol{D}\\ \boldsymbol{0} & \boldsymbol{C}\end{pmatrix}\begin{pmatrix}\boldsymbol{X} & \boldsymbol{Z}\\ \boldsymbol{W} & \boldsymbol{Y}\end{pmatrix}=\begin{pmatrix}\boldsymbol{E} & \boldsymbol{0}\\ \boldsymbol{0} & \boldsymbol{E}\end{pmatrix}$$

从而可得

$$\begin{cases}\boldsymbol{B}\boldsymbol{X}+\boldsymbol{D}\boldsymbol{W}=\boldsymbol{E}\\ \boldsymbol{B}\boldsymbol{Z}+\boldsymbol{D}\boldsymbol{Y}=\boldsymbol{0}\\ \boldsymbol{C}\boldsymbol{W}=\boldsymbol{0}\\ \boldsymbol{C}\boldsymbol{Y}=\boldsymbol{E}\end{cases}$$

解得

$$\boldsymbol{X}=\boldsymbol{B}^{-1},\ \boldsymbol{Y}=\boldsymbol{C}^{-1},\ \boldsymbol{Z}=-\boldsymbol{B}^{-1}\boldsymbol{D}\boldsymbol{C}^{-1},\ \boldsymbol{W}=\boldsymbol{0}$$

因此

$$A^{-1}=\begin{pmatrix} B^{-1} & -B^{-1}DC^{-1} \\ O & C^{-1} \end{pmatrix}$$

评注　本题是用定义求分块矩阵的逆矩阵，用到的方法是待定系数法．完全类似，对于分块矩阵，有

$$A=\begin{pmatrix} B & O \\ D & C \end{pmatrix}$$

其中 B，C 都是可逆方阵，它的逆矩阵为 $A^{-1}=\begin{pmatrix} B^{-1} & O \\ -C^{-1}DB^{-1} & C^{-1} \end{pmatrix}$.

例 11　若 $A^2=B^2=E$，且 $|A|+|B|=0$，试证明 $A+B$ 是不可逆矩阵．

分析　根据矩阵可逆的充分必要条件，要证明矩阵不可逆，只需说明其行列式为零．

解　因为 $|A(A+B)|=|A^2+AB|=|E+AB|=|BB+AB|=|A+B||B|$，即 $|A+B|(|A|-|B|)=0$．又 $|A|^2+|B|^2=2$，$|A|+|B|=0$，易知 $|A|-|B|\neq 0$，所以 $|A+B|=0$，即 $A+B$ 是不可逆矩阵．

评注　涉及矩阵等式的计算或证明是线性代数的重要内容之一．若是计算问题，往往先简化，再进行计算；若是证明题（一般证明矩阵可逆或不可逆），通常先用可逆的充分必要条件来判断，然后通过计算，以矩阵行列式等于零或者不等于零来说明其可逆性．

5．解矩阵方程

例 12　（1）设 $AB=A+2B$，且

$$A=\begin{pmatrix} 3 & 0 & 1 \\ 1 & 1 & 0 \\ 0 & 1 & 4 \end{pmatrix}$$

求矩阵 B．

（2）设矩阵 $A=\begin{pmatrix} 3 & 2 & 1 \\ 3 & 1 & 5 \\ 3 & 2 & 3 \end{pmatrix}$, $B=\begin{pmatrix} 3 & 3 & 1 \\ 1 & 0 & -1 \\ 0 & 1 & 1 \end{pmatrix}$, $C=\begin{pmatrix} 1 & 1 & 0 \\ 1 & -1 & 0 \\ -1 & 2 & 1 \end{pmatrix}$，矩阵 X 满足 $B+XA=3C$，求矩阵 X．

分析　矩阵方程一般有 3 种基本形式：① $AX=B$，若 A 可逆，则 $X=A^{-1}B$；② $XA=B$，若 A 可逆，则 $X=BA^{-1}$；③ $AXB=C$，若 A,B 可逆，则 $X=A^{-1}CB^{-1}$．在具体求解时，一般将题目所给的矩阵方程先化成以上 3 种形式之一，再进行计算．

解　（1）由 $AB=A+2B$，整理得 $(A-2E)B=A$，而有

$$A-2E=\begin{pmatrix}3&0&1\\1&1&0\\0&1&4\end{pmatrix}-2\begin{pmatrix}1&0&0\\0&1&0\\0&0&1\end{pmatrix}=\begin{pmatrix}1&0&1\\1&-1&0\\0&1&2\end{pmatrix}$$

$$|A-2E|=\begin{vmatrix}1&0&1\\1&-1&0\\0&1&2\end{vmatrix}=-1\neq 0$$

故 $(A-2E)$ 可逆，解矩阵方程可得：$B=(A-2E)^{-1}A$，下面求 $(A-2E)^{-1}$：

因为

$$(A-2E,E)=\begin{pmatrix}1&0&1&1&0&0\\1&-1&0&0&1&0\\0&1&2&0&0&1\end{pmatrix}\xrightarrow{r_2-r_1}\begin{pmatrix}1&0&1&1&0&0\\0&-1&-1&-1&1&0\\0&1&2&0&0&1\end{pmatrix}$$

$$\xrightarrow{r_3+r_2}\begin{pmatrix}1&0&1&1&0&0\\0&-1&-1&-1&1&0\\0&0&1&-1&1&1\end{pmatrix}\xrightarrow[r_1-r_3]{r_2+r_3}\begin{pmatrix}1&0&0&2&-1&-1\\0&-1&0&-2&2&1\\0&0&1&-1&1&1\end{pmatrix}$$

$$\xrightarrow{r_2\times(-1)}\begin{pmatrix}1&0&0&2&-1&-1\\0&1&0&2&-2&-1\\0&0&1&-1&1&1\end{pmatrix}$$

所以

$$(A-2E)^{-1}=\begin{pmatrix}2&-1&-1\\2&-2&-1\\-1&1&1\end{pmatrix}$$

从而

$$B=(A-2E)^{-1}A=\begin{pmatrix}2&-1&-1\\2&-2&-1\\-1&1&1\end{pmatrix}\begin{pmatrix}3&0&1\\1&1&0\\0&1&4\end{pmatrix}=\begin{pmatrix}5&-2&-2\\4&-3&-2\\-2&2&3\end{pmatrix}$$

（2）由 $B+XA=3C$，整理得 $XA=3C-B$，而

$$|A|=\begin{vmatrix}3&2&1\\3&1&5\\3&2&3\end{vmatrix}=-6\neq 0,$$

故 A 可逆，解矩阵方程可得 $X=(3C-B)A^{-1}$.

利用公式 $A^{-1}=\frac{1}{|A|}A^*$，通过计算易得 $A^*=\begin{pmatrix}-7&-4&9\\6&6&-12\\3&0&-3\end{pmatrix}$．而 $3C-B=\begin{pmatrix}0&0&-1\\2&-3&1\\-3&5&2\end{pmatrix}$.

从而有

$$X=(3C-B)A^{-1}=-\frac{1}{6}\begin{pmatrix}0&0&-1\\2&-3&1\\-3&5&2\end{pmatrix}\begin{pmatrix}-7&-4&9\\6&6&-12\\3&0&-3\end{pmatrix}$$

$$=-\frac{1}{6}\begin{pmatrix}-3&0&3\\-29&-26&51\\57&42&-93\end{pmatrix}=\begin{pmatrix}\frac{1}{2}&0&-\frac{1}{2}\\\frac{29}{6}&\frac{13}{3}&-\frac{17}{2}\\-\frac{19}{2}&-7&\frac{31}{2}\end{pmatrix}$$

评注　求解矩阵方程是一个重要的内容，通常结合求逆矩阵、矩阵的运算等知识点来求解.

三、习题选解

1．计算 $(x_1,x_2,x_3)\begin{pmatrix}a_{11}&a_{12}&a_{13}\\a_{12}&a_{22}&a_{23}\\a_{13}&a_{23}&a_{33}\end{pmatrix}\begin{pmatrix}x_1\\x_2\\x_3\end{pmatrix}$.

解

$$原式=(a_{11}x_1+a_{12}x_2+a_{13}x_3,a_{12}x_1+a_{22}x_2+a_{23}x_3,a_{13}x_1+a_{23}x_2+a_{33}x_3)\begin{pmatrix}x_1\\x_2\\x_3\end{pmatrix}$$

$$=(a_{11}x_1+a_{12}x_2+a_{13}x_3)x_1+(a_{12}x_1+a_{22}x_2+a_{23}x_3)x_2+(a_{13}x_1+a_{23}x_2+a_{33}x_3)x_3$$

$$=a_{11}x_1^2+a_{xx}x_2^2+a_{33}x_3^2+2a_{12}x_1x_2+2a_{13}x_1x_3+2a_{23}x_2x_3.$$

2．计算 $\begin{pmatrix}2&1&1\\3&1&0\\0&1&2\end{pmatrix}^3$.

解 原式$=\begin{pmatrix}2&1&1\\3&1&0\\0&1&2\end{pmatrix}^2\begin{pmatrix}2&1&1\\3&1&0\\0&1&2\end{pmatrix}=\begin{pmatrix}7&4&4\\9&4&3\\3&3&4\end{pmatrix}\begin{pmatrix}2&1&1\\3&1&0\\0&1&2\end{pmatrix}=\begin{pmatrix}26&15&15\\30&16&15\\15&10&11\end{pmatrix}$.

3．计算下列矩阵（其中 n 为正整数）.

（1）$\begin{pmatrix}1&1\\0&0\end{pmatrix}^n$； （2）$\begin{pmatrix}1&1\\0&1\end{pmatrix}^n$； （3）$\begin{pmatrix}1&1\\1&1\end{pmatrix}^n$.

解 （1）由于$\begin{pmatrix}1&1\\0&0\end{pmatrix}^2=\begin{pmatrix}1&1\\0&0\end{pmatrix}\begin{pmatrix}1&1\\0&0\end{pmatrix}=\begin{pmatrix}1&1\\0&0\end{pmatrix}$，所以$\begin{pmatrix}1&1\\0&0\end{pmatrix}^n=\begin{pmatrix}1&1\\0&0\end{pmatrix}$.

（2）因为$\begin{pmatrix}1&1\\0&1\end{pmatrix}^2=\begin{pmatrix}1&1\\0&1\end{pmatrix}\begin{pmatrix}1&1\\0&1\end{pmatrix}=\begin{pmatrix}1&2\\0&1\end{pmatrix}$，$\begin{pmatrix}1&1\\0&1\end{pmatrix}^3=\begin{pmatrix}1&1\\0&1\end{pmatrix}^2\begin{pmatrix}1&1\\0&1\end{pmatrix}=$
$\begin{pmatrix}1&2\\0&1\end{pmatrix}\begin{pmatrix}1&1\\0&1\end{pmatrix}=\begin{pmatrix}1&3\\0&1\end{pmatrix}$，

……

可以推测

$$\begin{pmatrix}1&1\\0&1\end{pmatrix}^n=\begin{pmatrix}1&n\\0&1\end{pmatrix}$$

这个结论可以用数学归纳法证明（证明略）.

（3）由$\begin{pmatrix}1&1\\1&1\end{pmatrix}^2=\begin{pmatrix}1&1\\1&1\end{pmatrix}\begin{pmatrix}1&1\\1&1\end{pmatrix}=\begin{pmatrix}2&2\\2&2\end{pmatrix}$

$$\begin{pmatrix}1&1\\1&1\end{pmatrix}^3=\begin{pmatrix}1&1\\1&1\end{pmatrix}^2\begin{pmatrix}1&1\\1&1\end{pmatrix}=\begin{pmatrix}2&2\\2&2\end{pmatrix}\begin{pmatrix}1&1\\1&1\end{pmatrix}=\begin{pmatrix}4&4\\4&4\end{pmatrix}=\begin{pmatrix}2^2&2^2\\2^2&2^2\end{pmatrix}$$

$$\begin{pmatrix}1&1\\1&1\end{pmatrix}^4=\begin{pmatrix}1&1\\1&1\end{pmatrix}^3\begin{pmatrix}1&1\\1&1\end{pmatrix}=\begin{pmatrix}4&4\\4&4\end{pmatrix}\begin{pmatrix}1&1\\1&1\end{pmatrix}=\begin{pmatrix}8&8\\8&8\end{pmatrix}=\begin{pmatrix}2^3&2^3\\2^3&2^3\end{pmatrix}$$

……

可以推测

$$\begin{pmatrix}1&1\\1&1\end{pmatrix}^n=\begin{pmatrix}2^{n-1}&2^{n-1}\\2^{n-1}&2^{n-1}\end{pmatrix}$$

这个结论可以用数学归纳法证明（证明略）.

4．计算$\begin{pmatrix}1&1&0\\0&1&0\\0&0&1\end{pmatrix}^n(n\geqslant 2)$.

解　因为$\begin{pmatrix}1&1&0\\0&1&0\\0&0&1\end{pmatrix}^2=\begin{pmatrix}1&1&0\\0&1&0\\0&0&1\end{pmatrix}\begin{pmatrix}1&1&0\\0&1&0\\0&0&1\end{pmatrix}=\begin{pmatrix}1&2&0\\0&1&0\\0&0&1\end{pmatrix}$

$$\begin{pmatrix}1&1&0\\0&1&0\\0&0&1\end{pmatrix}^3=\begin{pmatrix}1&1&0\\0&1&0\\0&0&1\end{pmatrix}^2\begin{pmatrix}1&1&0\\0&1&0\\0&0&1\end{pmatrix}=\begin{pmatrix}1&2&0\\0&1&0\\0&0&1\end{pmatrix}\begin{pmatrix}1&1&0\\0&1&0\\0&0&1\end{pmatrix}=\begin{pmatrix}1&3&0\\0&1&0\\0&0&1\end{pmatrix}$$

$$\begin{pmatrix}1&1&0\\0&1&0\\0&0&1\end{pmatrix}^4=\begin{pmatrix}1&1&0\\0&1&0\\0&0&1\end{pmatrix}^3\begin{pmatrix}1&1&0\\0&1&0\\0&0&1\end{pmatrix}=\begin{pmatrix}1&3&0\\0&1&0\\0&0&1\end{pmatrix}\begin{pmatrix}1&1&0\\0&1&0\\0&0&1\end{pmatrix}=\begin{pmatrix}1&4&0\\0&1&0\\0&0&1\end{pmatrix}$$

观察这些矩阵的规律，可推测

$$\begin{pmatrix}1&1&0\\0&1&0\\0&0&1\end{pmatrix}^n=\begin{pmatrix}1&n&0\\0&1&0\\0&0&1\end{pmatrix}$$

下面用数学归纳法证明结论：

当$n=2$时，上面已经验算成立．假设$n=k$时结论成立，即

$$\begin{pmatrix}1&1&0\\0&1&0\\0&0&1\end{pmatrix}^k=\begin{pmatrix}1&k&0\\0&1&0\\0&0&1\end{pmatrix}$$

则当$n=k+1$时，有

$$\begin{pmatrix}1&1&0\\0&1&0\\0&0&1\end{pmatrix}^{k+1}=\begin{pmatrix}1&1&0\\0&1&0\\0&0&1\end{pmatrix}^k\begin{pmatrix}1&1&0\\0&1&0\\0&0&1\end{pmatrix}=\begin{pmatrix}1&k&0\\0&1&0\\0&0&1\end{pmatrix}\begin{pmatrix}1&1&0\\0&1&0\\0&0&1\end{pmatrix}=\begin{pmatrix}1&k+1&0\\0&1&0\\0&0&1\end{pmatrix}$$

故$n=k+1$时结论也成立．于是上述结果正确．

5．设$\boldsymbol{A}=\begin{pmatrix}5&2&0&0\\2&1&0&0\\0&0&8&3\\0&0&5&2\end{pmatrix}$，$\boldsymbol{B}=\begin{pmatrix}1&0&0&0\\0&1&0&0\\-2&3&1&0\\4&-1&0&1\end{pmatrix}$，求

（1）$\boldsymbol{AB}$；　　（2）$\boldsymbol{BA}$；　　（3）$\boldsymbol{AB}-\boldsymbol{BA}$．

解　对矩阵作如下分块：

$$A=\left(\begin{array}{cc|cc}5&2&0&0\\2&1&0&0\\\hline 0&0&8&3\\0&0&5&2\end{array}\right)=\begin{pmatrix}T_1&O\\O&T_2\end{pmatrix},\quad T_1=\begin{pmatrix}5&2\\2&1\end{pmatrix},T_2=\begin{pmatrix}8&3\\5&2\end{pmatrix}$$

$$B=\left(\begin{array}{cc|cc}1&0&0&0\\0&1&0&0\\\hline -2&3&1&0\\4&-1&0&1\end{array}\right)=\begin{pmatrix}E&O\\T_3&E\end{pmatrix},\quad T_3=\begin{pmatrix}-2&3\\4&-1\end{pmatrix}$$

（1）因为 $AB=\begin{pmatrix}T_1&O\\O&T_2\end{pmatrix}\begin{pmatrix}E&O\\T_3&E\end{pmatrix}=\begin{pmatrix}T_1&O\\T_2T_3&T_3\end{pmatrix}$

其中

$$T_2T_3=\begin{pmatrix}8&3\\5&2\end{pmatrix}\begin{pmatrix}-2&3\\4&-1\end{pmatrix}=\begin{pmatrix}-4&21\\-2&13\end{pmatrix}$$

所以

$$AB=\begin{pmatrix}5&2&0&0\\2&1&0&0\\-4&21&8&3\\-2&13&5&2\end{pmatrix}$$

（2）因为 $BA=\begin{pmatrix}E&O\\T_3&E\end{pmatrix}\begin{pmatrix}T_1&O\\O&T_2\end{pmatrix}=\begin{pmatrix}T_1&O\\T_3T_1&T_2\end{pmatrix}$

其中

$$T_3T_1=\begin{pmatrix}-2&3\\4&-1\end{pmatrix}\begin{pmatrix}5&2\\2&1\end{pmatrix}=\begin{pmatrix}-4&-1\\18&7\end{pmatrix}$$

所以

$$BA=\begin{pmatrix}5&2&0&0\\2&1&0&0\\-4&-1&8&3\\18&7&5&2\end{pmatrix}$$

（3）$AB-BA=\begin{pmatrix}5&2&0&0\\2&1&0&0\\-4&21&8&3\\-2&13&5&2\end{pmatrix}-\begin{pmatrix}5&2&0&0\\2&1&0&0\\-4&-1&8&3\\18&7&5&2\end{pmatrix}=\begin{pmatrix}0&0&0&0\\0&0&0&0\\0&22&0&0\\-20&6&0&0\end{pmatrix}$

6．证明：任意一个 $n\times n$ 矩阵都可以表示为一个对称矩阵与一个反对称矩阵之和．

证 设 A 是任意一个 $n\times n$ 矩阵，则 A 可表示为

$$A=\frac{A+A^{T}}{2}+\frac{A-A^{T}}{2}$$

因为

$$\left(\frac{A+A^{T}}{2}\right)^{T}=\frac{A^{T}+A}{2}=\frac{A+A^{T}}{2}$$

所以矩阵

$$\frac{A+A^{T}}{2}$$

为对称矩阵，又因为

$$\left(\frac{A-A^{T}}{2}\right)^{T}=\frac{A^{T}-A}{2}=-\frac{A-A^{T}}{2}$$

所以矩阵

$$\frac{A-A^{T}}{2}$$

为反对称矩阵，故命题得证.

7．设矩阵 A 为 3 阶矩阵，若已知 $|A|=m$，求 $|-mA|$.

解 设

$$A=\begin{pmatrix}a_{11}&a_{12}&a_{13}\\a_{21}&a_{22}&a_{23}\\a_{31}&a_{32}&a_{33}\end{pmatrix},\quad -mA=\begin{pmatrix}a_{11}&a_{12}&a_{13}\\a_{21}&a_{22}&a_{23}\\a_{31}&a_{32}&a_{33}\end{pmatrix}=\begin{pmatrix}-ma_{11}&-ma_{12}&-ma_{13}\\-ma_{21}&-ma_{22}&-ma_{23}\\-ma_{31}&-ma_{32}&-ma_{33}\end{pmatrix}$$

于是

$$|-mA|=\begin{vmatrix}-ma_{11}&-ma_{12}&-ma_{13}\\-ma_{21}&-ma_{22}&-ma_{23}\\-ma_{31}&-ma_{32}&-ma_{33}\end{vmatrix}=(-m)^{3}|A|=(-m)^{3}\cdot m=-m^{4}$$

8．已知 $A=\begin{pmatrix}1&0&3\\0&2&1\\0&0&1\end{pmatrix}$，$B=\begin{pmatrix}1&0&0\\0&2&1\\3&0&1\end{pmatrix}$，求

（1）$(A+B)(A-B)$；　　（2）$A^{2}-B^{2}$

比较（1）和（2），可得什么结论？

解 因为

$$A+B=\begin{pmatrix}2&0&3\\0&4&2\\3&0&2\end{pmatrix},\quad A-B=\begin{pmatrix}0&0&3\\0&0&0\\-3&0&0\end{pmatrix}$$

所以

$$(A+B)(A-B)=\begin{pmatrix}-9 & 0 & 6\\ -6 & 0 & 0\\ -6 & 0 & 9\end{pmatrix}$$

而

$$A^2=\begin{pmatrix}1 & 0 & 3\\ 0 & 2 & 1\\ 0 & 0 & 1\end{pmatrix}\begin{pmatrix}1 & 0 & 3\\ 0 & 2 & 1\\ 0 & 0 & 1\end{pmatrix}=\begin{pmatrix}1 & 0 & 6\\ 0 & 4 & 3\\ 0 & 0 & 1\end{pmatrix}$$

$$B^2=\begin{pmatrix}1 & 0 & 0\\ 0 & 2 & 1\\ 3 & 0 & 1\end{pmatrix}\begin{pmatrix}1 & 0 & 0\\ 0 & 2 & 1\\ 3 & 0 & 1\end{pmatrix}=\begin{pmatrix}1 & 0 & 0\\ 3 & 4 & 3\\ 6 & 0 & 1\end{pmatrix}$$

$$A^2-B^2=\begin{pmatrix}1 & 0 & 6\\ 0 & 4 & 3\\ 0 & 0 & 1\end{pmatrix}-\begin{pmatrix}1 & 0 & 0\\ 3 & 4 & 3\\ 6 & 0 & 1\end{pmatrix}=\begin{pmatrix}0 & 0 & 6\\ -3 & 0 & 0\\ -6 & 0 & 0\end{pmatrix}$$

由此得出结论：一般情况下，$A^2-B^2\neq(A+B)(A-B)$．

9．设 $A=\begin{pmatrix}2 & -3\\ -4 & 6\end{pmatrix}$，$B=\begin{pmatrix}8 & 4\\ 5 & 5\end{pmatrix}$，$C=\begin{pmatrix}5 & -2\\ 3 & 1\end{pmatrix}$，证明：$AB=AC$，但 $B\neq C$．

解 因为

$$AB=\begin{pmatrix}2 & -3\\ -4 & 6\end{pmatrix}\begin{pmatrix}8 & 4\\ 5 & 5\end{pmatrix}=\begin{pmatrix}1 & -7\\ -2 & 14\end{pmatrix},\quad AC=\begin{pmatrix}2 & -3\\ -4 & 6\end{pmatrix}\begin{pmatrix}5 & -2\\ 3 & 1\end{pmatrix}=\begin{pmatrix}1 & -7\\ -2 & 14\end{pmatrix}$$

所以 $AB=AC$，但 $B\neq C$．

10．求下列矩阵的秩．

（1）$A=\begin{pmatrix}1 & -3 & 2 & -4\\ -3 & 9 & -1 & 5\\ 2 & -6 & 4 & -3\\ -4 & 12 & 2 & 7\end{pmatrix}$；　（2）$A=\begin{pmatrix}1 & -2 & 9 & 5 & 4\\ 1 & -1 & 6 & 5 & -3\\ -2 & 0 & -6 & 1 & -2\\ 4 & 1 & 9 & 1 & -9\end{pmatrix}$；

（3）$A=\begin{pmatrix}1 & 2 & -5 & 0 & -1\\ 2 & 5 & -8 & 4 & 3\\ -3 & -9 & 9 & -7 & -2\\ 3 & 10 & -7 & 11 & 7\end{pmatrix}$．

解 （1）对矩阵 A 施行行初等变换，得

$$A=\begin{pmatrix}1&-3&2&-4\\-3&9&-1&5\\2&-6&4&-3\\-4&12&2&7\end{pmatrix}\xrightarrow[r_4+4r_1]{\substack{r_2+3r_1\\r_3-2r_1}}\begin{pmatrix}1&-3&2&-4\\0&0&5&-7\\0&0&0&5\\0&0&10&-9\end{pmatrix}$$

$$\xrightarrow{r_4-2r_2}\begin{pmatrix}1&-3&2&-4\\0&0&5&-7\\0&0&0&5\\0&0&0&5\end{pmatrix}\xrightarrow{r_4-r_3}\begin{pmatrix}1&-3&2&-4\\0&0&5&-7\\0&0&0&5\\0&0&0&0\end{pmatrix}$$

于是$R(\boldsymbol{A})=3$.

（2）对矩阵$\boldsymbol{A}$施行行初等变换，得

$$A=\begin{pmatrix}1&-2&9&5&4\\1&-1&6&5&-3\\-2&0&-6&1&-2\\4&1&9&1&-9\end{pmatrix}\xrightarrow[r_4-4r_1]{\substack{r_2-r_1\\r_3+2r_1}}\begin{pmatrix}1&-2&9&5&4\\0&1&-3&0&-7\\0&-4&12&11&6\\0&9&-27&-19&-25\end{pmatrix}$$

$$\xrightarrow[r_4-9r_2]{r_3+4r_2}\begin{pmatrix}1&-2&9&5&4\\0&1&-3&0&-7\\0&0&0&11&-22\\0&0&0&-19&38\end{pmatrix}\xrightarrow{r_4+\frac{19}{11}r_3}\begin{pmatrix}1&-2&9&5&4\\0&1&-3&0&-7\\0&0&0&11&-22\\0&0&0&0&0\end{pmatrix}$$

于是$R(\boldsymbol{A})=3$.

（3）对矩阵$\boldsymbol{A}$施行行初等变换，得

$$A=\begin{pmatrix}1&2&-5&0&-1\\2&5&-8&4&3\\-3&-9&9&-7&-2\\3&10&-7&11&7\end{pmatrix}\xrightarrow[r_4-3r_1]{\substack{r_2-2r_1\\r_3+3r_1}}\begin{pmatrix}1&2&-5&0&-1\\0&1&2&4&5\\0&-3&-6&-7&-5\\0&4&8&11&10\end{pmatrix}$$

$$\xrightarrow[r_4-4r_2]{r_3+3r_2}\begin{pmatrix}1&2&-5&0&-1\\0&1&2&4&5\\0&0&0&5&10\\0&0&0&-5&-10\end{pmatrix}\xrightarrow{r_4+r_3}\begin{pmatrix}1&2&-5&0&-1\\0&1&2&4&5\\0&0&0&5&10\\0&0&0&0&0\end{pmatrix}$$

于是$R(\boldsymbol{A})=3$.

11．判断下列矩阵是否可逆：

（1）$\begin{pmatrix}5&7\\-3&-6\end{pmatrix}$；　　　　（2）$\begin{pmatrix}5&0&0\\-3&-7&0\\8&5&-1\end{pmatrix}$；

（3）$\begin{pmatrix} 0 & 3 & -5 \\ 1 & 0 & 2 \\ -4 & -9 & 7 \end{pmatrix}$；　　　　（4）$\begin{pmatrix} -1 & -3 & 0 & 1 \\ 3 & 5 & 8 & -3 \\ -2 & -6 & 3 & 2 \\ 0 & -1 & 0 & 1 \end{pmatrix}$.

解　（1）因为

$$\begin{vmatrix} 5 & 7 \\ -3 & -6 \end{vmatrix} = -30 + 21 = -7 \neq 0$$

所以矩阵可逆.

（2）因为

$$\begin{vmatrix} 5 & 0 & 0 \\ -3 & -7 & 0 \\ 8 & 5 & -1 \end{vmatrix} = 35 - 0 = 35 \neq 0$$

所以矩阵可逆.

（3）因为

$$\begin{vmatrix} 0 & 3 & -5 \\ 1 & 0 & 2 \\ -4 & -9 & 7 \end{vmatrix} = -24 + 45 - 21 = 0$$

所以矩阵不可逆.

（4）对矩阵施行初等行变换，得

$$\begin{pmatrix} -1 & -3 & 0 & 1 \\ 3 & 5 & 8 & -3 \\ -2 & -6 & 3 & 2 \\ 0 & -1 & 0 & 1 \end{pmatrix} \xrightarrow[r_3 - 2r_1]{r_2 + 3r_1} \begin{pmatrix} -1 & -3 & 0 & 1 \\ 0 & -4 & 8 & 0 \\ 0 & 0 & 3 & 0 \\ 0 & -1 & 0 & 1 \end{pmatrix}$$

$$\xrightarrow{r_4 - \frac{1}{4}r_2} \begin{pmatrix} -1 & -3 & 0 & 1 \\ 0 & -4 & 8 & 0 \\ 0 & 0 & 3 & 0 \\ 0 & 0 & -2 & 1 \end{pmatrix} \xrightarrow{r_4 + \frac{2}{3}r_3} \begin{pmatrix} -1 & -3 & 0 & 1 \\ 0 & -4 & 8 & 0 \\ 0 & 0 & 3 & 0 \\ 0 & 0 & 0 & 1 \end{pmatrix}$$

因为矩阵满秩，所以是可逆的.

12．求下列矩阵的逆矩阵.

（1）$\begin{pmatrix} 1 & 2 \\ 4 & 7 \end{pmatrix}$；　　　　（2）$\begin{pmatrix} 1 & 0 & -2 \\ -3 & 1 & 4 \\ 2 & -3 & 4 \end{pmatrix}$.

解　(1) 下面用初等变换求矩阵的逆矩阵. 令 $A=\begin{pmatrix}1&2\\4&7\end{pmatrix}$，由于

$$(A,E)=\begin{pmatrix}1&2&1&0\\4&7&0&1\end{pmatrix}\xrightarrow{r_2-4r_1}\begin{pmatrix}1&2&1&0\\0&-1&-4&1\end{pmatrix}$$

$$\xrightarrow{r_1+2r_2}\begin{pmatrix}1&0&-7&2\\0&-1&-4&1\end{pmatrix}\xrightarrow{r_2\times(-1)}\begin{pmatrix}1&0&-7&2\\0&1&4&-1\end{pmatrix}$$

所以

$$A^{-1}=\begin{pmatrix}-7&2\\4&-1\end{pmatrix}$$

(2) 令

$$A=\begin{pmatrix}1&0&-2\\-3&1&4\\2&-3&4\end{pmatrix}$$

因为

$$(A,E)=\begin{pmatrix}1&0&-2&1&0&0\\-3&1&4&0&1&0\\2&-3&4&0&0&1\end{pmatrix}\xrightarrow[r_3-2r_1]{r_2+3r_1}\begin{pmatrix}1&0&-2&1&0&0\\0&1&-2&3&1&0\\0&-3&8&-2&0&1\end{pmatrix}$$

$$\xrightarrow{r_3+3r_2}\begin{pmatrix}1&0&-2&1&0&0\\0&1&-2&3&1&0\\0&0&2&7&3&1\end{pmatrix}\xrightarrow[r_1+r_3]{r_2+r_3}\begin{pmatrix}1&0&0&8&3&1\\0&1&0&10&4&1\\0&0&2&7&3&1\end{pmatrix}$$

$$\xrightarrow{r_3\times\frac{1}{2}}\begin{pmatrix}1&0&0&8&3&1\\0&1&0&10&4&1\\0&0&1&\frac{7}{2}&\frac{3}{2}&\frac{1}{2}\end{pmatrix}$$

所以

$$A^{-1}=\begin{pmatrix}8&3&1\\10&4&1\\\frac{7}{2}&\frac{3}{2}&\frac{1}{2}\end{pmatrix}$$

13. 求下列矩阵的逆矩阵.

(1) $\begin{pmatrix}1&0&0&0\\1&2&0&0\\2&1&3&0\\1&2&1&4\end{pmatrix}$；　　(2) $\begin{pmatrix}5&2&0&0\\2&1&0&0\\0&0&8&3\\0&0&5&2\end{pmatrix}$；

（3）$\begin{pmatrix} a_1 & & & 0 \\ & a_2 & & \\ & & \ddots & \\ 0 & & & a_n \end{pmatrix}$，其中 $a_i \neq 0$．

解 （1）因为
$$A=\begin{pmatrix} 1 & 0 & 0 & 0 \\ 1 & 2 & 0 & 0 \\ 2 & 1 & 3 & 0 \\ 1 & 2 & 1 & 4 \end{pmatrix}$$

$$(A,E)=\begin{pmatrix} 1 & 0 & 0 & 0 & 1 & 0 & 0 & 0 \\ 1 & 2 & 0 & 0 & 0 & 1 & 0 & 0 \\ 2 & 1 & 3 & 0 & 0 & 0 & 1 & 0 \\ 1 & 2 & 1 & 4 & 0 & 0 & 0 & 1 \end{pmatrix} \xrightarrow[r_4-r_1]{\substack{r_2-r_1 \\ r_3-2r_1}} \begin{pmatrix} 1 & 0 & 0 & 0 & 1 & 0 & 0 & 0 \\ 0 & 2 & 0 & 0 & -1 & 1 & 0 & 0 \\ 0 & 1 & 3 & 0 & -2 & 0 & 1 & 0 \\ 0 & 2 & 1 & 4 & -1 & 0 & 0 & 1 \end{pmatrix}$$

$$\xrightarrow{r_2 \leftrightarrow r_3} \begin{pmatrix} 1 & 0 & 0 & 0 & 1 & 0 & 0 & 0 \\ 0 & 1 & 3 & 0 & -2 & 0 & 1 & 0 \\ 0 & 2 & 0 & 0 & -1 & 1 & 0 & 0 \\ 0 & 2 & 1 & 4 & -1 & 0 & 0 & 1 \end{pmatrix} \xrightarrow[r_4-2r_2]{r_3-2r_2} \begin{pmatrix} 1 & 0 & 0 & 0 & 1 & 0 & 0 & 0 \\ 0 & 1 & 3 & 0 & -2 & 0 & 1 & 0 \\ 0 & 0 & -6 & 0 & 3 & 1 & -2 & 0 \\ 0 & 0 & -5 & 4 & 3 & 0 & -2 & 1 \end{pmatrix}$$

$$\xrightarrow{r_4-\frac{5}{6}r_3} \begin{pmatrix} 1 & 0 & 0 & 0 & 1 & 0 & 0 & 0 \\ 0 & 1 & 3 & 0 & -2 & 0 & 1 & 0 \\ 0 & 0 & -6 & 0 & 3 & 1 & -2 & 0 \\ 0 & 0 & 0 & 4 & \frac{1}{2} & -\frac{5}{6} & -\frac{1}{3} & 1 \end{pmatrix}$$

$$\xrightarrow{r_2+\frac{1}{2}r_3} \begin{pmatrix} 1 & 0 & 0 & 0 & 1 & 0 & 0 & 0 \\ 0 & 1 & 0 & 0 & -\frac{1}{2} & \frac{1}{2} & 0 & 0 \\ 0 & 0 & -6 & 0 & 3 & 1 & -2 & 0 \\ 0 & 0 & 0 & 4 & \frac{1}{2} & -\frac{5}{6} & -\frac{1}{3} & 1 \end{pmatrix}$$

$$\xrightarrow[r_4\times\frac{1}{4}]{r_3\times\left(-\frac{1}{6}\right)} \begin{pmatrix} 1 & 0 & 0 & 0 & 1 & 0 & 0 & 0 \\ 0 & 1 & 0 & 0 & -\frac{1}{2} & \frac{1}{2} & 0 & 0 \\ 0 & 0 & 1 & 0 & -\frac{1}{2} & -\frac{1}{6} & \frac{1}{3} & 0 \\ 0 & 0 & 0 & 1 & \frac{1}{8} & -\frac{5}{24} & -\frac{1}{12} & \frac{1}{4} \end{pmatrix}$$

所以

$$A^{-1}=\begin{pmatrix}1 & 0 & 0 & 0\\ -\frac{1}{2} & \frac{1}{2} & 0 & 0\\ -\frac{1}{2} & -\frac{1}{6} & \frac{1}{3} & 0\\ \frac{1}{8} & -\frac{5}{24} & -\frac{1}{12} & \frac{1}{4}\end{pmatrix}$$

（2）由于

$$(A,E)=\begin{pmatrix}5 & 2 & 0 & 0 & 1 & 0 & 0 & 0\\ 2 & 1 & 0 & 0 & 0 & 1 & 0 & 0\\ 0 & 0 & 8 & 3 & 0 & 0 & 1 & 0\\ 0 & 0 & 5 & 2 & 0 & 0 & 0 & 1\end{pmatrix}\xrightarrow[r_4-\frac{5}{8}r_3]{r_2-\frac{2}{5}r_1}\begin{pmatrix}5 & 2 & 0 & 0 & 1 & 0 & 0 & 0\\ 0 & \frac{1}{5} & 0 & 0 & -\frac{2}{5} & 1 & 0 & 0\\ 0 & 0 & 8 & 3 & 0 & 0 & 1 & 0\\ 0 & 0 & 0 & \frac{1}{8} & 0 & 0 & -\frac{5}{8} & 1\end{pmatrix}$$

$$\xrightarrow[r_4\times 8]{r_2\times 5}\begin{pmatrix}5 & 2 & 0 & 0 & 1 & 0 & 0 & 0\\ 0 & 1 & 0 & 0 & -2 & 5 & 0 & 0\\ 0 & 0 & 8 & 3 & 0 & 0 & 1 & 0\\ 0 & 0 & 0 & 1 & 0 & 0 & -5 & 8\end{pmatrix}\xrightarrow[r_3-3r_4]{r_1-2r_2}\begin{pmatrix}5 & 0 & 0 & 0 & 5 & -10 & 0 & 0\\ 0 & 1 & 0 & 0 & -2 & 5 & 0 & 0\\ 0 & 0 & 8 & 0 & 0 & 0 & 16 & -24\\ 0 & 0 & 0 & 1 & 0 & 0 & -5 & 8\end{pmatrix}$$

$$\xrightarrow[r_3\times\frac{1}{8}]{r_1\times\frac{1}{5}}\begin{pmatrix}1 & 0 & 0 & 0 & 1 & -2 & 0 & 0\\ 0 & 1 & 0 & 0 & -2 & 5 & 0 & 0\\ 0 & 0 & 1 & 0 & 0 & 0 & 2 & -3\\ 0 & 0 & 0 & 1 & 0 & 0 & -5 & 8\end{pmatrix}$$

所以

$$A^{-1}=\begin{pmatrix}1 & -2 & 0 & 0\\ -2 & 5 & 0 & 0\\ 0 & 0 & 2 & -3\\ 0 & 0 & -5 & 8\end{pmatrix}$$

（3）因为

$$(A,E)=\begin{pmatrix}a_1 & 0 & \cdots & 0 & 1 & 0 & \cdots & 0\\ 0 & a_2 & \cdots & 0 & 0 & 1 & \cdots & 0\\ \vdots & \vdots & \ddots & \vdots & \vdots & \vdots & \ddots & \vdots\\ 0 & 0 & \cdots & a_n & 0 & 0 & \cdots & 1\end{pmatrix}$$

$$\xrightarrow{r_1\times\frac{1}{a_1},r_2\times\frac{1}{a_2},\cdots,r_n\times\frac{1}{a_n}}\begin{pmatrix}1&0&\cdots&0&\frac{1}{a_1}&0&\cdots&0\\0&1&\cdots&0&0&\frac{1}{a_2}&\cdots&0\\\vdots&\vdots&\ddots&\vdots&\vdots&\vdots&\ddots&\vdots\\0&0&\cdots&1&0&0&\cdots&\frac{1}{a_n}\end{pmatrix}$$

所以

$$A^{-1}=\begin{pmatrix}\frac{1}{a_1}&&&0\\&\frac{1}{a_2}&&\\&&\ddots&\\0&&&\frac{1}{a_n}\end{pmatrix}.$$

14．已知 $\boldsymbol{A}=\begin{pmatrix}1&2&0&0&0&0\\2&1&0&0&0&0\\0&0&2&1&0&0\\0&0&1&3&0&0\\0&0&0&0&3&2\\0&0&0&0&2&1\end{pmatrix}$，$\boldsymbol{B}=\begin{pmatrix}1\\2\\1\\3\\2\\1\end{pmatrix}$，试利用分块矩阵计算 $\boldsymbol{AB}$ 和 $\boldsymbol{A}^{-1}$．

解 对矩阵作如下分块，即

$$\boldsymbol{A}=\left(\begin{array}{cc|cc|cc}1&2&0&0&0&0\\2&1&0&0&0&0\\\hline 0&0&2&1&0&0\\0&0&1&3&0&0\\\hline 0&0&0&0&3&2\\0&0&0&0&2&1\end{array}\right)=\begin{pmatrix}\boldsymbol{A}_1&\boldsymbol{O}&\boldsymbol{O}\\\boldsymbol{O}&\boldsymbol{A}_2&\boldsymbol{O}\\\boldsymbol{O}&\boldsymbol{O}&\boldsymbol{A}_3\end{pmatrix},\quad \boldsymbol{B}=\left(\begin{array}{c}1\\2\\\hline 1\\3\\\hline 2\\1\end{array}\right)=\begin{pmatrix}\boldsymbol{B}_1\\\boldsymbol{B}_2\\\boldsymbol{B}_3\end{pmatrix}$$

其中

$$\boldsymbol{A}_1=\begin{pmatrix}1&2\\2&1\end{pmatrix},\boldsymbol{A}_2=\begin{pmatrix}2&1\\1&3\end{pmatrix},\boldsymbol{A}_3=\begin{pmatrix}3&2\\2&1\end{pmatrix},\quad \boldsymbol{B}_1=\begin{pmatrix}1\\2\end{pmatrix},\boldsymbol{B}_2=\begin{pmatrix}1\\3\end{pmatrix},\boldsymbol{B}_3=\begin{pmatrix}2\\1\end{pmatrix}$$

按分块矩阵的乘法，有

$$\boldsymbol{AB}=\begin{pmatrix}\boldsymbol{A}_1&\boldsymbol{O}&\boldsymbol{O}\\\boldsymbol{O}&\boldsymbol{A}_2&\boldsymbol{O}\\\boldsymbol{O}&\boldsymbol{O}&\boldsymbol{A}_3\end{pmatrix}\begin{pmatrix}\boldsymbol{B}_1\\\boldsymbol{B}_2\\\boldsymbol{B}_3\end{pmatrix}=\begin{pmatrix}\boldsymbol{A}_1\boldsymbol{B}_1\\\boldsymbol{A}_2\boldsymbol{B}_2\\\boldsymbol{A}_3\boldsymbol{B}_3\end{pmatrix}$$

其中

$$A_1B_1=\begin{pmatrix}1&2\\2&1\end{pmatrix}\begin{pmatrix}1\\2\end{pmatrix}=\begin{pmatrix}5\\4\end{pmatrix},A_2B_2=\begin{pmatrix}2&1\\1&3\end{pmatrix}\begin{pmatrix}1\\3\end{pmatrix}=\begin{pmatrix}5\\10\end{pmatrix},A_3B_3=\begin{pmatrix}3&2\\2&1\end{pmatrix}\begin{pmatrix}2\\1\end{pmatrix}=\begin{pmatrix}8\\5\end{pmatrix}$$

所以

$$AB=\begin{pmatrix}5\\4\\5\\10\\8\\5\end{pmatrix}$$

又按准对角矩阵求逆的运算法则有

$$A^{-1}=\begin{pmatrix}A_1^{-1}&O&O\\O&A_2^{-1}&O\\O&O&A_3^{-1}\end{pmatrix}$$

通过计算可知

$$A_1^{-1}=\begin{pmatrix}-\frac{1}{3}&\frac{2}{3}\\\frac{2}{3}&-\frac{1}{3}\end{pmatrix},A_2^{-1}=\begin{pmatrix}\frac{3}{5}&-\frac{1}{5}\\-\frac{1}{5}&\frac{2}{5}\end{pmatrix},A_3^{-1}=\begin{pmatrix}-1&2\\2&-3\end{pmatrix}$$

所以

$$A^{-1}=\begin{pmatrix}-\frac{1}{3}&\frac{2}{3}&0&0&0&0\\\frac{2}{3}&-\frac{1}{3}&0&0&0&0\\0&0&\frac{3}{5}&-\frac{1}{5}&0&0\\0&0&-\frac{1}{5}&\frac{2}{5}&0&0\\0&0&0&0&-1&2\\0&0&0&0&2&3\end{pmatrix}$$

15．解下列矩阵方程，求出矩阵 X .

（1）$\begin{pmatrix}1&3\\2&5\end{pmatrix}X=\begin{pmatrix}4&-6\\2&1\end{pmatrix}$；

（2）$X\begin{pmatrix}1 & -1 & 1\\ 2 & 0 & 1\\ 1 & 1 & -1\end{pmatrix}=\begin{pmatrix}1 & 1 & 3\\ 4 & 3 & 2\\ 1 & 2 & 5\end{pmatrix}$；

（3）$\begin{pmatrix}1 & 1 & -1\\ -2 & 1 & 1\\ 1 & 1 & 1\end{pmatrix}X=\begin{pmatrix}2\\ 3\\ 6\end{pmatrix}$.

解　（1）令

$$A=\begin{pmatrix}1 & 3\\ 2 & 5\end{pmatrix}$$

则矩阵方程为

$$AX=\begin{pmatrix}4 & -6\\ 2 & 1\end{pmatrix}$$

在等式两边同时左乘 A^{-1}，得

$$X=A^{-1}\begin{pmatrix}4 & -6\\ 2 & 1\end{pmatrix}$$

通过计算可知

$$A^{-1}=\begin{pmatrix}-5 & 3\\ 2 & -1\end{pmatrix}$$

所以矩阵方程的解为

$$X=\begin{pmatrix}-5 & 3\\ 2 & -1\end{pmatrix}\begin{pmatrix}4 & -6\\ 2 & 1\end{pmatrix}=\begin{pmatrix}-14 & 33\\ 6 & -13\end{pmatrix}$$

（2）令

$$A=\begin{pmatrix}1 & -1 & 1\\ 2 & 0 & 1\\ 1 & 1 & -1\end{pmatrix}$$

则矩阵方程可写为

$$XA=\begin{pmatrix}1 & 1 & 3\\ 4 & 3 & 2\\ 1 & 2 & 5\end{pmatrix}$$

方程两边同时右乘 A^{-1}，得

$$X=\begin{pmatrix}1&1&3\\4&3&2\\1&2&5\end{pmatrix}A^{-1}$$

通过计算可知

$$A^{-1}=\begin{pmatrix}\frac{1}{2}&0&\frac{1}{2}\\-\frac{3}{2}&1&-\frac{1}{2}\\-1&1&-1\end{pmatrix}$$

于是矩阵方程的解为

$$X=\begin{pmatrix}1&1&3\\4&3&2\\1&2&5\end{pmatrix}\begin{pmatrix}\frac{1}{2}&0&\frac{1}{2}\\-\frac{3}{2}&1&-\frac{1}{2}\\-1&1&-1\end{pmatrix}=\begin{pmatrix}-4&4&-3\\-\frac{9}{2}&5&-\frac{3}{2}\\-\frac{15}{2}&7&-\frac{11}{2}\end{pmatrix}$$

（3）令

$$A=\begin{pmatrix}1&1&-1\\-2&1&1\\1&1&1\end{pmatrix}$$

则矩阵方程可写为

$$AX=\begin{pmatrix}2\\3\\6\end{pmatrix}$$

在等式两边同时左乘 A^{-1}，得

$$X=A^{-1}\begin{pmatrix}2\\3\\6\end{pmatrix}$$

又通过计算可得

$$A^{-1}=\begin{pmatrix} 0 & -\frac{1}{3} & \frac{1}{3} \\ \frac{1}{2} & \frac{1}{3} & \frac{1}{6} \\ -\frac{1}{2} & 0 & \frac{1}{2} \end{pmatrix}$$

所以矩阵方程的解为

$$X=\begin{pmatrix} 0 & -\frac{1}{3} & \frac{1}{3} \\ \frac{1}{2} & \frac{1}{3} & \frac{1}{6} \\ -\frac{1}{2} & 0 & \frac{1}{2} \end{pmatrix}\begin{pmatrix} 2 \\ 3 \\ 6 \end{pmatrix}=\begin{pmatrix} 1 \\ 3 \\ 2 \end{pmatrix}$$

四、思考练习题

1. 思考题

（1）矩阵的运算规律与数的运算规律有何异同？

（2）两个矩阵 $\boldsymbol{A}$ 和 $\boldsymbol{B}$ 既可相加，又可相乘的充分必要条件是什么？

（3）设 $\boldsymbol{A}$ 与 $\boldsymbol{B}$ 为 n 阶方阵，问等式

$$\boldsymbol{A}^2-\boldsymbol{B}^2=(\boldsymbol{A}+\boldsymbol{B})(\boldsymbol{A}-\boldsymbol{B})$$

成立的充分必要条件是什么？

（4）设方阵

$$\boldsymbol{A}=\begin{pmatrix} a & b \\ c & d \end{pmatrix}$$

当 a,b,c,d 满足什么条件时，有 $\boldsymbol{A}^2=\boldsymbol{0}$？

（5）设 $\boldsymbol{A}$ 与 $\boldsymbol{B}$ 为两个矩阵，则 $R(\boldsymbol{A}+\boldsymbol{B}),R(\boldsymbol{AB})$与$R(\boldsymbol{A}),R(\boldsymbol{B})$之间有何关系？

（6）若 $\boldsymbol{A}$ 可逆，那么矩阵方程 $\boldsymbol{AX}=\boldsymbol{B}$ 是否有唯一解 $\boldsymbol{X}=\boldsymbol{A}^{-1}\boldsymbol{B}$？矩阵方程 $\boldsymbol{YA}=\boldsymbol{B}$ 是否有唯一解 $\boldsymbol{Y}=\boldsymbol{BA}^{-1}$？

2. 判断题

（1）若 n 阶实对称矩阵 $\boldsymbol{A}$ 满足 $\boldsymbol{A}^2=\boldsymbol{O}$，则必有 $\boldsymbol{A}=\boldsymbol{O}$．（　　）

（2）设 $\boldsymbol{A},\boldsymbol{B}$ 都是 n 阶实对称矩阵，则 $\boldsymbol{AB}$ 是对称矩阵的充分必要条件是 $\boldsymbol{AB}=\boldsymbol{BA}$．

（　　）

（3）$R(\boldsymbol{A},\boldsymbol{B})<R(\boldsymbol{A})+R(\boldsymbol{B})$.　（　）

（4）$R(\boldsymbol{A}+\boldsymbol{B})\leqslant R(\boldsymbol{A})+R(\boldsymbol{B})$.　（　）

（5）设 $\boldsymbol{A}$ 为可逆矩阵，则 $\boldsymbol{A}^k$ 可逆，且 $(\boldsymbol{A}^k)^{-1}=(\boldsymbol{A}^{-1})^k$.　（　）

（6）如果 $\boldsymbol{A}$ 是非奇异的对称矩阵，则 $\boldsymbol{A}^{-1}$ 也是对称矩阵.　（　）

3. 单选题

（1）设 $\boldsymbol{A},\boldsymbol{B}$ 都是 n 阶方阵，满足等式 $\boldsymbol{AB}=\boldsymbol{O}$，则必有（　）.

A. $\boldsymbol{A}=\boldsymbol{O}$ 或 $\boldsymbol{B}=\boldsymbol{O}$　　B. $\boldsymbol{A}+\boldsymbol{B}=\boldsymbol{O}$

C. $|\boldsymbol{A}|=0$ 或 $|\boldsymbol{B}|=0$　　D. $|\boldsymbol{A}|+|\boldsymbol{B}|=0$

（2）设 $\boldsymbol{A},\boldsymbol{B}$ 都是 n 阶方阵，则必有（　）.

A. $|\boldsymbol{A}+\boldsymbol{B}|=|\boldsymbol{A}|+|\boldsymbol{B}|$　　B. $\boldsymbol{AB}=\boldsymbol{BA}$

C. $|\boldsymbol{AB}|=|\boldsymbol{BA}|$　　D. $(\boldsymbol{A}+\boldsymbol{B})^{-1}=\boldsymbol{A}^{-1}+\boldsymbol{B}^{-1}$

（3）若 $\boldsymbol{A}$ 是 n 阶可逆矩阵，下列各式正确的是（　）.

A. $(2\boldsymbol{A})^{-1}=2\boldsymbol{A}^{-1}$　　B. $\boldsymbol{AA}^*\neq\boldsymbol{O}$

C. $(\boldsymbol{A}^*)^{-1}=\dfrac{\boldsymbol{A}^{-1}}{|\boldsymbol{A}|}$　　D. $\left[(\boldsymbol{A}^{-1})^{\mathrm{T}}\right]^{-1}=\left[(\boldsymbol{A}^{\mathrm{T}})^{-1}\right]^{\mathrm{T}}$

（4）以下结论中正确的是（　）.

A. 若方阵 $\boldsymbol{A}$ 的行列式 $|\boldsymbol{A}|=0$，则 $\boldsymbol{A}=\boldsymbol{O}$

B. 若 $\boldsymbol{A}^2=\boldsymbol{O}$，则 $\boldsymbol{A}=\boldsymbol{O}$

C. 若 $\boldsymbol{A}$ 为对称矩阵，则 $\boldsymbol{A}^2$ 也是对称矩阵

D. 对任意两个同阶方阵 $\boldsymbol{A},\boldsymbol{B}$，有 $\boldsymbol{A}^2-\boldsymbol{B}^2=(\boldsymbol{A}+\boldsymbol{B})(\boldsymbol{A}-\boldsymbol{B})$

（5）两个同阶反对称矩阵的乘积（　）.

A. 仍为反对称矩阵　　B. 不是反对称矩阵

C. 不一定是反对称矩阵　　D. 是对称矩阵

（6）设 n 阶矩阵 $\boldsymbol{A},\boldsymbol{B},\boldsymbol{C}$ 满足 $\boldsymbol{ABC}=\boldsymbol{E}$，则必有（　）.

A. $\boldsymbol{ACB}=\boldsymbol{E}$　　B. $\boldsymbol{CBA}=\boldsymbol{E}$

C. $\boldsymbol{BAC}=\boldsymbol{E}$　　D. $\boldsymbol{BCA}=\boldsymbol{E}$

（7）若 $\boldsymbol{A}$ 为反对称矩阵，则 $\boldsymbol{A}^n$（　）.

A. 不是反对称矩阵就是对称矩阵，二者必居其一

B. 必为反对称矩阵

C. 必为对称矩阵

D. 既不是反对称矩阵，又不是对称矩阵

（8）设 $\boldsymbol{A},\boldsymbol{B},\boldsymbol{A}+\boldsymbol{B},\boldsymbol{A}^{-1}+\boldsymbol{B}^{-1}$ 均为 n 阶可逆矩阵，则 $(\boldsymbol{A}^{-1}+\boldsymbol{B}^{-1})^{-1}=$（　）.

A. $A^{-1}+B^{-1}$　　B. $A+B$

C. $B(A+B)^{-1}A$　　D. $(A+B)^{-1}$

(9) 设 A,B 为 n 阶方阵，且 $AB=O$，则必有（　　）.

A. 若 $R(A)=n$，则 $B=O$　　B. 若 $A\neq O$，则 $B=O$

C. 或者 $A=O$，或者 $B=O$　　D. $|A|=|B|=0$

(10) 已知

$$Q=\begin{pmatrix}1&2&3\\2&4&t\\3&6&9\end{pmatrix}$$

P 为 3 阶非零矩阵，且 $PQ=O$，则下列结论中正确的是（　　）.

A. 当 $t=6$ 时，P 的秩必为 1　　B. 当 $t=6$ 时，P 的秩必为 2

C. 当 $t\neq 6$ 时，P 的秩必为 1　　D. 当 $t\neq 6$ 时，P 的秩必为 2

第五章　线性方程组

一、内容提要

1. 基本概念

（1）线性方程组的一般形式：

$$\begin{cases} a_{11}x_1 + a_{12}x_2 + \cdots + a_{1n}x_n = b_1 \\ a_{21}x_1 + a_{22}x_2 + \cdots + a_{2n}x_n = b_2 \\ \cdots\cdots \\ a_{m1}x_1 + a_{m2}x_2 + \cdots + a_{mn}x_n = b_m \end{cases}$$

称为**线性方程组的一般形式**，上式可简记为

$$\sum_{j=1}^{n} a_{ij}x_j = b_i \quad (i=1,2,\cdots,m)$$

若引入矩阵 $\boldsymbol{A}=(a_{ij})_{m\times n}$，$\boldsymbol{X}=(x_1,x_2,\cdots,x_n)^{\mathrm{T}}$，$\boldsymbol{b}=(b_1,b_2,\cdots,b_m)^{\mathrm{T}}$，则又可得方程组的**矩阵形式**

$$\boldsymbol{AX}=\boldsymbol{b}$$

其中 $m\times n$ 矩阵 $\boldsymbol{A}$ 称为线性方程组的**系数矩阵**，而称 $\tilde{\boldsymbol{A}}=(\boldsymbol{A}\ \boldsymbol{b})$ 为方程组的**增广矩阵**.

方程组的**向量形式**可写成

$$x_1\boldsymbol{\alpha}_1 + x_2\boldsymbol{\alpha}_2 + \cdots + x_n\boldsymbol{\alpha}_n = \boldsymbol{\beta}$$

其中

$$\boldsymbol{\alpha}_j = \begin{pmatrix} a_{1j} \\ a_{2j} \\ \vdots \\ a_{mj} \end{pmatrix} \quad (j=1,2,\cdots,n), \qquad \boldsymbol{\beta} = \begin{pmatrix} b_1 \\ b_2 \\ \vdots \\ b_m \end{pmatrix}$$

（2）通解：所求方程组的所有解称为**通解**.

（3）齐次线性方程组的基础解系：如果一个齐次线性方程组的解向量 $\boldsymbol{\eta}_1,\boldsymbol{\eta}_2,\cdots,\boldsymbol{\eta}_s$ 满足以下条件，则称其为该齐次线性方程组的一个**基础解系**：

（i）$\boldsymbol{\eta}_1,\boldsymbol{\eta}_2,\cdots,\boldsymbol{\eta}_s$ 线性无关；

（ii）该齐次线性方程组的每个解向量都可由 $\boldsymbol{\eta}_1,\boldsymbol{\eta}_2,\cdots,\boldsymbol{\eta}_s$ 线性表示.

（4）非齐次线性方程组的导出组：设 $\boldsymbol{A}$ 为某一非齐次线性方程组的系数矩阵，则以 $\boldsymbol{A}$ 为系数矩阵的齐次线性方程组称为原非齐次线性方程组的**导出组**.

（5）非齐次线性方程组的相容与不相容：若某一非齐次线性方程组有解，则称该方程组**相容**，否则称为**不相容**.

2. 主要定理

（1）齐次线性方程组 $\boldsymbol{A}_{m\times n}\boldsymbol{X}=\boldsymbol{0}$ 有非零解的充分必要条件是 $R(\boldsymbol{A})<n$. 特别地，含 n 个未知量 n 个方程的齐次线性方程组有非零解的充分必要条件是其系数行列式 $|\boldsymbol{A}|=0$.

（2）齐次线性方程组解向量的线性组合仍为该齐次线性方程组的解向量.

（3）齐次线性方程组 $\boldsymbol{A}_{m\times n}\boldsymbol{X}=\boldsymbol{0}$ 有非零解（即 $R(\boldsymbol{A})=r<n$ ）时，一定有基础解系，且基础解系含有 $n-r$ 个解，其中 n 是未知量的个数，r 是系数矩阵的秩.

（4）非齐次线性方程组 $\boldsymbol{A}_{m\times n}\boldsymbol{X}=\boldsymbol{b}$ 有解的充分必要条件是 $R(\boldsymbol{A})=R(\tilde{\boldsymbol{A}})$ ，其中 $\tilde{\boldsymbol{A}}=(\boldsymbol{A}\ \boldsymbol{b})$ 是该线性方程组的增广矩阵，并且

（i）$R(\boldsymbol{A})=R(\tilde{\boldsymbol{A}})=r=n$ 时，方程组有唯一解；

（ii）$R(\boldsymbol{A})=R(\tilde{\boldsymbol{A}})=r<n$ 时，方程组有无穷多解.

（5）若 $\boldsymbol{X}_0$ 是非齐次线性方程组 $\boldsymbol{A}_{m\times n}\boldsymbol{X}=\boldsymbol{b}$ 的一个解，$\boldsymbol{Y}_0$ 是其导出组的一个解，则 $\boldsymbol{X}_0+\boldsymbol{Y}_0$ 也是方程组 $\boldsymbol{A}_{m\times n}\boldsymbol{X}=\boldsymbol{b}$ 的一个解.

（6）若 $\boldsymbol{X}_1,\boldsymbol{X}_2$ 是方程组 $\boldsymbol{A}_{m\times n}\boldsymbol{X}=\boldsymbol{b}$ 的两个解，则 $\boldsymbol{X}_1-\boldsymbol{X}_2$ 是其导出组的一个解.

（7）非齐次线性方程组的全部解可表示为：非齐次线性方程组的一个特解与其导出组的全部解之和.

二、典型例题解析

1. 用克莱姆法则求解线性方程组

用克莱姆（Cramer）法则求解线性方程组有两个前提：一是方程个数等于未知量个数，二是系数行列式不等于零. 具体求法可参见主教材第二章.

2. 用消元法求解线性方程组

（1）齐次线性方程组的求解方法.

例 1　求齐次线性方程组

$$\begin{cases}6x_1+4x_2+5x_3+2x_4+3x_5=0\\3x_1+2x_2-2x_3+\ \ x_4\qquad\quad=0\\9x_1+6x_2\qquad\ \ +3x_4+2x_5=0\end{cases}$$

的一个基础解系，并写出它的一个通解.

分析　只要利用矩阵的初等行变换把该齐次线性方程组的系数矩阵化为行阶梯形矩阵（一般来说，化为行最简形对方程组的求解更方便），即可求出该方程组的基础解系，进而写出其通解.

解　用初等行变换将系数矩阵化为阶梯形矩阵

$$A=\begin{pmatrix}6&4&5&2&3\\3&2&-2&1&0\\9&6&0&3&2\end{pmatrix}\to\begin{pmatrix}3&2&-2&1&0\\0&0&9&0&3\\0&0&6&0&2\end{pmatrix}$$

$$\to\begin{pmatrix}3&2&-2&1&0\\0&0&3&0&1\\0&0&0&0&0\end{pmatrix}\to\begin{pmatrix}1&\frac{2}{3}&0&\frac{1}{3}&\frac{2}{9}\\0&0&1&0&\frac{1}{3}\\0&0&0&0&0\end{pmatrix}$$

选定自由未知量，得到同解方程组

$$\begin{cases}x_1=-\frac{2}{3}x_2+\frac{2}{3}x_4-\frac{2}{9}x_5\\x_3=-\frac{1}{3}x_5\end{cases}$$

分别令 $\begin{pmatrix}x_2\\x_4\\x_5\end{pmatrix}=\begin{pmatrix}1\\0\\0\end{pmatrix},\begin{pmatrix}0\\1\\0\end{pmatrix},\begin{pmatrix}0\\0\\1\end{pmatrix}$，得到基础解系，即

$$\boldsymbol{\xi}_1=(-\frac{2}{3},1,0,0,0)^{\mathrm{T}}，\ \boldsymbol{\xi}_2=(-\frac{1}{3},0,0,1,0)^{\mathrm{T}}，\ \boldsymbol{\xi}_3=(-\frac{2}{9},0,-\frac{1}{3},0,1)^{\mathrm{T}}$$

通解为 $\boldsymbol{X}=k_1\boldsymbol{\xi}_1+k_2\boldsymbol{\xi}_2+k_3\boldsymbol{\xi}_3$，其中 k_1,k_2,k_3 为任意实数.

评述　设齐次线性方程组为

$$\begin{cases}a_{11}x_1+a_{12}x_2+\cdots+a_{1n}x_n=0\\a_{21}x_1+a_{22}x_2+\cdots+a_{2n}x_n=0\\\qquad\qquad\cdots\cdots\cdots\\a_{m1}x_1+a_{m2}x_2+\cdots+a_{mn}x_n=0\end{cases}$$

则一般可通过以下步骤求出其通解.

第一步 利用初等行变换化系数矩阵 $\boldsymbol{A}$ 为行最简形矩阵 $\boldsymbol{B}$，不妨设

$$
\boldsymbol{B}=\begin{pmatrix} 1 & \cdots & 0 & b_{11} & \cdots & b_{1,n-r} \\ \vdots & \ddots & \vdots & \vdots & \ddots & \vdots \\ 0 & \cdots & 1 & b_{r1} & \cdots & b_{r,n-r} \\ 0 & \cdots & 0 & 0 & \cdots & 0 \\ \vdots & \ddots & \vdots & \vdots & \ddots & \vdots \\ 0 & \cdots & 0 & 0 & \cdots & 0 \end{pmatrix}
$$

$\boldsymbol{B}$ 对应的方程组为

$$
\begin{cases} x_1=-b_{11}x_{r+1}-\cdots-b_{1,n-r}x_n \\ \qquad\qquad \cdots\cdots\cdots \\ x_r=-b_{r1}x_{r+1}-\cdots-b_{r,n-r}x_n \end{cases}
$$

第二步 求出方程组的通解，此时有两种方法.

方法 1 此时可取自由未知量 $x_{r+1}=k_1,\cdots,x_n=k_{n-r}$ 从而得通解为

$$
\begin{cases} x_1=-b_{11}k_1-\cdots-b_{1,n-r}k_{n-r} \\ \qquad\qquad \cdots\cdots\cdots \\ x_r=-b_{r1}k_1-\cdots-b_{r,n-r}k_{n-r} \\ x_{r+1}=k_1, \\ \qquad\qquad \cdots\cdots\cdots \\ x_n=k_{n-r}. \end{cases}
$$

其中 $k_1,\cdots k_{n-r}$ 为任意的实数.

方法 2 令 $x_{r+1},\cdots,x_n$ 取下列 $n-r$ 组数，即

$$
\begin{pmatrix} x_{r+1} \\ x_{r+2} \\ \vdots \\ x_n \end{pmatrix}=\begin{pmatrix} 1 \\ 0 \\ \vdots \\ 0 \end{pmatrix},\ \begin{pmatrix} 0 \\ 1 \\ \vdots \\ 0 \end{pmatrix},\ \cdots,\ \begin{pmatrix} 0 \\ 0 \\ \vdots \\ 1 \end{pmatrix}
$$

从而求得方程组的 $n-r$ 个解（一个基础解系），即

$$
\boldsymbol{\xi}_1=\begin{pmatrix} -b_{11} \\ \vdots \\ -b_{r1} \\ 1 \\ 0 \\ \vdots \\ 0 \end{pmatrix},\ \boldsymbol{\xi}_2=\begin{pmatrix} -b_{12} \\ \vdots \\ -b_{r2} \\ 0 \\ 1 \\ \vdots \\ 0 \end{pmatrix},\ \boldsymbol{\xi}_{n-r}=\begin{pmatrix} -b_{1,n-r} \\ \vdots \\ -b_{r,n-r} \\ 0 \\ 0 \\ \vdots \\ 1 \end{pmatrix}
$$

则方程组的通解为 $\boldsymbol{X}=k_1\boldsymbol{\xi}_1+k_2\boldsymbol{\xi}_2+\cdots+k_{n-r}\boldsymbol{\xi}_{n-r}$，其中 $k_1,\cdots,k_{n-r}$ 为任意的实数.

注意：在求解线性方程组时，千万不能用初等列变换！

（2）非齐次线性方程组的求解方法.

例 2　设

$$\begin{cases}3x_1+x_2-x_3-2x_4=2\\x_1-5x_2+2x_3+x_4=1\\2x_1+6x_2-3x_3-3x_4=3\\-x_1-11x_2+5x_3+4x_4=-4\end{cases}$$

求方程组的通解，并用导出组的基础解系表示.

分析　利用矩阵的初等行变换把该方程组的增广矩阵化为行阶梯形矩阵（当然，一般来说，化为行最简形矩阵更好），即可求出该方程组的一个特解及导出组的一组基础解系，进而可写出非齐次方程组的通解.

解

$$\tilde{\boldsymbol{A}}=\begin{pmatrix}3&1&-1&-2&2\\1&-5&2&1&-1\\2&6&-3&-3&3\\-1&-11&5&4&-4\end{pmatrix}\to\begin{pmatrix}1&-5&2&1&-1\\3&1&-1&-2&2\\2&6&-3&-3&3\\-1&-11&5&4&-4\end{pmatrix}\to\begin{pmatrix}1&-5&2&1&-1\\0&16&-7&-5&5\\0&16&-7&-5&5\\0&-16&7&5&-5\end{pmatrix}$$

$$\to\begin{pmatrix}1&-5&2&1&-1\\0&16&-7&-5&5\\0&0&0&0&0\\0&0&0&0&0\end{pmatrix}\to\begin{pmatrix}1&0&-\frac{3}{16}&-\frac{9}{16}&\frac{9}{16}\\0&1&-\frac{7}{16}&-\frac{5}{16}&\frac{5}{16}\\0&0&0&0&0\\0&0&0&0&0\end{pmatrix}$$

因为 $R(\boldsymbol{A})=R(\tilde{\boldsymbol{A}})=2$，故方程组有解，并有

$$\begin{cases}x_1=\dfrac{3}{16}x_3+\dfrac{9}{16}x_4+\dfrac{9}{16}\\x_2=\dfrac{7}{16}x_3+\dfrac{5}{16}x_4+\dfrac{5}{16}\end{cases}$$

令 $x_3=x_4=0$，则 $x_1=\dfrac{9}{16},x_2=\dfrac{5}{16}$，即得方程组的一个特解为

$$\boldsymbol{X}_0=(\frac{9}{16},\frac{5}{16},0,0)^{\mathrm{T}}$$

对应的齐次线性方程组为

$$\begin{cases} x_1 = \dfrac{3}{16}x_3 + \dfrac{9}{16}x_4 \\ x_2 = \dfrac{7}{16}x_3 + \dfrac{5}{16}x_4 \end{cases}$$

其中，x_3, x_4 为自由未知量. 分别令$\begin{pmatrix} x_3 \\ x_4 \end{pmatrix} = \begin{pmatrix} 1 \\ 0 \end{pmatrix}, \begin{pmatrix} 0 \\ 1 \end{pmatrix}$，得对应的齐次线性方程组的基础解系为

$$\boldsymbol{\xi}_1 = (\frac{3}{16}, \frac{7}{16}, 1, 0)^{\mathrm{T}}, \quad \boldsymbol{\xi}_2 = (\frac{9}{16}, \frac{5}{16}, 0, 1)^{\mathrm{T}}$$

于是方程组的通解为

$$\boldsymbol{X} = \boldsymbol{X}_0 + k_1\boldsymbol{\xi}_1 + k_2\boldsymbol{\xi}_2, \qquad (k_1, k_2 \in \mathbf{R})$$

评述 方程组 $\boldsymbol{AX} = \boldsymbol{b} \Leftrightarrow \tilde{\boldsymbol{A}} = (\boldsymbol{A}\ \boldsymbol{b}) \xrightarrow{\text{经初等行变换}} \tilde{\boldsymbol{A}}$ 的行最简形矩阵 $\Leftrightarrow$ 同解方程组. 此时若 $R(\boldsymbol{A}) \neq R(\tilde{\boldsymbol{A}})$，则方程组无解；当 $R(\boldsymbol{A}) = R(\tilde{\boldsymbol{A}}) = r$ 时，则方程组有解. 与齐次方程组的情形类似，此时也有两种求通解的方法.

方法 1 不妨设同解方程组为

$$\begin{cases} x_1 = c_1 - b_{11}x_{r+1} - \cdots - b_{1,n-r}x_n \\ \quad\quad \cdots\cdots\cdots \\ x_r = c_r - b_{r1}x_{r+1} - \cdots - b_{r,n-r}x_n \end{cases}$$

此时可取自由未知量 $x_{r+1} = k_1, \cdots, x_n = k_{n-r}$，从而得通解为

$$\begin{cases} x_1 = c_1 - b_{11}k_1 - \cdots - b_{1,n-r}k_{n-r} \\ \quad\quad \cdots\cdots\cdots \\ x_r = c_r - b_{r1}k_1 - \cdots - b_{r,n-r}k_{n-r} \\ x_{r+1} = k_1 \\ \quad\quad \cdots\cdots\cdots \\ x_n = k_{n-r} \end{cases}$$

其中 $k_1, \cdots, k_{n-r}$ 为任意的实数.

方法 2

令 $\begin{pmatrix} x_{r+1} \\ x_{r+2} \\ \vdots \\ x_n \end{pmatrix} = \begin{pmatrix} 0 \\ 0 \\ \vdots \\ 0 \end{pmatrix}$

可得方程组的一个特解 $\boldsymbol{X}_0 = (c_1, \cdots, c_r, 0, \cdots, 0)^{\mathrm{T}}$. 再求出其导出组为

$$\begin{cases} x_1 = -b_{11}x_{r+1} - \cdots - b_{1,n-r}x_n \\ \quad\quad \cdots\cdots\cdots \\ x_r = -b_{r1}x_{r+1} - \cdots - b_{r,n-r}x_n \end{cases}$$

的一个基础解系 $\xi_1,\xi_2,\cdots,\xi_{n-r}$，即可得非齐次线性方程组的通解 $\boldsymbol{X}=\boldsymbol{X}_0+k_1\boldsymbol{\xi}_1+k_2\boldsymbol{\xi}_2+\cdots+k_{n-r}\boldsymbol{\xi}_{n-r}$，其中 $k_1,\cdots,k_{n-r}$ 为任意的实数.

（3）用初等行变换解矩阵方程

例 3　利用初等行变换求矩阵 $\boldsymbol{X}$，使 $\boldsymbol{XA}=\boldsymbol{B}$，其中

$$\boldsymbol{A}=\begin{pmatrix}0&2&1\\2&-1&3\\-3&3&-4\end{pmatrix},\boldsymbol{B}=\begin{pmatrix}1&2&3\\2&-3&1\end{pmatrix}$$

分析　通常习惯上要作初等行变换，故对原矩阵方程 $\boldsymbol{XA}=\boldsymbol{B}$，先作转置运算，即有 $\boldsymbol{A}^{\mathrm{T}}\boldsymbol{X}^{\mathrm{T}}=\boldsymbol{B}^{\mathrm{T}}$，若 $\boldsymbol{A}^{\mathrm{T}}$ 可逆，则 $\boldsymbol{X}^{\mathrm{T}}=(\boldsymbol{A}^{\mathrm{T}})^{-1}\boldsymbol{B}^{\mathrm{T}}$，由 $(\boldsymbol{A}^{\mathrm{T}})^{-1}(\boldsymbol{A}^{\mathrm{T}}\mid\boldsymbol{B}^{\mathrm{T}})=(\boldsymbol{E}\mid(\boldsymbol{A}^{\mathrm{T}})^{-1}\boldsymbol{B}^{\mathrm{T}})$ 可知，若对矩阵 $(\boldsymbol{A}^{\mathrm{T}}\mid\boldsymbol{B}^{\mathrm{T}})$ 施行初等行变换，当把 $\boldsymbol{A}^{\mathrm{T}}$ 变为 $\boldsymbol{E}$ 时，$\boldsymbol{B}^{\mathrm{T}}$ 就变为 $(\boldsymbol{A}^{\mathrm{T}})^{-1}\boldsymbol{B}^{\mathrm{T}}=\boldsymbol{X}^{\mathrm{T}}$，从而求得 $\boldsymbol{X}$.

解　$$(\boldsymbol{A}^{\mathrm{T}}\mid\boldsymbol{B}^{\mathrm{T}})=\begin{pmatrix}0&2&-3&1&2\\2&-1&3&2&-3\\1&3&-4&3&1\end{pmatrix}\xrightarrow{r_2-2r_3}\begin{pmatrix}0&2&-3&1&2\\0&-7&11&-4&-5\\1&3&-4&3&1\end{pmatrix}$$

$$\xrightarrow[2r_3-3r_1]{2r_2+7r_1}\begin{pmatrix}0&2&-3&1&2\\0&0&1&-1&4\\2&0&1&3&-4\end{pmatrix}\xrightarrow[r_3-r_2]{r_1+3r_2}\begin{pmatrix}0&2&0&-2&14\\0&0&1&-1&4\\2&0&0&4&-8\end{pmatrix}$$

$$\xrightarrow[\frac{1}{2}r_3]{\frac{1}{2}r_1}\begin{pmatrix}0&1&0&-1&7\\0&0&1&-1&4\\1&0&0&2&-4\end{pmatrix}\xrightarrow[r_2\leftrightarrow r_3]{r_1\leftrightarrow r_3}\begin{pmatrix}1&0&0&2&-4\\0&1&0&-1&7\\0&0&1&-1&4\end{pmatrix}$$

于是得　$\boldsymbol{X}^{\mathrm{T}}=\begin{pmatrix}2&-4\\-1&7\\-1&4\end{pmatrix}$，故 $\boldsymbol{X}=\begin{pmatrix}2&-1&-1\\-4&7&4\end{pmatrix}$.

评述　要求矩阵 $\boldsymbol{X}$，使 $\boldsymbol{AX}=\boldsymbol{B}$，其中 $\boldsymbol{A},\boldsymbol{B}$ 为已知矩阵，且 $\boldsymbol{A}$ 是可逆的. 因为 $\boldsymbol{A}$ 可逆，所以 $\boldsymbol{X}=\boldsymbol{A}^{-1}\boldsymbol{B}$，则有 $(\boldsymbol{A}\mid\boldsymbol{B})\xrightarrow{\text{经初等行变换}}(\boldsymbol{E}\mid\boldsymbol{A}^{-1}\boldsymbol{B})$，就可求出 $\boldsymbol{X}$（这个方法比先求 $\boldsymbol{A}^{-1}$，再用矩阵乘法计算 $\boldsymbol{A}^{-1}\boldsymbol{B}$ 要简单）.

在进行初等行变换的“化零”运算时，要尽量避免分数运算. 本例的求解过程中用到的变换 $2r_2+7r_1$ 及变换 $2r_3-3r_1$ 等均是为此目的而作的.

3. 含参数线性方程组的求解方法

例 4　已知方程组 $\begin{cases}x_1-x_2+x_3=1\\2x_1+x_2-3x_3=2\\x_1-4x_2+6x_3=a.\end{cases}$，求：

（1）a取何值时方程组无解？取何值时方程组有解？

（2）有解时求出它的通解.

分析　可用初等行变换化增广矩阵为阶梯形矩阵，当取参数为使系数矩阵与增广矩阵的秩不相等的那些值时，方程组无解；否则，方程组有解，此时可进一步求出其通解.

解　（1）对增广矩阵$\tilde{A}$施行初等行变换，即

$$\tilde{\boldsymbol{A}}=\begin{pmatrix}1&-1&1&1\\2&1&-3&2\\1&-4&6&a\end{pmatrix}\xrightarrow[r_3-r_1]{r_2-2r_1}\begin{pmatrix}1&-1&1&1\\0&3&-5&0\\0&-3&5&a-1\end{pmatrix}\xrightarrow{r_3+r_2}\begin{pmatrix}1&-1&1&1\\0&3&-5&0\\0&0&0&a-1\end{pmatrix}$$

当$a\neq 1$时，$R(\boldsymbol{A})=2,R(\boldsymbol{B})=3,R(\boldsymbol{A})\neq R(\boldsymbol{B})$，所以无解；

又当$a=1$时，$R(\boldsymbol{A})=R(\boldsymbol{B})=2<n=3$，有无穷多组解.

（2）当$a=1$时，有

$$\tilde{\boldsymbol{A}}\to\begin{pmatrix}1&-1&1&1\\0&3&-5&0\\0&0&0&0\end{pmatrix}\xrightarrow{\frac{1}{3}r_2}\begin{pmatrix}1&-1&1&1\\0&1&-\frac{5}{3}&0\\0&0&0&0\end{pmatrix}\xrightarrow{r_1+r_2}\begin{pmatrix}1&0&-\frac{2}{3}&1\\0&1&-\frac{5}{3}&0\\0&0&0&0\end{pmatrix}$$

同解方程组为 $\begin{cases}x_1=1+\dfrac{2}{3}x_3\\x_2=\dfrac{5}{3}x_3\end{cases}$ （x_3为自由未知量）.

令$x_3=k$，写成参数形式的通解为$\begin{cases}x_1=1+\dfrac{2}{3}k\\x_2=\dfrac{5}{3}k\\x_3=k\end{cases}$，其中$k$为任意实数，或写成向量形式的通解为

$$\begin{pmatrix}x_1\\x_2\\x_3\end{pmatrix}=\begin{pmatrix}1+\frac{2}{3}k\\\frac{5}{3}k\\k\end{pmatrix}=\begin{pmatrix}1\\0\\0\end{pmatrix}+k\begin{pmatrix}\frac{2}{3}\\\frac{5}{3}\\1\end{pmatrix}\quad(k\in\mathbf{R})$$

评述　线性方程组$\boldsymbol{AX}=\boldsymbol{b}$的系数矩阵$\boldsymbol{A}$或右端项$\boldsymbol{b}$中含有待定参数时，可分以下情形处理.

（1）方程个数等于未知量个数时，有两种求解方法.

方法 1　（行列式法，适用于 $\boldsymbol{A}$ 中含有参数的情形）：先计算行列式 $D=\det \boldsymbol{A}$，它是关于参数的函数式．当取参数为使 $D\neq 0$ 的值时，由克莱姆法则可知，方程组有唯一解；再将使 $D=0$ 的参数值逐个代入增广矩阵 $\tilde{\boldsymbol{A}}=(\boldsymbol{A}\ \boldsymbol{b})$，当 $R(\boldsymbol{A})\neq R(\tilde{\boldsymbol{A}})$ 时，方程组无解；当 $R(\boldsymbol{A})=R(\tilde{\boldsymbol{A}})$ 时，方程组有无穷多解．

方法 2　（初等行变换法）：用初等行变换化增广矩阵 $\tilde{\boldsymbol{A}}=(\boldsymbol{A}\ \boldsymbol{b})$ 为阶梯形矩阵，当取参数为使 $R(\boldsymbol{A})\neq R(\tilde{\boldsymbol{A}})$ 的那些值时，方程组无解；当取参数为使 $R(\boldsymbol{A})=R(\tilde{\boldsymbol{A}})=r$ 的那些值时，方程组有解，且 $r=n$ 时有唯一解，$r<n$ 时有无穷多解．

（2）方程个数不等于未知量个数时，只能用初等行变换法来讨论．

例 5　讨论 a, b 取什么值时，下列方程组有唯一解、无穷多解或无解，并在方程组有无穷多解的情况下求出其通解．

（1）$\begin{cases} ax_1+x_2+x_3=4 \\ x_1+bx_2+x_3=3 \\ x_1+2x_2+x_3=4 \end{cases}$　　（2）$\begin{cases} x_1+6x_2-4x_3-x_4=4 \\ 3x_1+2x_2+5x_4=0 \\ 3x_1-2x_2+ax_3+6x_4=-1 \\ 2x_1+x_3+5x_4=b \end{cases}$

分析　如前所述，此类问题根据题目不同有两种方法，若非零方程个数等于未知量个数，可考虑其系数矩阵的行列式是否为零和利用克莱姆法则来处理；一般情况可通过对其增广矩阵施行初等行变换化为行最简形矩阵来判断．第（1）小题系数矩阵为 3 阶方阵，两种方法都适合处理；而第（2）小题系数矩阵为 4 阶方阵，行列式法略显烦琐，故此处只对增广矩阵用初等行变换的方法处理．

解　（1）**方法 1**　方程组的系数矩阵的行列式为

$$|\boldsymbol{A}|=\begin{vmatrix} a & 1 & 1 \\ 1 & b & 1 \\ 1 & 2b & 1 \end{vmatrix}=-b(a-1)$$

①当 $a\neq 1$ 且 $b\neq 0$ 时，方程组有唯一解．

②当 $a=1$ 时，线性方程组的增广矩阵为

$$\tilde{\boldsymbol{A}}=\begin{pmatrix} 1 & 1 & 1 & 4 \\ 1 & b & 1 & 3 \\ 1 & 2b & 1 & 4 \end{pmatrix}\rightarrow\begin{pmatrix} 1 & 0 & 1 & 2 \\ 0 & 1 & 0 & 2 \\ 0 & 0 & 0 & 1-2b \end{pmatrix}$$

故当 $a=1,\ b=\dfrac{1}{2}$ 时，方程组有无穷多解，通解为

$$\begin{cases} x_1=2-k \\ x_2=2 \\ x_3=k \end{cases}$$

其中 k 为任意实数．

③当$a=1, b\neq\frac{1}{2}$时，$R(\boldsymbol{A})\neq R(\tilde{\boldsymbol{A}})$，方程组无解.

④当$b=0$时，线性方程组的增广矩阵

$$\tilde{\boldsymbol{A}}=\begin{pmatrix} a & 1 & 1 & 4 \\ 1 & 0 & 1 & 3 \\ 1 & 0 & 1 & 4 \end{pmatrix}\to\begin{pmatrix} 1 & 0 & 1 & 3 \\ 0 & 1 & 1-a & 4-3a \\ 0 & 0 & 0 & 1 \end{pmatrix}$$

即当$b=0$时，$R(\boldsymbol{A})\neq R(\tilde{\boldsymbol{A}})$，无解.

方法 2 直接化增广矩阵为阶梯形矩阵，即

$$\tilde{\boldsymbol{A}}=\begin{pmatrix} a & 1 & 1 & 4 \\ 1 & b & 1 & 3 \\ 1 & 2b & 1 & 4 \end{pmatrix}\to\begin{pmatrix} 1 & b & 1 & 3 \\ 0 & 1 & 1-a & 4-2a \\ 0 & 0 & ab-b & 2ab-4b+1 \end{pmatrix}$$

①当$ab-b\neq 0$，即$a\neq 1$且$b\neq 0$时，$R(\boldsymbol{A})=R(\tilde{\boldsymbol{A}})=3$，方程组有唯一解.

②当$a=1$时，有

$$\tilde{\boldsymbol{A}}\to\begin{pmatrix} 1 & b & 1 & 3 \\ 0 & 1 & 0 & 2 \\ 0 & 0 & 0 & 1-2b \end{pmatrix}$$

故当$a=1, b=\frac{1}{2}$时，有

$$\tilde{\boldsymbol{A}}\to\begin{pmatrix} 1 & \frac{1}{2} & 1 & 3 \\ 0 & 1 & 0 & 2 \\ 0 & 0 & 0 & 0 \end{pmatrix}\to\begin{pmatrix} 1 & 0 & 1 & 2 \\ 0 & 1 & 0 & 2 \\ 0 & 0 & 0 & 0 \end{pmatrix}$$

此时$R(\boldsymbol{A})=R(\tilde{\boldsymbol{A}})<3$，方程组有无穷多解，通解为

$$\begin{cases} x_1=2-k \\ x_2=2 \\ x_3=k \end{cases}$$

其中k为任意实数.

③其他情况，$R(\boldsymbol{A})\neq R(\tilde{\boldsymbol{A}})$，无解.

（2）将线性方程组的增广矩阵进行初等行变换化为阶梯形矩阵，即

$$\tilde{\boldsymbol{A}}=\begin{pmatrix} 1 & 6 & -4 & -1 & 4 \\ 3 & 2 & 0 & 5 & 0 \\ 3 & -2 & a & 6 & -1 \\ 2 & 0 & 1 & 5 & b \end{pmatrix}\to\begin{pmatrix} 1 & 6 & -4 & -1 & 4 \\ 0 & -16 & 12 & 8 & -12 \\ 0 & -20 & a+12 & 9 & -13 \\ 0 & -12 & 9 & 7 & b-8 \end{pmatrix}$$

$$\rightarrow\begin{pmatrix}1&6&-4&-1&4\\0&4&-3&-2&3\\0&0&a-3&-1&2\\0&0&0&1&b+1\end{pmatrix}=\boldsymbol{B}$$

①当 $a\neq3$ 时，则 $R(\boldsymbol{A})=R(\tilde{\boldsymbol{A}})=4$，方程组有唯一解；

②当 $a=3$ 时，则

$$\boldsymbol{B}=\begin{pmatrix}1&6&-4&-1&4\\0&4&-3&-2&3\\0&0&0&-1&2\\0&0&0&1&b+1\end{pmatrix}\rightarrow\begin{pmatrix}1&6&-4&-1&4\\0&4&-3&-2&3\\0&0&0&-1&2\\0&0&0&0&b+3\end{pmatrix}=\boldsymbol{C}$$

故 $a=3$，$b\neq-3$ 时，$R(\boldsymbol{A})=3,R(\tilde{\boldsymbol{A}})=4$，方程组无解；

③当 $a=3$，$b=-3$ 时，$R(\boldsymbol{A})=R(\tilde{\boldsymbol{A}})=3<4$，方程组有无穷多解；

$$\boldsymbol{C}=\begin{pmatrix}1&6&-4&-1&4\\0&4&-3&-2&3\\0&0&0&-1&2\\0&0&0&0&0\end{pmatrix}\rightarrow\begin{pmatrix}1&6&-4&0&2\\0&4&-3&0&-1\\0&0&0&1&-2\\0&0&0&0&0\end{pmatrix}$$

$$\rightarrow\begin{pmatrix}1&6&-4&0&2\\0&1&-\frac{3}{4}&0&-\frac{1}{4}\\0&0&0&1&-2\\0&0&0&0&0\end{pmatrix}\rightarrow\begin{pmatrix}1&0&\frac{1}{2}&0&\frac{7}{2}\\0&1&-\frac{3}{4}&0&-\frac{1}{4}\\0&0&0&1&-2\\0&0&0&0&0\end{pmatrix}$$

对应的方程组为

$$\begin{cases}x_1=-\frac{1}{2}x_3+\frac{7}{2}\\x_2=\frac{3}{4}x_3-\frac{1}{4}\\x_4=-2\end{cases}$$

方程组的一个特解为$\boldsymbol{\eta}=\begin{pmatrix}\frac{7}{2}\\-\frac{1}{4}\\0\\-2\end{pmatrix}$，对应导出组的一个基础解系$\boldsymbol{\xi}=\begin{pmatrix}-\frac{1}{2}\\\frac{3}{4}\\1\\0\end{pmatrix}$

故方程组的通解为$\begin{pmatrix} x_1 \\ x_2 \\ x_3 \\ x_4 \end{pmatrix} = k\begin{pmatrix} -\frac{1}{2} \\ \frac{3}{4} \\ 1 \\ 0 \end{pmatrix} + \begin{pmatrix} \frac{7}{2} \\ -\frac{1}{4} \\ 0 \\ -2 \end{pmatrix}$，其中 k 为任意常数.

例 6 求解齐次线性方程组

$$\begin{cases} ax_1 + x_2 + x_3 - x_4 = 0 \\ x_1 + bx_2 + x_3 + x_4 = 0 \\ x_1 + 2bx_2 + x_3 + 2x_4 = 0 \end{cases} \quad (\text{其中 } a,b \text{ 为参数})$$

分析 该题只能通过对其增广矩阵施行初等行变换化为行最简形矩阵来求解（也即方法 2）.

解 对系数矩阵 $\boldsymbol{A}$ 施行初等行变换为

$$\boldsymbol{A} = \begin{pmatrix} a & 1 & 1 & -1 \\ 1 & b & 1 & 1 \\ 1 & 2b & 1 & 2 \end{pmatrix} \xrightarrow[r_3 - r_2]{r_1 - ar_2} \begin{pmatrix} 0 & 1-ab & 1-a & -1-a \\ 1 & b & 1 & 1 \\ 0 & b & 0 & 1 \end{pmatrix}$$

$$\xrightarrow[r_2 - r_3]{r_1 - ar_3} \begin{pmatrix} 0 & 1 & 1-a & -1 \\ 1 & 0 & 1 & 0 \\ 0 & b & 0 & 1 \end{pmatrix} \xrightarrow{r_3 - br_1} \begin{pmatrix} 0 & 1 & 1-a & -1 \\ 1 & 0 & 1 & 0 \\ 0 & 0 & b(a-1) & 1+b \end{pmatrix} = \boldsymbol{A}_1$$

（1）当 $b \neq -1$ 时，$\boldsymbol{A}_1 \xrightarrow[r_1 + r_3]{\frac{1}{1+b}r_3} \begin{pmatrix} 0 & 1 & \frac{1-a}{1+b} & 0 \\ 1 & 0 & 1 & 0 \\ 0 & 0 & \frac{b(a-1)}{1+b} & 1+b \end{pmatrix} = \boldsymbol{A}_2$，这时 $R(\boldsymbol{A}) = R(\boldsymbol{A}_2) = 3 < 4 = n$，方程组含有1个自由未知量，相应的同解方程组为

$$\begin{cases} x_1 = -x_3 \\ x_2 = \dfrac{a-1}{1+b}x_3 \\ x_4 = \dfrac{b(1-a)}{1+b}x_3 \end{cases} \quad (x_3 \text{ 为自由未知量})$$

或写成向量形式的通解为

$$\begin{pmatrix} x_1 \\ x_2 \\ x_3 \\ x_4 \end{pmatrix} = k\begin{pmatrix} -1 \\ \dfrac{a-1}{1+b} \\ 1 \\ \dfrac{b(1-a)}{a+b} \end{pmatrix} \quad （k\text{为任意实数}）$$

（2）当$b=-1$时，$\boldsymbol{A}_1=\begin{pmatrix} 0 & 1 & 1-a & -1 \\ 1 & 0 & 1 & 0 \\ 0 & 0 & 1-a & 0 \end{pmatrix}$

（ⅰ）又当$a\neq 1$时，则

$$\boldsymbol{A}_1 \xrightarrow{r_3\times\frac{1}{1-a}} \begin{pmatrix} 0 & 1 & 1-a & -1 \\ 1 & 0 & 1 & 0 \\ 0 & 0 & 1 & 0 \end{pmatrix} \xrightarrow[r_2-r_3]{r_1-(1-a)r_3} \begin{pmatrix} 0 & 1 & 0 & -1 \\ 1 & 0 & 0 & 0 \\ 0 & 0 & 1 & 0 \end{pmatrix} = \boldsymbol{A}_3$$

这时$R(\boldsymbol{A})=R(\boldsymbol{A}_3)=3<4=n$，方程组仍含有1个自由未知量，相应的同解方程组为

$$\begin{cases} x_1=0 \\ x_2=x_4 \\ x_3=0 \end{cases} \quad （x_4\text{为自由未知量}）$$

或写成向量形式的通解为

$$\begin{pmatrix} x_1 \\ x_2 \\ x_3 \\ x_4 \end{pmatrix} = k\begin{pmatrix} 0 \\ 1 \\ 0 \\ 1 \end{pmatrix} \quad （k\text{为任意实数}）$$

（ⅱ）又当$a=1$时，则$\boldsymbol{A}_1=\begin{pmatrix} 0 & 1 & 0 & -1 \\ 1 & 0 & 1 & 0 \\ 0 & 0 & 0 & 0 \end{pmatrix}$，这时$R(\boldsymbol{A})=R(\boldsymbol{A}_1)=2<4=n$，方程组仍含有2个自由未知量，相应的同解方程组为

$$\begin{cases} x_1=-x_3 \\ x_2=x_4 \end{cases} \quad （x_3,x_4\text{为自由未知量}）$$

或写成向量形式的通解为

$$\begin{pmatrix} x_1 \\ x_2 \\ x_3 \\ x_4 \end{pmatrix} = k_1\begin{pmatrix} -1 \\ 0 \\ 1 \\ 0 \end{pmatrix} + k_2\begin{pmatrix} 0 \\ 1 \\ 0 \\ 1 \end{pmatrix} \quad （k_1,k_2\text{为任意实数}）$$

在进行矩阵初等行变换时，不能随意用含参数的式子去乘或去除矩阵的某行，一定要事先讨论该式是否为零，再分别处理.

4. 线性方程组的应用

例 7 求通过 5 点（0，1），（±2，0），（±1，−1）的二次曲线的方程.

分析 我们知道二次曲线的一般方程为 $ax^2+bxy+cy^2+dx+ey+f=0$，因此只要把 5 个点的坐标代入该一般方程即可得到一个关于未知量 a, b, c, d, e, f 的齐次线性方程组，进而可求出它的通解，也就是 a, b, c, d, e, f 之间的一个相互关系，由此即可得到所求二次曲线的方程.

解 设通过上述 5 点的二次曲线的方程为

$$ax^2+bxy+cy^2+dx+ey+f=0$$

于是有下列方程组

$$\begin{cases} c+e+f=0 \\ 4a+2d+f=0 \\ 4a-2d+f=0 \\ a-b+c+d-e+f=0 \\ a+b+c-d-e+f=0 \end{cases}$$

不难得到其通解为

$$a=2e, b=0, c=7e, d=0, f=-8e$$

故二次曲线的方程为

$$2x^2+7y^2+y-8=0$$

评述 线性方程组理论无论在数学的各个分支中，还是在自然科学、工程技术及生产实际中都有广泛的应用. 例 7 就利用了线性方程组的理论来解决几何上的问题.

三、习题选解

1．求下列齐次线性方程组的一个基础解系.

（1）$\begin{cases} x_1-2x_2+3x_3-x_4+2x_5=0 \\ 3x_1-x_2+5x_3-3x_4-x_5=0 \\ 2x_1+x_2+2x_3-2x_4-3x_5=0 \end{cases}$

解 $A=\begin{pmatrix}1&-2&3&-1&2\\3&-1&5&-3&-1\\2&1&2&-2&-3\end{pmatrix}\xrightarrow[r_3-2r_1]{r_2-3r_1}\begin{pmatrix}1&-2&3&-1&2\\0&5&-4&0&-7\\0&5&-4&0&-7\end{pmatrix}$

$$\xrightarrow{r_3-r_2}\begin{pmatrix}1&-2&3&-1&2\\0&5&-4&0&-7\\0&0&0&0&0\end{pmatrix}\xrightarrow[r_1+2r_2]{r_2\times\frac{1}{5}}\begin{pmatrix}1&0&\frac{7}{5}&-1&-\frac{4}{5}\\0&1&-\frac{4}{5}&0&-\frac{7}{5}\\0&0&0&0&0\end{pmatrix}$$

故其同解方程组为

$$\begin{cases}x_1\quad+\frac{7}{5}x_3-x_4-\frac{4}{5}x_5=0\\ x_2-\frac{4}{5}x_3\quad-\frac{7}{5}x_5=0\end{cases}$$

分别令 $\begin{pmatrix}x_3\\x_4\\x_5\end{pmatrix}=\begin{pmatrix}5\\0\\0\end{pmatrix},\begin{pmatrix}0\\1\\0\end{pmatrix},\begin{pmatrix}0\\0\\5\end{pmatrix}$

得到基础解系为

$$\boldsymbol{\xi}_1=(-7,4,5,0,0)^{\mathrm{T}},\quad \boldsymbol{\xi}_2=(1,0,0,1,0)^{\mathrm{T}},\quad \boldsymbol{\xi}_3=(4,7,0,0,5)^{\mathrm{T}}$$

（2）$\begin{cases}x_1+3x_2+x_3+x_4=0\\2x_1-2x_2+x_3+2x_4=0\\x_1+11x_2+2x_3+x_4=0\end{cases}$

解 $A=\begin{pmatrix}1&3&1&1\\2&-2&1&2\\1&11&2&1\end{pmatrix}\xrightarrow[r_3-r_1]{r_2-2r_1}\begin{pmatrix}1&3&1&1\\0&-8&-1&0\\0&8&1&0\end{pmatrix}$

$$\xrightarrow{r_3+r_2}\begin{pmatrix}1&3&1&1\\0&-8&-1&0\\0&0&0&0\end{pmatrix}\xrightarrow[r_2\times(-1)]{r_1+r_2}\begin{pmatrix}1&-5&0&1\\0&8&1&0\\0&0&0&0\end{pmatrix}$$

分别令 $\begin{pmatrix}x_2\\x_4\end{pmatrix}=\begin{pmatrix}1\\0\end{pmatrix},\begin{pmatrix}0\\1\end{pmatrix}$，得到基础解系为

$$\boldsymbol{\xi}_1=(5,1,-8,0)^{\mathrm{T}},\quad \boldsymbol{\xi}_2=(-1,\ 0,\ 0,1)^{\mathrm{T}}$$

2．解下列线性方程组

$$\begin{cases} x_1 - x_3 + x_5 = 0 \\ x_2 - x_4 + x_6 = 0 \\ x_1 - x_2 + x_5 - x_6 = 0 \\ x_2 - x_3 + x_6 = 0 \\ x_1 - x_4 + x_5 = 0 \end{cases}$$

解 $$\boldsymbol{A} = \begin{pmatrix} 1 & 0 & -1 & 0 & 1 & 0 \\ 0 & 1 & 0 & -1 & 0 & 1 \\ 1 & -1 & 0 & 0 & 1 & -1 \\ 0 & 1 & -1 & 0 & 0 & 1 \\ 1 & 0 & 0 & -1 & 1 & 0 \end{pmatrix} \xrightarrow{\text{经初等行变换}} \begin{pmatrix} 1 & 0 & 0 & -1 & 1 & 0 \\ 0 & 1 & 0 & -1 & 0 & 1 \\ 0 & 0 & 1 & -1 & 0 & 0 \\ 0 & 0 & 0 & 0 & 0 & 0 \\ 0 & 0 & 0 & 0 & 0 & 0 \end{pmatrix}$$

分别令 $\begin{pmatrix} x_4 \\ x_5 \\ x_6 \end{pmatrix} = \begin{pmatrix} 1 \\ 0 \\ 0 \end{pmatrix}, \begin{pmatrix} 0 \\ 1 \\ 0 \end{pmatrix}, \begin{pmatrix} 0 \\ 0 \\ 1 \end{pmatrix}$，得到基础解系为

$$\boldsymbol{\xi}_1 = (1, 1, 1, 1, 0, 0)^{\mathrm{T}}，\boldsymbol{\xi}_2 = (-1, 0, 0, 0, 1, 0)^{\mathrm{T}}，\boldsymbol{\xi}_3 = (0, -1, 0, 0, 0, 1)^{\mathrm{T}}$$

从而通解为 $\boldsymbol{X} = k_1\boldsymbol{\xi}_1 + k_2\boldsymbol{\xi}_2 + k_3\boldsymbol{\xi}_3$，其中 k_1, k_2, k_3 为任意实数.

3．判别齐次线性方程组

$$\begin{cases} x_2 + x_3 + \cdots + x_{n-1} + x_n = 0 \\ x_1 + x_3 + \cdots + x_{n-1} + x_n = 0 \\ x_1 + x_2 + \cdots + x_{n-1} + x_n = 0 \\ \cdots\cdots \\ x_1 + x_2 + x_3 + \cdots + x_{n-1} = 0 \end{cases}$$

是否有非零解.

解 该方程组的系数行列式为

$$D = \begin{vmatrix} 0 & 1 & 1 & \cdots & 1 \\ 1 & 0 & 1 & \cdots & 1 \\ 1 & 1 & 0 & \cdots & 1 \\ \vdots & \vdots & \vdots & \ddots & \vdots \\ 1 & 1 & 1 & \cdots & 0 \end{vmatrix} = (n-1)\begin{vmatrix} 1 & 1 & 1 & \cdots & 1 \\ 1 & 0 & 1 & \cdots & 1 \\ 1 & 1 & 0 & \cdots & 1 \\ \vdots & \vdots & \vdots & \ddots & \vdots \\ 1 & 1 & 1 & \cdots & 0 \end{vmatrix}$$

$$=(n-1)\begin{vmatrix}1&1&1&\cdots&1\\0&-1&0&\cdots&0\\0&0&-1&\cdots&0\\\vdots&\vdots&\vdots&\ddots&\vdots\\0&0&0&\cdots&-1\end{vmatrix}=(-1)^{n-1}(n-1)\neq 0$$

故该方程组没有非零解.

4．设$\boldsymbol{\xi}_1,\boldsymbol{\xi}_2,\cdots,\boldsymbol{\xi}_m$是齐次线性方程组$\boldsymbol{AX}=\boldsymbol{0}$的基础解系，求证$\boldsymbol{\xi}_1+\boldsymbol{\xi}_2,\boldsymbol{\xi}_2,\cdots,\boldsymbol{\xi}_m$也是$\boldsymbol{AX}=0$的基础解系.

证　首先由齐次线性方程组解的性质可知$\boldsymbol{\xi}_1+\boldsymbol{\xi}_2$仍是$\boldsymbol{AX}=\boldsymbol{0}$的解，故$\boldsymbol{\xi}_1+\boldsymbol{\xi}_2,\boldsymbol{\xi}_2,\cdots,\boldsymbol{\xi}_m$是$\boldsymbol{AX}=\boldsymbol{0}$的一组解向量．又易知向量组$\boldsymbol{\xi}_1,\boldsymbol{\xi}_2,\cdots,\boldsymbol{\xi}_m$与向量组$\boldsymbol{\xi}_1+\boldsymbol{\xi}_2,\boldsymbol{\xi}_2,\cdots,\boldsymbol{\xi}_m$等价，故$\boldsymbol{\xi}_1+\boldsymbol{\xi}_2,\boldsymbol{\xi}_2,\cdots,\boldsymbol{\xi}_m$也线性无关且齐次线性方程组$\boldsymbol{AX}=\boldsymbol{0}$的任一解都能表示为它的一个线性组合．从而由基础解系的定义知，$\boldsymbol{\xi}_1+\boldsymbol{\xi}_2,\boldsymbol{\xi}_2,\cdots,\boldsymbol{\xi}_m$也是$\boldsymbol{AX}=\boldsymbol{0}$的基础解系.

5．设$\boldsymbol{A}$是n阶方阵，且$\boldsymbol{A}\neq\boldsymbol{0}$，证明存在一个$n$阶非零矩阵$\boldsymbol{B}$，使$\boldsymbol{AB}=\boldsymbol{O}$的充分必要条件是$|\boldsymbol{A}|=0$.

证　必要性

不妨设$\boldsymbol{B}=(\boldsymbol{\beta}_1,\boldsymbol{\beta}_2,\cdots,\boldsymbol{\beta}_n)$且$\boldsymbol{\beta}_1\neq\boldsymbol{0}$，则有$\boldsymbol{A\beta}_1=\boldsymbol{0}$．即$\boldsymbol{\beta}_1$是$\boldsymbol{AX}=\boldsymbol{0}$的一个非零解，从而有$|\boldsymbol{A}|=0$.

充分性

由$|\boldsymbol{A}|=0$知$\boldsymbol{AX}=\boldsymbol{0}$有非零解．不妨设$\boldsymbol{\beta}_1$是$\boldsymbol{AX}=\boldsymbol{0}$的一个非零解，并取$\boldsymbol{B}=(\boldsymbol{\beta}_1,0,\cdots,0)$，则$\boldsymbol{B}$是一个$n$阶非零矩阵且$\boldsymbol{AB}=\boldsymbol{0}$.

6．设$\boldsymbol{A}$是n阶方阵，$\boldsymbol{B}$为$n\times s$矩阵，且$R(\boldsymbol{B})=n$，证明：

（1）若$\boldsymbol{AB}=\boldsymbol{0}$，则$\boldsymbol{A}=\boldsymbol{0}$；

（2）若$\boldsymbol{AB}=B$，则$\boldsymbol{A}=\boldsymbol{E}$.

证　（1）考虑齐次线性方程组$\boldsymbol{B}^{\mathrm{T}}\boldsymbol{X}=\boldsymbol{0}$．由于$R(\boldsymbol{B}^{\mathrm{T}})=R(\boldsymbol{B})=n$，故$\boldsymbol{B}^{\mathrm{T}}\boldsymbol{X}=\boldsymbol{0}$只有零解．又由$\boldsymbol{AB}=\boldsymbol{0}$知$\boldsymbol{B}^{\mathrm{T}}\boldsymbol{A}^{\mathrm{T}}=\boldsymbol{0}$，从而$\boldsymbol{A}^{\mathrm{T}}$的每一列都是齐次线性方程组$\boldsymbol{B}^{\mathrm{T}}\boldsymbol{X}=\boldsymbol{0}$的解，故必有$\boldsymbol{A}^{\mathrm{T}}=\boldsymbol{0}$．因此也有$\boldsymbol{A}=\boldsymbol{0}$.

（2）由$\boldsymbol{AB}=\boldsymbol{B}$知$(\boldsymbol{A}-\boldsymbol{E})\boldsymbol{B}=\boldsymbol{0}$，从而由（1）即知$\boldsymbol{A}-\boldsymbol{E}=\boldsymbol{0}$，也即$\boldsymbol{A}=\boldsymbol{E}$.

7．求下列线性方程组的通解.

（1）$\begin{cases}x_1-5x_2+4x_3+13x_4=3\\3x_1-x_2+2x_3-5x_4=2\\2x_1-3x_2+3x_3+4x_4=1\end{cases}$

解 $\tilde{A}=\begin{pmatrix}1&-5&4&13&3\\3&-1&2&-5&2\\2&-3&3&4&1\end{pmatrix}\xrightarrow[r_3-2r_1]{r_2-3r_1}\begin{pmatrix}1&-5&4&13&3\\0&14&-10&-44&-7\\0&7&-5&-22&-5\end{pmatrix}$

$$\xrightarrow{r_3-\frac{1}{2}r_2}\begin{pmatrix}1&-5&4&13&3\\0&14&-10&-44&-7\\0&0&0&0&-\frac{3}{2}\end{pmatrix}$$

故 $R(A)=2, R(\tilde{A})=3$．从而该方程组无解．

（2）$\begin{cases}x_1+2x_2+3x_3+\ \ x_4=3\\x_1+4x_2+5x_3+2x_4=2\\2x_1+9x_2+8x_3+3x_4=7\\3x_1+7x_2+7x_3+2x_4=12\end{cases}$

解 $\tilde{A}=\begin{pmatrix}1&2&3&1&3\\1&4&5&2&2\\2&9&8&3&7\\3&7&7&2&12\end{pmatrix}\to\begin{pmatrix}1&2&3&1&3\\0&2&2&1&-1\\0&5&2&1&1\\0&1&-2&-1&3\end{pmatrix}$

$$\to\begin{pmatrix}1&2&3&1&3\\0&1&-2&-1&3\\0&0&12&6&-14\\0&0&6&3&-7\end{pmatrix}\to\begin{pmatrix}1&2&3&1&3\\0&1&-2&-1&3\\0&0&6&3&-7\\0&0&0&0&0\end{pmatrix}$$

$$\to\begin{pmatrix}1&2&3&1&3\\0&1&-2&-1&3\\0&0&1&\frac{1}{2}&-\frac{7}{6}\\0&0&0&0&0\end{pmatrix}\to\begin{pmatrix}1&0&0&-\frac{1}{2}&\frac{31}{6}\\0&1&0&0&\frac{2}{3}\\0&0&1&\frac{1}{2}&-\frac{7}{6}\\0&0&0&0&0\end{pmatrix}$$

故其同解方程组为

$$\begin{cases}x_1\qquad\quad-\frac{1}{2}x_4=\frac{31}{6}\\\quad x_2\qquad\qquad\ =\frac{2}{3}\\\qquad\quad x_3+\frac{1}{2}x_4=-\frac{7}{6}\end{cases}$$

取 $x_4=0$，得到它的一个特解为 $\boldsymbol{X}_0=(\frac{31}{6},\frac{2}{3},-\frac{7}{6},0)^{\mathrm{T}}$.

又取 $x_4=1$，得其导出组的基础解系为 $\boldsymbol{\xi}=(\frac{1}{2},0,-\frac{1}{2},1)^{\mathrm{T}}$.

故其通解为 $\boldsymbol{X}=\boldsymbol{X}_0+k\boldsymbol{\xi}$，（$k$ 为任意常数）.

（3）$\begin{cases}6x_1-2x_2-3x_3=3\\x_1-x_2+x_4-x_5=1\\2x_1+x_3-x_5=2\\x_1-x_2+2x_3-x_4=-2\end{cases}$

解 $\tilde{\boldsymbol{A}}=\begin{pmatrix}6&-2&-3&0&0&3\\1&-1&0&1&-1&1\\2&0&1&0&-1&2\\1&-1&2&-1&0&-2\end{pmatrix}\xrightarrow{\text{经初等行变换}}\begin{pmatrix}1&0&0&0&-\frac{2}{7}&1\\0&1&0&0&-\frac{3}{14}&\frac{3}{2}\\0&0&1&0&-\frac{3}{7}&0\\0&0&0&1&-\frac{13}{14}&\frac{3}{2}\end{pmatrix}$

故方程组的一个特解为 $\boldsymbol{X}_0=\begin{pmatrix}1&\frac{3}{2}&0&\frac{3}{2}&0\end{pmatrix}^{\mathrm{T}}$.

又取 $x_5=14$，则可得对应齐次线性方程组的一个基础解系为

$$\boldsymbol{\xi}_1=\begin{pmatrix}4&3&6&13&14\end{pmatrix}^{\mathrm{T}}$$

从而原方程组的通解为 $\boldsymbol{X}=\boldsymbol{X}_0+k_1\boldsymbol{\xi}_1$，$k_1$ 为任意常数.

8．讨论下列线性方程组，当 λ 取什么值时方程组有唯一解？取什么值时有无穷多解？取什么值时无解？

（1）$\begin{cases}(\lambda+3)x_1+x_2+2x_3=\lambda\\\lambda x_1+(\lambda-1)x_2+x_3=\lambda\\3(\lambda+1)x_1+\lambda x_2+(\lambda+3)x_3=3\end{cases}$

解 $\begin{vmatrix}\lambda+3&1&2\\\lambda&\lambda-1&1\\3(\lambda+1)&\lambda&\lambda+3\end{vmatrix}=\lambda^2(\lambda-1)$，故当 $\lambda\neq0,1$ 时有唯一解.

又当 $\lambda=0$ 时，有

$$\tilde{\boldsymbol{A}}=\begin{pmatrix}3&1&2&0\\0&-1&1&0\\3&0&3&3\end{pmatrix}\to\begin{pmatrix}3&1&2&0\\0&-1&1&0\\0&-3&-3&3\end{pmatrix}$$

$$\rightarrow\begin{pmatrix}3 & 1 & 2 & 0\\ 0 & -1 & 1 & 0\\ 0 & 0 & 0 & 3\end{pmatrix}$$

故 $R(A)=2, R(\tilde{A})=3$ 时，该方程组无解.

而当 $\lambda=1$ 时，有

$$\tilde{A}=\begin{pmatrix}4 & 1 & 2 & 1\\ 1 & 0 & 1 & 1\\ 6 & 1 & 4 & 3\end{pmatrix}\rightarrow\begin{pmatrix}1 & 0 & 1 & 1\\ 0 & 1 & -2 & -3\\ 0 & 0 & 0 & 0\end{pmatrix}$$

$R(A)=R(\tilde{A})=2<3$，从而该方程组有无穷多解.

（2）$\begin{cases}x_1+2x_2+\lambda x_3=1\\ 2x_1+\lambda x_2+8x_3=3\end{cases}$

解 首先该方程组无唯一解. 又

$$\tilde{A}=\begin{pmatrix}1 & 2 & \lambda & 1\\ 2 & \lambda & 8 & 3\end{pmatrix}\rightarrow\begin{pmatrix}1 & 2 & \lambda & 1\\ 0 & \lambda-4 & 8-2\lambda & 1\end{pmatrix}$$

故当 $\lambda\neq 4$ 时，方程组有无穷多解；当 $\lambda=4$ 时，无解.

9. 当 λ 取什么值时方程组 $\begin{cases}x_1+x_2+\lambda x_3=2\\ 3x_1+4x_2+2x_3=\lambda\\ 2x_1+3x_2-x_3=1\end{cases}$ 有无穷多解？并求出取该值时方程组的通解.

解 $$\tilde{A}=\begin{pmatrix}1 & 1 & \lambda & 2\\ 3 & 4 & 2 & \lambda\\ 2 & 3 & -1 & 1\end{pmatrix}\rightarrow\begin{pmatrix}1 & 1 & \lambda & 2\\ 0 & 1 & 2-3\lambda & \lambda-6\\ 0 & 1 & -1-2\lambda & -3\end{pmatrix}$$

$$\rightarrow\begin{pmatrix}1 & 1 & \lambda & 2\\ 0 & 1 & 2-3\lambda & \lambda-6\\ 0 & 0 & \lambda-3 & 3-\lambda\end{pmatrix}$$

故当 $\lambda=3$ 时，方程组有无穷多解. 此时

$$\tilde{A}\rightarrow\begin{pmatrix}1 & 1 & 3 & 2\\ 0 & 1 & -7 & -3\\ 0 & 0 & 0 & 0\end{pmatrix}\rightarrow\begin{pmatrix}1 & 0 & 10 & 5\\ 0 & 1 & -7 & -3\\ 0 & 0 & 0 & 0\end{pmatrix}$$

易知其通解为 $\begin{cases}x_1=5-10k\\ x_2=-3+7k\\ x_3=k\end{cases}$ （k 为任意常数）.

10. a 取何值时线性方程组

$$\begin{cases} x_1 + x_2 + x_3 = a \\ ax_1 + x_2 + x_3 = 1 \\ x_1 + x_2 + ax_3 = 1 \end{cases}$$

有解？并求其解.

解　对方程组的增广矩阵施行行变换，即

$$\tilde{A} = \begin{pmatrix} 1 & 1 & 1 & a \\ a & 1 & 1 & 1 \\ 1 & 1 & a & 1 \end{pmatrix} \xrightarrow[r_3 - r_1]{r_2 - ar_1} \begin{pmatrix} 1 & 1 & 1 & a \\ 0 & 1-a & 1-a & 1-a^2 \\ 0 & 0 & a-1 & 1-a \end{pmatrix}$$

若 $a \neq 1$，则

$$\tilde{A} = \begin{pmatrix} 1 & 1 & 1 & a \\ 0 & 1 & 1 & 1+a \\ 0 & 0 & 1 & -1 \end{pmatrix} \xrightarrow[r_1 - r_3]{r_2 - r_3} \begin{pmatrix} 1 & 1 & 0 & a+1 \\ 0 & 1 & 0 & 2+a \\ 0 & 0 & 1 & -1 \end{pmatrix} \xrightarrow{r_1 - r_2} \begin{pmatrix} 1 & 0 & 0 & -1 \\ 0 & 1 & 0 & 2+a \\ 0 & 0 & 1 & -1 \end{pmatrix}$$

从而方程组有唯一解为

$$\begin{cases} x_1 = -1 \\ x_2 = 2+a \\ x_3 = -1 \end{cases}$$

若 $a = 1$，则

$$\tilde{A} \to \begin{pmatrix} 1 & 1 & 1 & 1 \\ 0 & 0 & 0 & 0 \\ 0 & 0 & 0 & 0 \end{pmatrix}$$

得同解方程组　$x_1 + x_2 + x_3 = 1$．取 x_2, x_3 为自由未知量，得通解为

$$\begin{cases} x_1 = 1 - k_1 - k_2 \\ x_2 = k_1 \\ x_3 = k_2 \end{cases}，\quad \text{其中 } k_1,\ k_2 \text{ 为任意常数}$$

或写成向量形式的通解为

$$\begin{pmatrix} x_1 \\ x_2 \\ x_3 \end{pmatrix} = \begin{pmatrix} 1 \\ 0 \\ 0 \end{pmatrix} + k_1 \begin{pmatrix} -1 \\ 1 \\ 0 \end{pmatrix} + k_2 \begin{pmatrix} -1 \\ 0 \\ 1 \end{pmatrix}，\quad k_1,\ k_2 \text{ 为任意常数}$$

11．在 xoy 平面上，下列 4 条直线是否相交于一点？

l_1：$x - y = 3$　　　　l_2：$2x + y = 3$

l_3：$x - 4y = 6$　　　　l_4：$\sqrt{2}x - y = 2\sqrt{2} + 1$

解　把以上 4 条直线构成的方程组的增广矩阵化为阶梯形矩阵，即

$$\tilde{A}=\begin{pmatrix}1&-1&3\\2&1&3\\1&-4&6\\\sqrt{2}&-1&2\sqrt{2}+1\end{pmatrix}\xrightarrow{\text{经初等行变换}}\begin{pmatrix}1&-1&3\\0&1&-1\\0&0&0\\0&0&0\end{pmatrix}$$

故方程组有唯一解，也即4条直线相交于一点.

12．求使平面上3点$(x_1, y_1),(x_2, y_2),(x_3, y_3)$位于一条直线上的充分必要条件.

解 设直线方程为$ax+by=c$，则平面上3点$(x_1, y_1),(x_2, y_2),(x_3, y_3)$位于直线$ax+by+c=0$上$\Leftrightarrow$线性方程组$\begin{cases}ax_1+by_1+c=0\\ax_2+by_2+c=0\\ax_3+by_3+c=0\end{cases}$有非零解$\Leftrightarrow\begin{vmatrix}x_1&y_1&1\\x_2&y_2&1\\x_3&y_3&1\end{vmatrix}=0$.

13．写出通过不在一条直线上的3点$(x_1, y_1),(x_2, y_2),(x_3, y_3)$的圆周方程.

解 设圆周方程为$a(x^2+y^2)+bx+cy+d=0$，则有

$$a(x_i^2+y_i^2)+bx_i+cy_i+d=0\quad(i=1,2,3)$$

故点$M(x, y)$在圆周上$\Leftrightarrow$点M的坐标(x, y)适合该圆周的方程，即有

$$a(x^2+y^2)+bx+cy+d=0$$

$\Leftrightarrow$以a, b, c, d为未知量的齐次线性方程组

$$\begin{cases}a(x^2+y^2)+bx+cy+d=0\\a(x_1^2+y_1^2)+bx_1+cy_1+d=0\\a(x_2^2+y_2^2)+bx_2+cy_2+d=0\\a(x_3^2+y_3^2)+bx_3+cy_3+d=0\end{cases}$$

有非零解$\Leftrightarrow$其系数矩阵A的行列式等于零，即圆周方程为

$$\begin{vmatrix}x^2+y^2&x&y&1\\x_1^2+y_1^2&x_1&y_1&1\\x_2^2+y_2^2&x_2&y_2&1\\x_3^2+y_3^2&x_3&y_3&1\end{vmatrix}=0$$

四、思考练习题

1. 思考题

(1) 齐次线性方程组$\boldsymbol{AX}=\boldsymbol{0}$，只有零解及有非零解的充分必要条件各是什么？

(2)什么是齐次线性方程组$\boldsymbol{AX}=\boldsymbol{0}$的基础解系？每个基础解系含有多少个解向量？

(3) 与基础解系等价的线性无关的向量组仍是基础解系吗？

（4）齐次线性方程组 $\boldsymbol{AX}=\boldsymbol{0}$ 是线性方程组 $\boldsymbol{AX}=\boldsymbol{b}$ 的导出组，则 $\boldsymbol{AX}=\boldsymbol{0}$ 有非零解时，$\boldsymbol{AX}=\boldsymbol{b}$ 一定有无穷多个解吗？

（5）设 $\boldsymbol{\alpha}_1,\boldsymbol{\alpha}_2,\boldsymbol{\alpha}_3$ 是齐次线性方程组 $\boldsymbol{AX}=\boldsymbol{0}$ 的基础解系，问 $\boldsymbol{\alpha}_1+\boldsymbol{\alpha}_2,\boldsymbol{\alpha}_2+2\boldsymbol{\alpha}_3,\boldsymbol{\alpha}_3+3\boldsymbol{\alpha}_1$ 是否也是它的基础解系？为什么？

（6）线性方程组 $\boldsymbol{AX}=\boldsymbol{b}$ 相容的充分必要条件是什么？相容时，何时有唯一解，何时有无穷多解？当相容时，其通解的结构是怎样的？

2. 判断题

（1）系数矩阵为 $\boldsymbol{A}_{m\times n}$ 的齐次线性方程组 $\boldsymbol{AX}=\boldsymbol{0}$，若有非零解，则 $R(\boldsymbol{A})<m$．（　　）

（2）增广矩阵为 $\boldsymbol{B}=(\boldsymbol{A}_{m\times n},\ \boldsymbol{b})$ 的非齐次线性方程组 $\boldsymbol{AX}=\boldsymbol{b}$，有无穷多解的充分必要条件是 $R(\boldsymbol{A})=R(\boldsymbol{B})<m$．（　　）

（3）若方程组 $\begin{cases}x_1+kx_2+x_3=0\\2x_1+x_2+x_3=0\\kx_2+x_3=0\end{cases}$ 只有零解，则 k 应满足的条件是 $k\neq 1$．（　　）

（4）在方程组 $\boldsymbol{A}_{m\times n}\boldsymbol{X}_{n\times 1}=\boldsymbol{0}$ 中，若秩 $R(\boldsymbol{A})=k$，且 $\boldsymbol{\eta}_1$，$\boldsymbol{\eta}_2,\cdots$，$\boldsymbol{\eta}_r$ 是它的一个基础解系，则 $r=k$.（　　）

（5）设 $\boldsymbol{A}$ 为 n 阶方阵，$|\boldsymbol{A}|=0$，则 $\boldsymbol{AX}=\boldsymbol{0}$ 有无穷多个解.（　　）

（6）在 n 元齐次线性方程组 $\boldsymbol{AX}=\boldsymbol{0}$ 中，若方程个数小于 n，则 $\boldsymbol{AX}=\boldsymbol{0}$ 有非零解.（　　）

3. 单选题

（1）若 $\boldsymbol{A}_{m\times n}\boldsymbol{X}=\boldsymbol{b}$ 中 $m<n$，则有（　　）.

A．$\boldsymbol{AX}=\boldsymbol{b}$ 必有无穷多解　　B．$\boldsymbol{AX}=\boldsymbol{0}$ 仅有零解

C．$\boldsymbol{AX}=\boldsymbol{0}$ 必有非零解　　D．$\boldsymbol{AX}=\boldsymbol{b}$ 必定无解

（2）$\boldsymbol{A}_{3\times 4}\boldsymbol{X}=\boldsymbol{b}$ 中，若（　　）成立，则该方程组一定有解.

A．$R(\boldsymbol{A})=1$　　B．$R(\boldsymbol{A})=2$

C．$R(\boldsymbol{A},\ \boldsymbol{b})=3$　　D．$R(\boldsymbol{A})=3$

（3）方程组 $\begin{cases}a_1x_1+a_2x_2+\cdots+a_nx_n=0\\b_1x_1+b_2x_2+\cdots+b_nx_n=0\end{cases}$ 的非零解中有 $n-1$ 个自由未知量，则必有（　　）成立.

A．$a_1=a_2=\cdots=a_n$

B．$b_1=b_2=\cdots=b_n$

C．$a_i=b_i$（$i=1,2,\cdots n$）

D．存在非零常数k，使得$a_i = kb_i$（$i=1,2,\cdots,n$）

（4）已知线性方程组$\begin{pmatrix} a & 1 & 1 \\ 1 & a & 1 \\ 1 & 1 & a \end{pmatrix}\begin{pmatrix} x_1 \\ x_2 \\ x_3 \end{pmatrix} = \begin{pmatrix} 1 \\ 1 \\ -2 \end{pmatrix}$有无穷多个解，则$a=$（　　）.

A．-2　　　　B．2

C．1　　　　D．-1

（5）线性方程组$\begin{cases} ax+by=1 \\ bx+ay=0 \end{cases}$，若$a \neq b$，则方程组（　　）.

A．无解　　　　B．有唯一解

C．有无穷多解　　　　D．其解需要讨论多种情况

（6）若方程组$\boldsymbol{A}_{m\times n}\boldsymbol{X}=\boldsymbol{B}(m \leqslant n)$ 对于任意m维列向量$\boldsymbol{B}$都有解，则（　　）.

A．$R(\boldsymbol{A})=n$　　　　B．$R(\boldsymbol{A})=m$

C．$R(\boldsymbol{A})>n$　　　　D．$R(\boldsymbol{A})<m$

（7）方程组$\boldsymbol{AX}=\boldsymbol{0}$仅有零解的充分必要条件是（　　）.

A．A的行向量组线性无关　　　　B．A的列向量组线性无关

C．A的行向量组线性相关　　　　D．A的列向量组线性相关

（8）$m<n$是m个方程n个未知量的齐次线性方程组有非零解的（　　）.

A．充分条件　　　　B．必要条件

C．充分必要条件　　　　D．既不充分也不必要条件

（9）设$\boldsymbol{A}$为$m\times n$矩阵，齐次线性方程组$\boldsymbol{AX}=\boldsymbol{0}$有非零解，则（　　）.

A．$m<n$　　　　B．$m>n$

C．$m=n$　　　　D．前三种情况都可能出现

（10）设$\boldsymbol{\alpha}_1,\boldsymbol{\alpha}_2,\boldsymbol{\alpha}_3$是齐次线性方程组$\boldsymbol{AX}=\boldsymbol{0}$的基础解系，则其基础解系还可以是（　　）.

A．$k_1\boldsymbol{\alpha}_1+k_2\boldsymbol{\alpha}_2+k_3\boldsymbol{\alpha}_3$　　　　B．$\boldsymbol{\alpha}_1+\boldsymbol{\alpha}_2,\boldsymbol{\alpha}_2+\boldsymbol{\alpha}_3,\boldsymbol{\alpha}_3+\boldsymbol{\alpha}_1$

C．$\boldsymbol{\alpha}_1-\boldsymbol{\alpha}_2,\boldsymbol{\alpha}_2-\boldsymbol{\alpha}_3$　　　　D．$\boldsymbol{\alpha}_1,\boldsymbol{\alpha}_1-\boldsymbol{\alpha}_2+\boldsymbol{\alpha}_3,\boldsymbol{\alpha}_3-\boldsymbol{\alpha}_2$

第六章　特征值与特征向量

一、内容提要

1. 基本概念

（1）特征值与特征向量：设 $\boldsymbol{A}$ 是 n 阶方阵，若存在数 λ_0 (λ_0 可以是复数）和 n 维非零向量 $\boldsymbol{X}(\neq \boldsymbol{0})$　($\boldsymbol{X}=(x_1,x_2,\cdots,x_n)^{\mathrm{T}}$ 中至少有一个 $x_i \neq 0$，当 λ_0 是复数时，$\boldsymbol{X}$ 是复向量)，使 $\boldsymbol{AX}=\lambda_0\boldsymbol{X}$ 成立，那么称 λ_0 为 n 阶矩阵 $\boldsymbol{A}$ 的一个**特征值**，非零向量 $\boldsymbol{X}$ 称 $\boldsymbol{A}$ 的属于（或对应于）λ_0 的**特征向量**.

（2）相似变换矩阵：设 $\boldsymbol{A},\boldsymbol{B}$ 均是 n 阶矩阵，如果存在 n 阶可逆矩阵 $\boldsymbol{P}$，使得 $\boldsymbol{P}^{-1}\boldsymbol{AP}=\boldsymbol{B}$，则称 $\boldsymbol{A}$ 与 $\boldsymbol{B}$ **相似**，记作 $\boldsymbol{A}\sim\boldsymbol{B}$. 对 $\boldsymbol{A}$ 所作的运算 $\boldsymbol{P}^{-1}\boldsymbol{AP}$ 称为对 $\boldsymbol{A}$ 进行的**相似变换**，并称矩阵 $\boldsymbol{P}$ 为矩阵 $\boldsymbol{A}$ 的**相似变换矩阵**.

（3）矩阵的相似对角化：如果对于 n 阶矩阵 $\boldsymbol{A}$，存在可逆矩阵 $\boldsymbol{P}$，使得 $\boldsymbol{P}^{-1}\boldsymbol{AP}=\mathrm{diag}(\lambda_1,\lambda_2,\cdots,\lambda_n)$，即对角线上元素为 $\lambda_1,\lambda_2,\cdots,\lambda_n$ 的对角矩阵，则称矩阵 $\boldsymbol{A}$ **可相似对角化**.

（4）内积：设有 n 维向量

$$\boldsymbol{X}=\begin{pmatrix}x_1\\x_2\\\vdots\\x_n\end{pmatrix},\quad \boldsymbol{Y}=\begin{pmatrix}y_1\\y_2\\\vdots\\y_n\end{pmatrix}$$

令

$$[\boldsymbol{X},\boldsymbol{Y}]=x_1y_1+x_2y_2+\cdots+x_ny_n$$

称 $[\boldsymbol{X},\boldsymbol{Y}]$ 为向量 $\boldsymbol{X}$ 与 $\boldsymbol{Y}$ 的**内积**.

（5）向量的长度和夹角：令 $\boldsymbol{X}=(x_1,\cdots,x_n)$，称

$$\|\boldsymbol{X}\|=\sqrt{[\boldsymbol{X},\boldsymbol{X}]}=\sqrt{x_1^2+x_2^2+\cdots+x_n^2}$$

为 n 维向量 $\boldsymbol{X}$ 的**长度**或**范数**.

当 $X \neq 0, Y \neq 0$ 时，称 $\theta = \arccos \dfrac{[X,Y]}{\|X\|\|Y\|}$ 为 n 维向量 X 与 Y 的**夹角**.

（6）向量的正交：当 $[X,Y]=0$ 时，称向量 X 与 Y 正交．若一非零向量组中的向量两两正交，则称该向量组为正交向量组.

（7）正交基：若向量组 $\alpha_1,\alpha_2,\cdots,\alpha_r$ 是向量空间 V 的一组两两正交的基，则称 $\alpha_1,\alpha_2,\cdots,\alpha_r$ 是向量空间 V 的**正交基**．若 $\alpha_1,\alpha_2,\cdots,\alpha_r$ 都是单位向量，则称 $\alpha_1,\alpha_2,\cdots,\alpha_r$ 是 V 的一个**规范正交基**.

（8）正交矩阵：如果 n 阶矩阵 A 满足 $A^{\mathrm{T}}A=E$（即 $A^{-1}=A^{\mathrm{T}}$），那么称 A 为**正交矩阵**，简称**正交阵**.

（9）正交变换：若 P 为正交阵，则线性变换 $Y=PX$ 称为**正交变换**.

2. 主要定理

（1）特征值与特征向量的性质

- n 阶方阵 $A=(a_{ij})$ 的所有特征值为 λ_1，λ_2，$\cdots$，λ_n（包括重根），则

（i）$\lambda_1+\lambda_2+\cdots+\lambda_n=\sum_{i=1}^{n}a_{ii}$

（ii）$\lambda_1\lambda_2\cdots\lambda_n=|A|$

- 方阵 A 可逆的充分必要条件是其所有的特征值 0 都不为零.
- 若 λ 是方阵 A 的一个特征值，X 为对应的特征向量，则

（i）λ^n 是 A^n 的一个特征值；

（ii）当 A 是可逆阵时，$\dfrac{1}{\lambda}$ 是 A^{-1} 的一个特征值；

（iii）$\phi(\lambda)$ 是 $\phi(A)$ 的一个特征值，其中，$\phi(\lambda)=a_0+a_1\lambda+\cdots+a_m\lambda^m$ 是 λ 的多项式，且在上述情形下，X 均仍为对应的特征向量.

- 设 $\lambda_1,\lambda_2,\cdots,\lambda_m$ 是方阵 A 的互不相同的特征值．X_i 是属于 λ_i 的特征向量（$i=1,2,\cdots,m$），则 $X_1,X_2,\cdots,X_m$ 线性无关，即属于不同特征值的特征向量线性无关.
- 设 $\lambda_1,\lambda_2,\cdots,\lambda_m$ 为方阵 A 的互不相同的特征值，$X_{i1},X_{i2},\cdots,X_{ik_i}$ 是依次属于 λ_i 的线性无关特征向量（$i=1,2,\cdots,m$），则向量组 $X_{11},X_{12},\cdots,X_{1k_1},\cdots,X_{m1},X_{m2},\cdots,X_{mk_m}$ 也是线性无关的．也就是说，对于互不相同特征值，取各自线性无关的特征向量，则把这些特征向量合在一起的向量组仍是线性无关的.

（2）相似矩阵的性质

- 如果 $A\sim B$，则

（i）$\forall k\neq 0, k\in \mathbf{R}, kA\sim kB; A^m\sim B^m$（$m$ 为正整数）；$A^{\mathrm{T}}\sim B^{\mathrm{T}}$，从而对 $f(x)=a_0x^m+a_1x^{m-1}+\cdots+a_{m-1}x+a_m$，有 $f(A)\sim f(B)$；

（ii）$\boldsymbol{A},\boldsymbol{B}$ 有相同的特征多项式和相同的特征值；

（iii）$\boldsymbol{A},\boldsymbol{B}$ 有相同的秩、相同的行列式；

（iv）当 $\boldsymbol{A},\boldsymbol{B}$ 可逆时，$\boldsymbol{A}^{-1}\sim\boldsymbol{B}^{-1}$，$\boldsymbol{A}^{*}\sim\boldsymbol{B}^{*}$.

● 若 n 阶矩阵 $\boldsymbol{A}$ 与对角阵

$$\boldsymbol{\Lambda}=\begin{pmatrix}\lambda_1 & & & \\ & \lambda_2 & & \\ & & \ddots & \\ & & & \lambda_n\end{pmatrix}$$

相似，则 $\lambda_1,\lambda_2,\cdots,\lambda_n$ 是 $\boldsymbol{A}$ 的 n 个特征值.

● 如果 n 阶矩阵 $\boldsymbol{A}$ 有 n 个不同的特征值 $\lambda_1,\lambda_2,\cdots,\lambda_n$，则存在可逆矩阵 $\boldsymbol{P}$，使得 $\boldsymbol{P}^{-1}\boldsymbol{AP}=\mathrm{diag}(\lambda_1,\lambda_2,\cdots,\lambda_n)$，即矩阵 $\boldsymbol{A}$ 可相似对角化. 其中相似变换矩阵 $\boldsymbol{P}$ 的列向量分别为 $\boldsymbol{A}$ 的特征值 $\lambda_1,\lambda_2,\cdots,\lambda_n$ 对应的特征向量，即 $\boldsymbol{P}=(\boldsymbol{p}_1,\boldsymbol{p}_2,\cdots,\boldsymbol{p}_n)$，$\boldsymbol{A}\boldsymbol{p}_k=\lambda_k\boldsymbol{p}_k$，$k=1,2,\cdots,n$.

● n 阶矩阵 $\boldsymbol{A}$ 可相似对角化的充分必要条件是 $\boldsymbol{A}$ 有 n 个线性无关的特征向量.

（3）内积的运算性质（其中 $\boldsymbol{X},\boldsymbol{Y},\boldsymbol{Z}$ 为 n 维向量，λ 为实数）

（i）$[\boldsymbol{X},\boldsymbol{Y}]=[\boldsymbol{Y},\boldsymbol{X}]$；

（ii）$[\lambda\boldsymbol{X},\boldsymbol{Y}]=\lambda[\boldsymbol{X},\boldsymbol{Y}]$；

（iii）$[\boldsymbol{X}+\boldsymbol{Y},\boldsymbol{Z}]=[\boldsymbol{X},\boldsymbol{Z}]+[\boldsymbol{Y},\boldsymbol{Z}]$；

（iv）$[\boldsymbol{X},\boldsymbol{X}]\geqslant 0$，且当 $\boldsymbol{X}\neq 0$ 时，$\|\boldsymbol{X}\|>0$.

（4）向量长度的性质

（i）非负性：当 $\boldsymbol{X}\neq 0$ 时，$\|\boldsymbol{X}\|>0$，当 $\boldsymbol{X}=0$ 时，$\|\boldsymbol{X}\|=0$；

（ii）齐次性：$\|\lambda\boldsymbol{X}\|=|\lambda|\|\boldsymbol{X}\|$；

（iii）三角形不等式：$\|\boldsymbol{X}+\boldsymbol{Y}\|\leqslant\|\boldsymbol{X}\|+\|\boldsymbol{Y}\|$.

（5）正交性

● 若 n 维的向量组 $\boldsymbol{\alpha}_1,\boldsymbol{\alpha}_2,\cdots,\boldsymbol{\alpha}_n$ 是一组两两正交的非零向量组，则 $\boldsymbol{\alpha}_1,\boldsymbol{\alpha}_2,\cdots,\boldsymbol{\alpha}_n$ 线性无关.

● $\boldsymbol{A}$ 为正交矩阵的充分必要条件是 $\boldsymbol{A}$ 的行（列）向量是两两正交的单位向量.

● 若 $\boldsymbol{A}$ 为正交阵，则 $\boldsymbol{A}^{-1}=\boldsymbol{A}^{\mathrm{T}}$ 也是正交阵.

● 若 $\boldsymbol{A}$ 和 $\boldsymbol{B}$ 都是正交阵，则 $\boldsymbol{AB}$ 也是正交阵.

● 正交变换保持向量的长度不变.

（6）实对称矩阵的性质

● 设 $\boldsymbol{A}$ 是 n 阶实对称矩阵，则 $\boldsymbol{A}$ 的特征值全是实数.

● 实对称矩阵不同特征值对应的特征向量是正交的. 即 $\boldsymbol{A}$ 是实对称矩阵，λ_1,λ_2 是 $\boldsymbol{A}$ 的两个不同的特征值，λ_1,λ_2 对应的特征向量为 $\boldsymbol{p}_1,\boldsymbol{p}_2$，则 $\boldsymbol{p}_1^{\mathrm{T}}\boldsymbol{p}_2=\boldsymbol{p}_2^{\mathrm{T}}\boldsymbol{p}_1=0$.

● 设 $\boldsymbol{A}$ 是n阶实对称矩阵，那么一定存在正交矩阵 $\boldsymbol{P}$，使 $\boldsymbol{P}^{\mathrm{T}}\boldsymbol{AP}=\mathrm{diag}(\lambda_1,\lambda_2,\cdots,\lambda_n)$．其中 $\lambda_1,\lambda_2,\cdots,\lambda_n$ 为 $\boldsymbol{A}$ 的特征值.

● 设 $\boldsymbol{A}$ 为 n 阶实对称矩阵，λ 是 $\boldsymbol{A}$ 的特征方程的 k 重根，则矩阵 $\boldsymbol{A}-\lambda\boldsymbol{E}$ 的秩 $R(\boldsymbol{A}-\lambda\boldsymbol{E})=n-k$，从而对应特征值 λ 恰好有 k 个线性无关的特征向量.

二、典型例题解析

1. 矩阵的特征值与特征向量问题

例 1 求已知矩阵$\begin{pmatrix}1&-3&3\\3&-5&3\\6&-6&4\end{pmatrix}$的特征值和特征向量.

解 由特征方程

$$|\lambda\boldsymbol{E}-\boldsymbol{A}|=\begin{vmatrix}\lambda-1&3&-3\\-3&\lambda+5&-3\\-6&6&\lambda-4\end{vmatrix}=-(\lambda+2)^2(\lambda-4)=0$$

$\boldsymbol{A}$ 有特征值 $\lambda_1=\lambda_2=-2$，$\lambda_3=4$．

对于特征值 $\lambda_1=\lambda_2=-2$，解方程组 $(-2\boldsymbol{E}-\boldsymbol{A})\boldsymbol{X}=\boldsymbol{0}$：

$$-2\boldsymbol{E}-\boldsymbol{A}=\begin{pmatrix}-3&3&-3\\-3&3&-3\\-6&6&-6\end{pmatrix}\xrightarrow{r}\begin{pmatrix}1&-1&1\\0&0&0\\0&0&0\end{pmatrix}$$

得基础解系

$$\boldsymbol{\xi}_1=\begin{pmatrix}1\\1\\0\end{pmatrix},\quad \boldsymbol{\xi}_2=\begin{pmatrix}-1\\0\\1\end{pmatrix}$$

所以 $\boldsymbol{A}$ 的属于特征值 $\lambda_1=\lambda_2=-2$ 的全部特征向量为 $k_1\boldsymbol{\xi}_1+k_2\boldsymbol{\xi}_2$（$k_1$，$k_2$ 是不全为零的常数）.

对于特征值 $\lambda_3=4$，解方程组 $(4\boldsymbol{E}-\boldsymbol{A})\boldsymbol{X}=\boldsymbol{0}$：

$$4\boldsymbol{E}-\boldsymbol{A}=\begin{pmatrix}3&3&-3\\-3&9&-3\\-6&6&0\end{pmatrix}\xrightarrow{r}\begin{pmatrix}1&1&-1\\0&2&-1\\0&0&0\end{pmatrix}$$

得基础解系

$$\boldsymbol{\xi}_3=\begin{pmatrix}1\\1\\2\end{pmatrix}$$

所以 $\boldsymbol{A}$ 的属于特征值 $\lambda_3=4$ 的全部特征向量为 $k_3\boldsymbol{\xi}_3$（k_3 是不为零的常数）.

评注（1）如果方阵 A 是“数值”型矩阵，即矩阵 $\boldsymbol{A}=(a_{ij})_{n\times n}$ 中元素 a_{ij} 全为常量的矩阵，则求此类型矩阵的特征值和特征向量的基本方法是：

（i）特征方程 $|\boldsymbol{A}-\lambda\boldsymbol{E}|=0$ 的全部根，即 $\boldsymbol{A}$ 的所有特征值；

（ii）对于 $\boldsymbol{A}$ 的每一个特征值 λ_i，求齐次线性方程组 $(\boldsymbol{A}-\lambda_i\boldsymbol{E})\boldsymbol{X}=\boldsymbol{0}$ 的一个基础解系，那么该基础解系的所有非零线性组合就是 $\boldsymbol{A}$ 的对应于 λ_i 的全部特征向量.

（2）如果方阵 $\boldsymbol{A}$ 是“抽象型”矩阵，即矩阵 $\boldsymbol{A}$ 的元素没有具体给出，则求此类型矩阵的特征值和特征向量的基本方法是：

（i）利用定义式 $\boldsymbol{A\alpha}=\lambda\boldsymbol{\alpha}(\boldsymbol{\alpha}\neq\boldsymbol{0})$ 求特征值 λ，满足此等式的 λ 为 $\boldsymbol{A}$ 的特征值，$\boldsymbol{\alpha}$ 为对应于 λ 的一个特征向量；

（ii）利用相似矩阵有相同的特征多项式和特征值求特征值 λ，进而求对应的特征向量.

例 2　如果 λ 是方阵 $\boldsymbol{A}$ 的 r 重特征值，那么方阵 $\boldsymbol{A}$ 的属于 λ 的是否一定有 r 个线性无关的特征向量？

解　若 $\boldsymbol{A}$ 为对称矩阵，则对应于特征值 λ 恰有 r 个线性无关的特征向量，否则特征值的重数与线性无关特征向量的个数不一定相同. 若 $\boldsymbol{A}$ 为非对称矩阵，则 $\boldsymbol{A}$ 不一定有 n 个线性无关的特征向量. 例如，矩阵 $\boldsymbol{A}=\begin{pmatrix}-1&1&0\\-4&3&0\\1&0&2\end{pmatrix}$ 的特征值为 $\lambda_1=\lambda_2=1$，$\lambda_3=2$. $\lambda=\lambda_1=\lambda_2=1$ 是 $\boldsymbol{A}$ 的 2 重特征值，但与之对应的 $\boldsymbol{A}$ 的线性无关特征向量只有一个 $\boldsymbol{\alpha}=(-1,-2,1)^{\mathrm{T}}$，这时，特征值的重数与线性无关的特征向量的个数不相同. 而对于矩阵 $\boldsymbol{A}=\begin{pmatrix}-2&1&1\\0&2&0\\-4&1&3\end{pmatrix}$，它的特征值为 $\lambda_1=\lambda_2=2$，$\lambda_3=-1$，$\lambda_1=\lambda_2=2$ 是 $\boldsymbol{A}$ 的 2 重特征值，易求得与之对应的 $\boldsymbol{A}$ 的 2 个线性无关的特征向量为 $\boldsymbol{\alpha}_1=(0,1,-1)^{\mathrm{T}}$，$\boldsymbol{\alpha}_2=(1,0,4)^{\mathrm{T}}$. 此时特征值的重数与线性无关的特征向量的个数相同. 因此 n 阶方阵 $\boldsymbol{A}$ 不一定有 n 个线性无关的特征向量.

例 3　设 λ_0 是方阵 $\boldsymbol{A}$ 的特征值，

（1）齐次线性方程 $(\boldsymbol{A}-\lambda_0\boldsymbol{E})\boldsymbol{X}=\boldsymbol{0}$ 的解向量是否都是 $\boldsymbol{A}$ 的属于 λ_0 的特征向量?

（2）设 $\boldsymbol{\alpha}$ 是 $\boldsymbol{A}$ 的属于 λ_0 的特征向量 $\boldsymbol{\alpha}\neq\boldsymbol{0}$，$\lambda_0$ 是否一定非零？

（3）设$\boldsymbol{\alpha}$是$\boldsymbol{A}$的属于λ_0的特征向量，为什么说$\boldsymbol{\alpha}$也是$\phi(\boldsymbol{A})$的属于特征值$\phi(\lambda_0)$的特征向量（其中$\phi(\lambda_0)=\alpha_0+\alpha_1\lambda_2+\alpha_2\lambda_0^2+\cdots+\alpha_m\lambda_0^m$），$\phi(\boldsymbol{A})=\alpha_0\boldsymbol{E}+\alpha_1\boldsymbol{A}+\alpha_2\boldsymbol{A}^2+\cdots+\alpha_m\boldsymbol{A}^m$.

解　（1）不一定. 因为$\boldsymbol{\alpha}=0$是齐次线性方程组$(\boldsymbol{A}-\lambda_0\boldsymbol{E})\boldsymbol{X}=\boldsymbol{0}$的解向量，但不是$\boldsymbol{A}$的特征向量，只有$(\boldsymbol{A}-\lambda_0\boldsymbol{E})\boldsymbol{X}=\boldsymbol{0}$的非零解向量才是$\boldsymbol{A}$的属于$\lambda_0$的特征向量.

（2）不一定. 例如$\boldsymbol{A}=\begin{pmatrix}1&0&1\\0&2&0\\1&0&1\end{pmatrix}$有一个特征值$\lambda_0=0$，属于$\lambda_0$的特征向量$\boldsymbol{\alpha}=k\begin{pmatrix}1\\0\\-1\end{pmatrix}\ (k\neq 0)$.

（3）因为$\boldsymbol{A\alpha}=\lambda_0\boldsymbol{\alpha}$，所以$\boldsymbol{A}^k\boldsymbol{\alpha}=\lambda_0^k\boldsymbol{\alpha}\quad(1\leqslant k\leqslant n)$

$$\begin{aligned}\phi(\boldsymbol{A})&=\boldsymbol{\alpha}_0\boldsymbol{E}+\boldsymbol{\alpha}_1\boldsymbol{A}+\boldsymbol{\alpha}_2\boldsymbol{A}^2+\cdots+\boldsymbol{\alpha}_m\boldsymbol{A}^m\\ \phi(\boldsymbol{A})\boldsymbol{\alpha}&=\boldsymbol{\alpha}_0\boldsymbol{E\alpha}+\boldsymbol{\alpha}_1\boldsymbol{A\alpha}+\boldsymbol{\alpha}_2\boldsymbol{A\alpha}+\cdots+\boldsymbol{\alpha}_m\boldsymbol{A}^m\boldsymbol{\alpha}\\ &=\boldsymbol{\alpha}_0\boldsymbol{\alpha}+\boldsymbol{\alpha}_1\lambda_0\boldsymbol{\alpha}+\boldsymbol{\alpha}_2\lambda_0\boldsymbol{\alpha}+\cdots+\boldsymbol{\alpha}_m\lambda_0^m\boldsymbol{\alpha}\\ &=(\boldsymbol{\alpha}_0+\boldsymbol{\alpha}_1\lambda_0+\boldsymbol{\alpha}_2\lambda_0+\cdots+\boldsymbol{\alpha}_m\lambda_0^m)\boldsymbol{\alpha}\\ &=\phi(\lambda_0)\boldsymbol{\alpha}\end{aligned}$$

故$\boldsymbol{\alpha}$是$\phi(\boldsymbol{A})$的属于特征值$\phi(\lambda_0)$的特征向量.

2. 已知矩阵的特征值和特征向量反求矩阵的问题

例 4　已知$\boldsymbol{\xi}=\begin{pmatrix}1\\1\\-1\end{pmatrix}$是矩阵$\boldsymbol{A}=\begin{pmatrix}2&-1&2\\5&a&3\\-1&b&-2\end{pmatrix}$的一个特征向量，求参数$a,b$的值及$\boldsymbol{\xi}$所对应的特征值.

分析　这是一个已知矩阵的一个特征向量反求矩阵中的待定元素及已知向量所对应的特征值问题. 由特征值和特征向量的定义可得一个关于待定元素a，b及λ的三元一次线性方程组，解之可得所求的参数a，b的值及$\boldsymbol{\xi}$所对应的特征值λ.

解　（1）由$\boldsymbol{A\xi}=\lambda\boldsymbol{\xi}$ 得

$$\begin{pmatrix}2&-1&2\\5&a&3\\-1&b&-2\end{pmatrix}\begin{pmatrix}1\\1\\-1\end{pmatrix}=\lambda\begin{pmatrix}1\\1\\-1\end{pmatrix}$$

解之得$a=-3,b=0$. $\boldsymbol{\xi}$所属的特征值$\lambda=-1$.

评注　一般来说，已知矩阵的特征值和特征向量反求矩阵的问题，都要考虑用矩阵的特征值和特征向量的定义建立一个方程组来求解.

3. 判断矩阵是否可对角化的问题

例 5　已知 $\boldsymbol{A}=\begin{pmatrix}2&-1&2\\5&-3&3\\-1&0&-2\end{pmatrix}$，问 $\boldsymbol{A}$ 能否与对角矩阵相似，并说明理由.

解　由 $\boldsymbol{A}=\begin{pmatrix}2&-1&2\\5&-3&3\\-1&0&-2\end{pmatrix}$，可得

$$|\boldsymbol{A}-\lambda\boldsymbol{E}|=\begin{vmatrix}2-\lambda&-1&2\\5&-3-\lambda&3\\-1&0&-2-\lambda\end{vmatrix}=-(\lambda+1)^3.$$

所以 $\lambda=-1$ 是 $\boldsymbol{A}$ 的三重特征值，而 $\boldsymbol{A}+\boldsymbol{E}=\begin{pmatrix}3&-1&2\\5&-2&3\\-1&0&-1\end{pmatrix}\to\begin{pmatrix}1&0&1\\0&1&1\\0&0&0\end{pmatrix}$，$R(\boldsymbol{A}+\boldsymbol{E})=2$，所以 $\boldsymbol{A}$ 只有一个线性无关的特征向量，故 $\boldsymbol{A}$ 与对角矩阵不相似.

评注　判断矩阵 $\boldsymbol{A}$ 是否可对角化的基本方法常有如下 4 种：

（1）判断 $\boldsymbol{A}$ 是不是实对称矩阵，若是则 $\boldsymbol{A}$ 一定可对角化.

（2）求 $\boldsymbol{A}$ 的特征值，若 n 个特征值互异，则 $\boldsymbol{A}$ 一定可对角化.

（3）求 $\boldsymbol{A}$ 的特征向量，若有 n 个线性无关的特征向量，则 $\boldsymbol{A}$ 可对角化，否则不可对角化.

（4）方阵 $\boldsymbol{A}$ 可对角化的充分必要条件是 $\boldsymbol{A}$ 的每个重特征值对应的线性无关的特征向量的个数等于该特征值的重数.

一般来说，常用方法（2）和（4），且（2）中的条件是充分但非必要的.

4. 求可对角化方阵 $\boldsymbol{A}$ 的相似变换矩阵问题

例 6　设 $\boldsymbol{A}=\begin{pmatrix}1&-1&1\\2&-2&2\\-1&1&-1\end{pmatrix}$，求可逆矩阵 $\boldsymbol{P}$，使 $\boldsymbol{P}^{-1}\boldsymbol{A}\boldsymbol{P}$ 成为对角阵 $\boldsymbol{\Lambda}$，并计算 $\boldsymbol{A}^{10}$.

分析　这是求方阵的高次幂的运算，而对角矩阵的高次幂的计算很简单，只要求出主对角线上的元素乘方就行了，所以如果矩阵 $\boldsymbol{A}$ 能相似对角化，则可利用对角矩阵的性质来求解，即利用 $\boldsymbol{P}^{-1}\boldsymbol{A}\boldsymbol{P}=\boldsymbol{\Lambda}$，得 $\boldsymbol{A}=\boldsymbol{P}\boldsymbol{\Lambda}\boldsymbol{P}^{-1}$，从而由 $\boldsymbol{A}^2=\boldsymbol{P}\boldsymbol{\Lambda}^2\boldsymbol{P}^{-1}$, …, $\boldsymbol{A}^{10}=\boldsymbol{P}\boldsymbol{\Lambda}^{10}\boldsymbol{P}^{-1}$ 求得 $\boldsymbol{A}^{10}$.

解　由

$$|A-\lambda E|=\begin{vmatrix}1-\lambda & -1 & 1\\ 2 & -2-\lambda & 2\\ -1 & 1 & -1-\lambda\end{vmatrix}\overset{c_2+c_3}{\underset{r_3-r_2}{=\!=\!=}}-\lambda\begin{vmatrix}1-\lambda & 0 & 1\\ 2 & 1 & 2\\ -3 & 0 & -3-\lambda\end{vmatrix}=-\lambda\begin{vmatrix}1-\lambda & 1\\ -3 & -3-\lambda\end{vmatrix}$$

$$=-\lambda^2(2+\lambda)=0$$

得 $\boldsymbol{A}$ 的特征值为

$$\lambda_1=\lambda_2=0\text{，}\lambda_3=-2$$

当 $\lambda=0$ 时，由 $(\boldsymbol{A}-\lambda\boldsymbol{E})\boldsymbol{X}=\boldsymbol{0}$，得

$$\begin{pmatrix}1 & -1 & 1\\ 2 & -2 & 2\\ -1 & 1 & -1\end{pmatrix}\begin{pmatrix}x_1\\ x_2\\ x_3\end{pmatrix}=\boldsymbol{0}\text{，等价于}\begin{pmatrix}1 & -1 & 1\\ 0 & 0 & 0\\ 0 & 0 & 0\end{pmatrix}\begin{pmatrix}x_1\\ x_2\\ x_3\end{pmatrix}=\boldsymbol{0}$$

其基础解系为 $\boldsymbol{\xi}_1=(1,1,0)^{\mathrm{T}}$， $\boldsymbol{\xi}_2=(-1,0,1)^{\mathrm{T}}$.

当 $\lambda=-2$ 时，由 $(\boldsymbol{A}-\lambda\boldsymbol{E})\boldsymbol{X}=0$，得

$$\begin{pmatrix}3 & -1 & 1\\ 2 & 0 & 2\\ -1 & 1 & 1\end{pmatrix}\begin{pmatrix}x_1\\ x_2\\ x_3\end{pmatrix}=\boldsymbol{0}\text{，等价于}\begin{pmatrix}1 & 0 & 1\\ 0 & 1 & 2\\ 0 & 0 & 0\end{pmatrix}\begin{pmatrix}x_1\\ x_2\\ x_3\end{pmatrix}=\boldsymbol{0}$$

其基础解系为 $\boldsymbol{\xi}_3=(-1,-2,1)^{\mathrm{T}}$.

令 $\boldsymbol{P}=(\boldsymbol{\xi}_1\ \ \boldsymbol{\xi}_2\ \ \boldsymbol{\xi}_3)$，求得 $\boldsymbol{P}^{-1}=\dfrac{1}{2}\begin{pmatrix}2 & 0 & 2\\ -1 & 1 & 1\\ 1 & -1 & 1\end{pmatrix}$. 于是有

$$\boldsymbol{P}^{-1}\boldsymbol{A}\boldsymbol{P}=\begin{pmatrix}0 & & \\ & 0 & \\ & & -2\end{pmatrix}\overset{\Delta}{=\!=}\boldsymbol{\varLambda}$$

从而有

$$\boldsymbol{A}=\boldsymbol{P}\boldsymbol{\varLambda}\boldsymbol{P}^{-1},\ \boldsymbol{A}^2=\boldsymbol{P}\boldsymbol{\varLambda}^2\boldsymbol{P}^{-1},\cdots,\ \boldsymbol{A}^{10}=\boldsymbol{P}\boldsymbol{\varLambda}^{10}\boldsymbol{P}^{-1}$$

故 $$\boldsymbol{A}^{10}=\begin{pmatrix}1 & -1 & -1\\ 1 & 0 & -2\\ 0 & 1 & 1\end{pmatrix}\begin{pmatrix}0 & & \\ & 0 & \\ & & 2^{10}\end{pmatrix}\frac{1}{2}\begin{pmatrix}2 & 0 & 2\\ -1 & 1 & 1\\ 1 & -1 & 1\end{pmatrix}=-2^9\begin{pmatrix}1 & -1 & 1\\ 2 & -2 & 2\\ -1 & 1 & -1\end{pmatrix}.$$

评注 已知 n 阶方阵 $\boldsymbol{A}$ 可对角化，如何求可逆矩阵 $\boldsymbol{P}$，使得 $\boldsymbol{P}^{-1}\boldsymbol{A}\boldsymbol{P}=\mathrm{diag}(\lambda_1,\lambda_2,\cdots,\lambda_n)$ 的问题，若 n 阶方阵 $\boldsymbol{A}$ 可对角化时，则求可逆矩阵 $\boldsymbol{P}$ 的具体步骤为：

（1）求出 $\boldsymbol{A}$ 的全部特征值 $\lambda_1,\lambda_2,\cdots,\lambda_s$；

（2）对每个 $\lambda_i(1\leqslant i\leqslant s)$，求齐次方程组 $(\boldsymbol{A}-\lambda_i\boldsymbol{E})\boldsymbol{X}=\boldsymbol{0}$ 的基础解系，得 n 个线性无关的特征向量 $\boldsymbol{\alpha}_1,\boldsymbol{\alpha}_2,\cdots,\boldsymbol{\alpha}_n$；

（3）令 $\boldsymbol{P}=(\boldsymbol{\alpha}_1,\boldsymbol{\alpha}_2,\cdots,\boldsymbol{\alpha}_n)$，则 $\boldsymbol{P}^{-1}\boldsymbol{A}\boldsymbol{P}=\boldsymbol{\varLambda}=\mathrm{diag}(\lambda_1,\lambda_2,\cdots,\lambda_n)$，其中 $\lambda_1,\lambda_2,\cdots,\lambda_n$ 为

$\boldsymbol{\alpha}_1,\boldsymbol{\alpha}_2,\cdots,\boldsymbol{\alpha}_n$ 对应的特征值.

例 7　设 3 阶矩阵 $\boldsymbol{A}$ 的特征值为 $\lambda_1=-1,\lambda_2=1,\lambda_3=3$，对应的特征向量分别为 $\boldsymbol{\xi}_1=(1,-1,0)^{\mathrm{T}}$，$\boldsymbol{\xi}_2=(1,-1,1)^{\mathrm{T}}$，$\boldsymbol{\xi}_3=(0,1,-1)^{\mathrm{T}}$，又 $\boldsymbol{\beta}=(3,-2,0)^{\mathrm{T}}$，试将 $\boldsymbol{\beta}$ 表示为 $\boldsymbol{\xi}_1,\boldsymbol{\xi}_2,\boldsymbol{\xi}_3$ 的线性组合，并求 $\boldsymbol{A}^n\boldsymbol{\beta}$（$n$ 为自然数）.

分析　先利用线性组合的定义将 $\boldsymbol{\beta}$ 表示为 $\boldsymbol{\xi}_1,\boldsymbol{\xi}_2,\boldsymbol{\xi}_3$ 的线性组合的表达式；又由于 3 阶矩阵 $\boldsymbol{A}$ 有 3 个线性无关的特征向量，所以 $\boldsymbol{A}$ 一定能相似对角化，且对角矩阵为 $\boldsymbol{\Lambda}=\begin{pmatrix}-1&&\\&1&\\&&3\end{pmatrix}$，因此可利用对角矩阵的性质来求解，即利用 $\boldsymbol{P}^{-1}\boldsymbol{AP}=\boldsymbol{\Lambda}$，得 $\boldsymbol{A}=\boldsymbol{P\Lambda P}^{-1}$，从而得 $\boldsymbol{A}^n=\boldsymbol{P\Lambda}^n\boldsymbol{P}^{-1}$，进而求得 $\boldsymbol{A}^n\boldsymbol{\beta}$.

解　令 $(\boldsymbol{\xi}_1\ \ \boldsymbol{\xi}_2\ \ \boldsymbol{\xi}_3)\begin{pmatrix}k_1\\k_2\\k_3\end{pmatrix}=\boldsymbol{\beta}$. 则有 $\begin{pmatrix}k_1\\k_2\\k_3\end{pmatrix}=(\boldsymbol{\xi}_1\ \ \boldsymbol{\xi}_2\ \ \boldsymbol{\xi}_3)^{-1}\boldsymbol{\beta}$. 由

$$(\boldsymbol{\xi}_1\ \ \boldsymbol{\xi}_2\ \ \boldsymbol{\xi}_3\ \ \boldsymbol{\beta})=\begin{pmatrix}1&1&0&3\\-1&-1&1&-2\\0&1&-1&0\end{pmatrix}\xrightarrow[\substack{r_2+r_3\\ r_1-r_2}]{\substack{r_2+r_1\\ r_2\leftrightarrow r_3}}\begin{pmatrix}1&0&0&2\\0&1&0&1\\0&0&1&1\end{pmatrix}$$

得 $(k_1,k_2,k_3)^{\mathrm{T}}=(2,1,1)^{\mathrm{T}}$，故 $\boldsymbol{\beta}=2\boldsymbol{\xi}_1+\boldsymbol{\xi}_2+\boldsymbol{\xi}_3$.

取 $\boldsymbol{P}=(\boldsymbol{\xi}_1\ \ \boldsymbol{\xi}_2\ \ \boldsymbol{\xi}_3)=\begin{pmatrix}1&1&0\\-1&-1&1\\0&1&-1\end{pmatrix}$，则 $\boldsymbol{P}^{-1}\boldsymbol{AP}=\boldsymbol{\Lambda}=\begin{pmatrix}-1&&\\&1&\\&&3\end{pmatrix}$. 从而有

$$\boldsymbol{A}=\boldsymbol{P\Lambda P}^{-1},\quad \boldsymbol{A}^2=\boldsymbol{P\Lambda}^2\boldsymbol{P}^{-1},\quad \cdots,\quad \boldsymbol{A}^n=\boldsymbol{P\Lambda}^n\boldsymbol{P}^{-1}$$

故

$$\boldsymbol{A}^n\boldsymbol{\beta}=\boldsymbol{P\Lambda}^n\boldsymbol{P}^{-1}\boldsymbol{\beta}=\boldsymbol{P\Lambda}^n(\boldsymbol{P}^{-1}\boldsymbol{\beta})=\begin{pmatrix}1&1&0\\-1&-1&1\\0&1&-1\end{pmatrix}\begin{pmatrix}(-1)^n&&\\&1&\\&&3^n\end{pmatrix}\begin{pmatrix}2\\1\\1\end{pmatrix}=\begin{pmatrix}2(-1)^n+1\\2(-1)^{n+1}-1+3^n\\1-3^n\end{pmatrix}$$

评注　已知 n 阶方阵 $\boldsymbol{A}$ 的全部特征值 $\lambda_1,\lambda_2,\cdots,\lambda_n$ 及各特征值对应的特征向量 $\boldsymbol{\alpha}_1,\boldsymbol{\alpha}_2,\cdots,\boldsymbol{\alpha}_n$，令 $\boldsymbol{P}=(\boldsymbol{\alpha}_1,\boldsymbol{\alpha}_2,\cdots,\boldsymbol{\alpha}_n)$，则 $\boldsymbol{P}^{-1}\boldsymbol{AP}=\boldsymbol{\Lambda}=\mathrm{diag}(\lambda_1,\lambda_2,\cdots,\lambda_n)$，其中 $\lambda_1,\lambda_2,\cdots,\lambda_n$ 为 $\boldsymbol{\alpha}_1,\boldsymbol{\alpha}_2,\cdots,\boldsymbol{\alpha}_n$ 对应的特征值.

5. 将线性无关的向量组正交规范化问题

例 8　已知 $\boldsymbol{\alpha}_1=(1,2,1)^{\mathrm{T}},\boldsymbol{\alpha}_2=(2,3,3)^{\mathrm{T}},\boldsymbol{\alpha}_3=(3,7,1)^{\mathrm{T}}$，试把向量组 $\boldsymbol{\alpha}_1,\boldsymbol{\alpha}_2,\boldsymbol{\alpha}_3$ 化为规范正交的向量组.

分析：这是将线性无关的向量组规范正交化的问题，须先根据施密特正交化方法将向量组正交化，然后再进行单位化即可.

解 根据施密特正交化方法，令

$$b_1=a_1=\begin{pmatrix}1\\2\\1\end{pmatrix}$$

$$b_2=a_2-\frac{[b_1,a_2]}{[b_1,b_1]}b_1=\begin{pmatrix}2\\3\\3\end{pmatrix}-\frac{11}{6}\begin{pmatrix}1\\2\\1\end{pmatrix}=\begin{pmatrix}\frac{1}{6}\\-\frac{2}{3}\\\frac{7}{6}\end{pmatrix}$$

$$b_3=a_3-\frac{[b_1,a_3]}{[b_1,b_1]}b_1-\frac{[b_2,a_3]}{[b_2,b_2]}b_2=\begin{pmatrix}3\\7\\1\end{pmatrix}-\frac{18}{6}\begin{pmatrix}1\\2\\1\end{pmatrix}-\frac{-18}{6}\begin{pmatrix}\frac{1}{6}\\\frac{-2}{3}\\\frac{7}{6}\end{pmatrix}=\begin{pmatrix}\frac{3}{2}\\-\frac{1}{2}\\-\frac{1}{2}\end{pmatrix}$$

将 b_1， b_2， b_3 单位化，得

$$b_1^0=\frac{1}{\|b_1\|}b_1=\begin{pmatrix}\frac{1}{\sqrt{6}}\\\frac{2}{\sqrt{6}}\\\frac{1}{\sqrt{6}}\end{pmatrix},\quad b_2^0=\frac{1}{\|b_2\|}b_2=\begin{pmatrix}\frac{1}{\sqrt{66}}\\\frac{-4}{\sqrt{66}}\\\frac{7}{\sqrt{66}}\end{pmatrix},\quad b_3^0=\frac{1}{\|b_3\|}b_3=\begin{pmatrix}\frac{1}{11}\\\frac{-1}{11}\\\frac{-1}{11}\end{pmatrix}$$

则 b_1^0,b_2^0,b_3^0 为规范正交的向量组.

评注 由一个已知的线性无关的向量组，要找一个与这个向量组等价的规范正交向量组，可以采用施密特方法. 所谓“正交”，是几何空间中垂直概念的推广，即向量组中任何两个向量的内积都等于 0；所谓“规范”，是要求向量组中每一个向量都是单位向量. 所以把一个线性无关的向量组规范正交化需要两个步骤：先正交化，这是有一系列公式可以套用的；再单位化，即用每个向量模的倒数去乘以这个向量，工作至此就完成了. 注意，两个步骤的次序是不可以颠倒的，否则得到的向量组可能不是规范正交的向量组.

6. 正交矩阵问题

例 9　已知$\begin{pmatrix} \frac{1}{2} & a \\ b & c \end{pmatrix}$是正交矩阵，其中$a>0,b>0$，求$a,b,c$．

分析　这是一个已知矩阵是正交矩阵，求矩阵中的参数的问题，利用正交矩阵的性质可以解决此问题，因为方阵$\boldsymbol{A}$为正交阵的充分必要条件是$\boldsymbol{A}$的行向量组或列向量是规范正交向量组．

解　由

$$\begin{cases} \left(\frac{1}{2}\right)^2 + a^2 = 1 \\ \left(\frac{1}{2}\right)^2 + b^2 = 1 \end{cases} \Rightarrow \begin{cases} a = \frac{\sqrt{3}}{2} \\ b = \frac{\sqrt{3}}{2} \end{cases}$$

又因为正交矩阵的两个列向量正交，所以$\frac{1}{2}a + bc = 0 \Rightarrow c = -\frac{1}{2}$．

评注　判断方阵$\boldsymbol{A}$是正交矩阵的方法常用下面两种：

（i）利用正交矩阵的定义判断；

（ii）方阵$\boldsymbol{A}$为正交矩阵的充分必要条件是$\boldsymbol{A}$的行向量组或列向量是规范正交向量组．

7. 利用正交变换化实对称矩阵为对角阵

例 10　对于下列对称矩阵

（1）$\boldsymbol{A}=\begin{pmatrix} 2 & 3 & 2 \\ 3 & 2 & 2 \\ 2 & 2 & -2 \end{pmatrix}$，　　（2）$\boldsymbol{A}=\begin{pmatrix} 1 & 3 & 3 \\ 3 & 1 & 3 \\ 3 & 3 & 1 \end{pmatrix}$．

分别求一个正交矩阵$\boldsymbol{P}$，使$\boldsymbol{P}^{-1}\boldsymbol{AP}=\boldsymbol{\Lambda}$为对角矩阵．

分析　对给定的n阶实对称矩阵$\boldsymbol{A}$，寻求正交矩阵$\boldsymbol{P}$，使得$\boldsymbol{P}^{-1}\boldsymbol{AP}=\boldsymbol{\Lambda}$，只需求出$\boldsymbol{A}$的$n$个特征值，构成对角矩阵$\boldsymbol{\Lambda}$，并针对每个特征值求出对应的$n$个线性无关的特征向量，并将该向量组正交规范化（单位化），构成正交矩阵$\boldsymbol{P}$．

解　（1）

$$|\boldsymbol{A}-\lambda\boldsymbol{E}| = \begin{vmatrix} 2-\lambda & 3 & 2 \\ 3 & 2-\lambda & 2 \\ 2 & 2 & -2-\lambda \end{vmatrix} = -(\lambda+1)(\lambda+3)(\lambda-6)$$

所以特征值为$\lambda_1=-1,\lambda_2=-3,\lambda_3=6$．

当$\lambda_1=-1$时，由

$$\begin{pmatrix} 3 & 3 & 2 \\ 3 & 3 & 2 \\ 2 & 2 & -1 \end{pmatrix}\begin{pmatrix} x_1 \\ x_2 \\ x_3 \end{pmatrix}=\begin{pmatrix} 0 \\ 0 \\ 0 \end{pmatrix}$$

解得一个基础解系为$\boldsymbol{\xi}_1=\begin{pmatrix} -1 \\ 1 \\ 0 \end{pmatrix}$.

当$\lambda_2=-3$时，由

$$\begin{pmatrix} 5 & 3 & 2 \\ 3 & 5 & 2 \\ 2 & 2 & 1 \end{pmatrix}\begin{pmatrix} x_1 \\ x_2 \\ x_3 \end{pmatrix}=\begin{pmatrix} 0 \\ 0 \\ 0 \end{pmatrix}$$

解得一个基础解系为$\boldsymbol{\xi}_2=\begin{pmatrix} 1 \\ 1 \\ -4 \end{pmatrix}$.

当$\lambda_3=6$时，由

$$\begin{pmatrix} -4 & 3 & 2 \\ 3 & -4 & 2 \\ 2 & 2 & -8 \end{pmatrix}\begin{pmatrix} x_1 \\ x_2 \\ x_3 \end{pmatrix}=\begin{pmatrix} 0 \\ 0 \\ 0 \end{pmatrix}$$

解得一个基础解系为$\boldsymbol{\xi}_3=\begin{pmatrix} 2 \\ 2 \\ 1 \end{pmatrix}$.

由于 3 阶方阵$\boldsymbol{A}$是实对称矩阵，且恰好有 3 个互不相同的特征值，故$\boldsymbol{\xi}_1,\boldsymbol{\xi}_2,\boldsymbol{\xi}_3$两两正交. 再将$\boldsymbol{\xi}_1,\boldsymbol{\xi}_2,\boldsymbol{\xi}_3$单位化，得

$$\boldsymbol{p}_1=\begin{pmatrix} -\frac{1}{\sqrt{2}} \\ \frac{1}{\sqrt{2}} \\ 0 \end{pmatrix},\quad \boldsymbol{p}_2=\begin{pmatrix} \frac{1}{3\sqrt{2}} \\ \frac{1}{3\sqrt{2}} \\ -\frac{4}{3\sqrt{2}} \end{pmatrix},\quad \boldsymbol{p}_3=\begin{pmatrix} \frac{2}{3} \\ \frac{2}{3} \\ \frac{1}{3} \end{pmatrix}$$

故得正交矩阵

$$P=(p_1,p_2,p_3)=\begin{pmatrix} -\frac{1}{\sqrt{2}} & \frac{1}{3\sqrt{2}} & \frac{2}{3} \\ \frac{1}{\sqrt{2}} & \frac{1}{3\sqrt{2}} & \frac{2}{3} \\ 0 & -\frac{4}{3\sqrt{2}} & \frac{1}{3} \end{pmatrix}$$

有

$$P^{-1}AP=\Lambda=\begin{pmatrix} -1 & 0 & 0 \\ 0 & -3 & 0 \\ 0 & 0 & 6 \end{pmatrix}.$$

（2）

$$|A-\lambda E|=\begin{vmatrix} 1-\lambda & 3 & 3 \\ 3 & 1-\lambda & 3 \\ 3 & 3 & 1-\lambda \end{vmatrix}=-(\lambda+2)^2(\lambda-7)$$

所以特征值为$\lambda_1=\lambda_2=-2$，$\lambda_3=7$．

当$\lambda_1=\lambda_2=-2$时，由

$$\begin{pmatrix} 3 & 3 & 2 \\ 3 & 3 & 2 \\ 2 & 2 & -1 \end{pmatrix}\begin{pmatrix} x_1 \\ x_2 \\ x_3 \end{pmatrix}=\begin{pmatrix} 0 \\ 0 \\ 0 \end{pmatrix}$$

解得一个基础解系为$\xi_1=\begin{pmatrix} -1 \\ 1 \\ 0 \end{pmatrix},\xi_2=\begin{pmatrix} -1 \\ 0 \\ 1 \end{pmatrix}$．

当$\lambda_3=7$时，由

$$\begin{pmatrix} -6 & 3 & 3 \\ 3 & -6 & 3 \\ 3 & 3 & -6 \end{pmatrix}\begin{pmatrix} x_1 \\ x_2 \\ x_3 \end{pmatrix}=\begin{pmatrix} 0 \\ 0 \\ 0 \end{pmatrix}$$

解得一个基础解系为$\xi_3=\begin{pmatrix} 1 \\ 1 \\ 1 \end{pmatrix}$．

将ξ_1,ξ_2,ξ_3正交化．取

$$\eta_1=\xi_1=\begin{pmatrix} -1 \\ 1 \\ 0 \end{pmatrix}$$

$$\boldsymbol{\eta}_2=\boldsymbol{\xi}_2-\frac{[\boldsymbol{\eta}_1,\ \boldsymbol{\xi}_2]}{[\boldsymbol{\eta}_1,\ \boldsymbol{\eta}_1]}\boldsymbol{\xi}_1=\begin{pmatrix}-1\\0\\1\end{pmatrix}-\frac{1}{2}\begin{pmatrix}-1\\1\\0\end{pmatrix}=\begin{pmatrix}-\frac{1}{2}\\-\frac{1}{2}\\1\end{pmatrix}$$

$$\boldsymbol{\eta}_3=\boldsymbol{\xi}_3=\begin{pmatrix}1\\1\\1\end{pmatrix}.$$

再将$\boldsymbol{\eta}_1,\boldsymbol{\eta}_2,\boldsymbol{\eta}_3$单位化，得

$$\boldsymbol{p}_1=\frac{1}{\sqrt{2}}\begin{pmatrix}-1\\1\\0\end{pmatrix},\quad \boldsymbol{p}_2=\frac{1}{\sqrt{6}}\begin{pmatrix}-1\\-1\\2\end{pmatrix},\quad \boldsymbol{p}_3=\frac{1}{\sqrt{3}}\begin{pmatrix}1\\1\\1\end{pmatrix}.$$

故得正交矩阵

$$\boldsymbol{P}=(\boldsymbol{p}_1,\boldsymbol{p}_2,\boldsymbol{p}_3)=\begin{pmatrix}-\frac{1}{\sqrt{2}} & -\frac{1}{\sqrt{6}} & \frac{1}{\sqrt{3}}\\ \frac{1}{\sqrt{2}} & -\frac{1}{\sqrt{6}} & \frac{1}{\sqrt{3}}\\ 0 & \frac{2}{\sqrt{6}} & \frac{1}{\sqrt{3}}\end{pmatrix},$$

有

$$\boldsymbol{P}^{-1}\boldsymbol{AP}=\boldsymbol{\Lambda}=\begin{pmatrix}-2&0&0\\0&-2&0\\0&0&7\end{pmatrix}.$$

评注 本例第（1）小题的特征值都是单根，所以每个特征值得到的基础解系（特征向量）恰好构成正交向量组，故可以省略正交化过程，直接将基础解系单位化.

而第（2）小题的特征值有重根的情形，如果对应于为r重根的特征值，所求得的基础解系（特征向量）的r个向量一般两两是不正交的，因此一定要将此基础解系正交化，才能得到r个两两正交的特征向量. 特征值是单根的，可以直接取基础解系，这样可以得到两两正交的一组特征向量，最后再进行单位化即可.

上例第（2）小题中对应于$\lambda_1=\lambda_2=-2$，还可求得另一个基础解系

$$\boldsymbol{\xi}_1=\begin{pmatrix}-2\\1\\1\end{pmatrix},\ \boldsymbol{\xi}_2=\begin{pmatrix}-1\\0\\1\end{pmatrix}.$$

取

$$\boldsymbol{\eta}_1=\boldsymbol{\xi}_1=\begin{pmatrix}-2\\1\\1\end{pmatrix},\quad \boldsymbol{\eta}_2=\boldsymbol{\xi}_2-\frac{[\boldsymbol{\eta}_1,\ \boldsymbol{\xi}_2]}{[\boldsymbol{\eta}_1,\ \boldsymbol{\eta}_1]}\boldsymbol{\eta}_1=\begin{pmatrix}0\\-\frac{1}{2}\\\frac{1}{2}\end{pmatrix}$$

再单位化，得

$$\boldsymbol{p}_1=\frac{1}{\|\boldsymbol{\eta}_1\|}\boldsymbol{\eta}_1=\frac{1}{\sqrt{6}}\begin{pmatrix}-2\\1\\1\end{pmatrix},\quad \boldsymbol{p}_2=\frac{1}{\|\boldsymbol{\eta}_2\|}\boldsymbol{\eta}_2=\frac{1}{\sqrt{2}}\begin{pmatrix}0\\-1\\1\end{pmatrix}$$

于是正交矩阵为：

$$\boldsymbol{P}=\begin{pmatrix}-\frac{2}{\sqrt{6}} & 0 & \frac{1}{\sqrt{3}}\\ \frac{1}{\sqrt{6}} & -\frac{1}{\sqrt{2}} & \frac{1}{\sqrt{3}}\\ \frac{1}{\sqrt{6}} & \frac{1}{\sqrt{2}} & \frac{1}{\sqrt{3}}\end{pmatrix},$$

可知仍有 $\boldsymbol{P}^{-1}\boldsymbol{A}\boldsymbol{P}=\boldsymbol{\Lambda}$.

从该例中可以知道，使得 $\boldsymbol{P}^{-1}\boldsymbol{A}\boldsymbol{P}$ 为对角矩阵的正交矩阵 $\boldsymbol{P}$ 不唯一.

三、习题选解

1．求下列矩阵的特征值和特征向量.

（1）$\begin{pmatrix}2 & -1 & 2\\5 & -3 & 3\\-1 & 0 & -2\end{pmatrix}$；　（2）$\begin{pmatrix}1 & 2 & 3\\2 & 1 & 3\\3 & 3 & 6\end{pmatrix}$；　（3）$\begin{pmatrix}0 & 0 & 0 & 1\\0 & 0 & 1 & 0\\0 & 1 & 0 & 0\\1 & 0 & 0 & 0\end{pmatrix}$.

解　（1）由特征方程

$$|\lambda\boldsymbol{E}-\boldsymbol{A}|=\begin{vmatrix}\lambda-2 & 1 & -2\\-5 & \lambda+3 & -3\\1 & 0 & \lambda+2\end{vmatrix}=\begin{vmatrix}\lambda-2 & 1 & -\lambda^2+2\\-5 & \lambda+3 & 5\lambda+7\\1 & 0 & 0\end{vmatrix}=(\lambda+1)^3=0,$$

故 $\boldsymbol{A}$ 有 3 重特征值 $\lambda_1=\lambda_2=\lambda_3=-1$.

对于特征值 $\lambda_1=\lambda_2=\lambda_3=-1$，解方程组 $(-\boldsymbol{E}-\boldsymbol{A})\boldsymbol{X}=\boldsymbol{0}$：

$$-E-A=\begin{pmatrix}-3&1&-2\\-5&2&-3\\1&0&1\end{pmatrix}\xrightarrow{r}\begin{pmatrix}1&0&1\\0&1&1\\0&0&0\end{pmatrix}$$

得基础解系：

$$\xi=\begin{pmatrix}1\\1\\-1\end{pmatrix}$$

所以 A 的属于特征值 $\lambda_1=\lambda_2=\lambda_3=-1$ 的全部特征向量为 $k\xi$（ k 是不为零的常数）.

（2）由特征方程

$$|A-\lambda E|=\begin{vmatrix}1-\lambda&2&3\\2&1-\lambda&3\\3&3&6-\lambda\end{vmatrix}=\begin{vmatrix}-1-\lambda&2&3\\0&3-\lambda&6\\0&3&6-\lambda\end{vmatrix}=-\lambda(\lambda+1)(\lambda-9)=0,$$

A 有特征值 $\lambda_1=-1$, $\lambda_2=9$, $\lambda_3=0$.

对于特征值 $\lambda_1=-1$，解方程组 $(A+E)X=0$：

$$A+E=\begin{pmatrix}2&2&3\\2&2&3\\3&3&7\end{pmatrix}\xrightarrow{r}\begin{pmatrix}1&1&0\\0&0&1\\0&0&0\end{pmatrix}$$

得基础解系

$$\xi_1=\begin{pmatrix}1\\-1\\0\end{pmatrix}$$

所以 A 的属于特征值 $\lambda_1=-1$ 的全部特征向量为 $k_1\xi_1$（ k_1 是不为零的常数）.

对于特征值 $\lambda_2=9$，解方程组 $(A-9E)X=0$：

$$A-9E=\begin{pmatrix}-8&2&3\\2&-8&3\\3&3&-3\end{pmatrix}\xrightarrow{r}\begin{pmatrix}1&-1&0\\0&-2&1\\0&0&0\end{pmatrix},$$

得基础解系

$$\xi_2=\begin{pmatrix}1\\1\\2\end{pmatrix}$$

所以 A 的属于特征值 $\lambda_2=9$ 的全部特征向量为 $k_2\xi_2$（ k_2 是不为零的常数）.

对于特征值 $\lambda_3=0$，解方程组 $(A-0E)X=0$：

$$A-0E=\begin{pmatrix}1&2&3\\2&1&3\\3&3&6\end{pmatrix}\xrightarrow{r}\begin{pmatrix}1&0&1\\0&1&1\\0&0&0\end{pmatrix}$$

得基础解系

$$\boldsymbol{\xi}_3=\begin{pmatrix}1\\1\\-1\end{pmatrix}$$

所以 $\boldsymbol{A}$ 的属于特征值 $\lambda_3=0$ 的全部特征向量为 $k_3\boldsymbol{\xi}_3$（k_3 是不为零的常数）.

（3）由特征方程

$$|A-\lambda E|=\begin{vmatrix}-\lambda&0&0&1\\0&-\lambda&1&0\\0&1&-\lambda&0\\1&0&0&-\lambda\end{vmatrix}=(-1)^{1+4+1+4}\begin{vmatrix}-\lambda&1\\1&-\lambda\end{vmatrix}^2=(\lambda^2-1)^2=0$$

$\boldsymbol{A}$ 有特征值 $\lambda_1=\lambda_2=1,\quad \lambda_3=\lambda_4=-1$.

对于特征值 $\lambda_1=\lambda_2=1$，解方程组 $(\boldsymbol{A}-\boldsymbol{E})\boldsymbol{X}=\boldsymbol{0}$：

$$A-E=\begin{pmatrix}-1&0&0&1\\0&-1&1&0\\0&1&-1&0\\1&0&0&-1\end{pmatrix}\xrightarrow{r}\begin{pmatrix}1&0&0&-1\\0&1&-1&0\\0&0&0&0\\1&0&0&0\end{pmatrix}$$

得基础解系

$$\boldsymbol{\xi}_1=\begin{pmatrix}0\\1\\1\\0\end{pmatrix},\boldsymbol{\xi}_2=\begin{pmatrix}1\\0\\0\\1\end{pmatrix}$$

所以 $\boldsymbol{A}$ 的属于特征值 $\lambda_1=\lambda_2=1$ 的全部特征向量为 $k_1\boldsymbol{\xi}_1+k_2\boldsymbol{\xi}_2$（$k_1,k_2$ 是不全为零的常数）.

对于特征值 $\lambda_3=\lambda_4=-1$，解方程组 $(\boldsymbol{A}+\boldsymbol{E})\boldsymbol{X}=\boldsymbol{0}$：

$$A+E=\begin{pmatrix}1&0&0&1\\0&1&1&0\\0&1&1&0\\1&0&0&1\end{pmatrix}\xrightarrow{r}\begin{pmatrix}1&0&0&1\\0&1&1&0\\0&0&0&0\\1&0&0&0\end{pmatrix}$$

得基础解系

$$\boldsymbol{\xi}_3=\begin{pmatrix}0\\1\\-1\\0\end{pmatrix},\boldsymbol{\xi}_4=\begin{pmatrix}1\\0\\0\\-1\end{pmatrix}$$

所以 $\boldsymbol{A}$ 的属于特征值 $\lambda_3=\lambda_4=-1$ 的全部特征向量为 $k_3\boldsymbol{\xi}_3+k_4\boldsymbol{\xi}_4$（$k_3,k_4$ 是不全为零的常数）.

2．设 n 阶方阵 $\boldsymbol{A}$、$\boldsymbol{B}$ 满足 $R(\boldsymbol{A})+R(\boldsymbol{B})<n$，证明 $\boldsymbol{A}$ 与 $\boldsymbol{B}$ 有公共的特征值，有公共的特征向量.

证 由题设 $R(\boldsymbol{A})+R(\boldsymbol{B})<n$ 知 $R(\boldsymbol{A})<n$，$R(\boldsymbol{B})<n$，故 $|\boldsymbol{A}|=0$，$|\boldsymbol{B}|=0$，于是根据特征值的性质知 $\boldsymbol{A}$、$\boldsymbol{B}$ 都有特征值 0，从而得证 $\boldsymbol{A}$、$\boldsymbol{B}$ 有公共的特征值.

又由于 $\boldsymbol{A}$、$\boldsymbol{B}$ 对应于特征值 0 的特征向量分别是 $\boldsymbol{AX}=\boldsymbol{0}$，$\boldsymbol{BX}=\boldsymbol{0}$ 的非零解，因此证明 $\boldsymbol{A}$ 与 $\boldsymbol{B}$ 有公共的特征向量的问题，就转化为证明 $\boldsymbol{AX}=\boldsymbol{0}$ 与 $\boldsymbol{BX}=\boldsymbol{0}$ 是否有公共的非零解．现考虑齐次线性方程组

$$\begin{pmatrix}\boldsymbol{A}\\\boldsymbol{B}\end{pmatrix}\boldsymbol{X}=\boldsymbol{0}$$

因 $R\begin{pmatrix}\boldsymbol{A}\\\boldsymbol{B}\end{pmatrix}=R(\boldsymbol{A})+(\boldsymbol{B})<n$，故上述齐次方程组有非零解，此非零解使 $\boldsymbol{AX}=\boldsymbol{0}$，也使 $\boldsymbol{BX}=\boldsymbol{0}$，即是 $\boldsymbol{A}$、$\boldsymbol{B}$ 对应于公共特征值 0 的公共特征向量.

3．设 $\boldsymbol{A}^2-3\boldsymbol{A}+2\boldsymbol{E}=\boldsymbol{O}$，证明 $\boldsymbol{A}$ 的特征值只取 1 或 2.

证 令多项式 $f(\lambda)=\lambda^2-3\lambda+2$，则对应有方阵多项式 $f(\boldsymbol{A})=\boldsymbol{A}^2-3\boldsymbol{A}+2\boldsymbol{E}$，若 λ 是 $\boldsymbol{A}$ 的特征值，则有 $\boldsymbol{AX}=\lambda\boldsymbol{X}$，从而 $\boldsymbol{A}^2\boldsymbol{X}=\boldsymbol{A}(\boldsymbol{AX})=\boldsymbol{A}\lambda\boldsymbol{X}=\lambda^2\boldsymbol{X}$，

$$(\boldsymbol{A}^2-3\boldsymbol{A}+2\boldsymbol{E})\boldsymbol{X}=\boldsymbol{A}^2\boldsymbol{X}-3\boldsymbol{AX}+2\boldsymbol{EX}=\lambda^2\boldsymbol{X}-3\lambda\boldsymbol{X}+2\boldsymbol{X}=(\lambda^2-3\lambda+2)\boldsymbol{X}$$

即有 $f(\boldsymbol{A})x=f(\lambda)x$，即 $f(\lambda)$ 是 f 的特征值．因 $f(\boldsymbol{A})=0$，所以 $f(\lambda)=0$，即 λ 必满足方程 $\lambda^2-3\lambda+2=0$，而此方程的根是 1 和 2，从而证得 $\boldsymbol{A}$ 的特征值只取 1 或 2.

4．设 $\lambda\neq 0$ 是 m 阶矩阵 $\boldsymbol{A}_{m\times n}\boldsymbol{B}_{n\times m}$ 的特征值，证明 λ 也是 n 阶矩阵 $\boldsymbol{BA}$ 的特征值.

证 因 $\lambda\neq 0$ 是 m 阶矩阵 $\boldsymbol{A}_{m\times n}\boldsymbol{B}_{n\times m}$ 的特征值，设 $\boldsymbol{X}$ 是对应的特征向量，则有

$$(\boldsymbol{AB})\boldsymbol{X}=\lambda\boldsymbol{X}$$

用矩阵 $\boldsymbol{B}$ 左乘上式的两端，得

$$(\boldsymbol{BA})(\boldsymbol{BX})=\boldsymbol{B}(\boldsymbol{AB})\boldsymbol{X}=\boldsymbol{B}\lambda\boldsymbol{X}=\lambda(\boldsymbol{BX})$$

于是只需证明 $\boldsymbol{BX}\neq\boldsymbol{0}$，则由特征值和特征向量的定义可知：$\lambda$ 是 n 阶矩阵 $\boldsymbol{BA}$ 的特征值，$\boldsymbol{BX}$ 为对应的特征向量．事实上，若 $\boldsymbol{BX}=\boldsymbol{0}$，则代入 $(\boldsymbol{AB})\boldsymbol{X}=\lambda\boldsymbol{X}$ 得 $\lambda\boldsymbol{X}=\boldsymbol{0}$，因特征向量 $\boldsymbol{X}\neq\boldsymbol{0}$，所以 $\lambda=0$ 与已知条件 $\lambda\neq 0$ 矛盾.

5．已知 3 阶矩阵 $\boldsymbol{A}$ 的特征值为 1、2、3，求 $|\boldsymbol{A}^3-5\boldsymbol{A}^2+7\boldsymbol{A}|$.

解　由已知$\varphi(A)=A^3-5A^2+7A$的特征值为：

$\varphi(1)=1^3-5\times1^2+7\times1=3$，

$\varphi(2)=2^3-5\times2^2+7\times2=2$，$\varphi(3)=3^3-5\times3^2+7\times3=3$．

因此$\left|A^3-5A^2+7A\right|=3\times2\times3=18$．

6．已知 3 阶矩阵 A 的特征值为 1、2、-3，求$\left|A^*+3A+2E\right|$．

解　因$|A|=1\times2\times(-3)=-6\neq0$，所以$A^{-1}$存在，从而$A^*=|A|A^{-1}=-6A^{-1}$，于是

$$\left|A^*+3A+2E\right|=\left|-6A^{-1}+3A+2E\right|=\left|A^{-1}\right|\left|-6E+3A^2+2A\right|$$

而$\varphi(A)=-6E+3A^2+2A$的特征值为

$\varphi(1)=-6\times1+3\times1^2+2\times1=-1$，

$\varphi(2)=-6\times1+3\times2^2+2\times2=10$，

$\varphi(-3)=-6\times1+3\times(-3)^2+2\times(-3)=15$，

所以$\left|-6E+3A^2+2A\right|=(-1)\times10\times15=-150$

又$\left|A^{-1}\right|=-\dfrac{1}{6}$，所以$\left|A^*+3A+2E\right|=\left|A^{-1}\right|\left|-6E+3A^2+2A\right|=-\dfrac{1}{6}\times(-150)=25$．

7．设矩阵$A=\begin{pmatrix}2&0&1\\3&1&x\\4&0&5\end{pmatrix}$可相似对角化，求$x$．

解　由 A 的特征多项式

$|A-\lambda E|=\begin{vmatrix}2-\lambda&0&1\\3&1-\lambda&x\\4&0&5-\lambda\end{vmatrix}=(\lambda-1)^2(6-\lambda)$知，$A$ 的特征值为$\lambda=1$（二重根）和$\lambda=6$．因 A 可对角化，所以二重特征值$\lambda=1$应对应两个线性无关的特征向量，从而矩阵 $A-E$ 的秩应为 1.

$$A-E=\begin{pmatrix}1&0&1\\3&0&x\\4&0&4\end{pmatrix}\to\begin{pmatrix}1&0&1\\0&0&x-3\\0&0&0\end{pmatrix}$$

由此可见，当$x=3$　时，$R(A-E)=1$，所以$x=3$．

8．已知$p=\begin{pmatrix}1\\1\\-1\end{pmatrix}$是矩阵$A=\begin{pmatrix}2&-1&2\\5&a&3\\-1&b&-2\end{pmatrix}$的一个特征向量，

（1）求参数a,b及特征向量 p 所对应的特征值；

（2）问 A 能不能相似对角化并说明理由.

解 （1）由 $\boldsymbol{A}\boldsymbol{p}=\lambda\boldsymbol{p}$，即

$$\begin{pmatrix}2&-1&2\\5&a&3\\-1&b&-2\end{pmatrix}\begin{pmatrix}1\\1\\-1\end{pmatrix}=\lambda\begin{pmatrix}1\\1\\-1\end{pmatrix}$$

可得

$$\begin{pmatrix}-1\\a+2\\b+1\end{pmatrix}=\begin{pmatrix}\lambda\\\lambda\\-\lambda\end{pmatrix}\Rightarrow \lambda=-1, a=-3, b=0.$$

（2）因特征多项式

$$|\boldsymbol{A}-\lambda\boldsymbol{E}|=\begin{vmatrix}2-\lambda&-1&2\\5&-3-\lambda&3\\-1&0&-2-\lambda\end{vmatrix}=-(\lambda+1)^3$$

而 A 的特征值 $\lambda=-1$ 是三重根，且由

$$\boldsymbol{A}+\boldsymbol{E}=\begin{pmatrix}3&-1&2\\5&-2&3\\-1&0&-1\end{pmatrix}\xrightarrow{r}\begin{pmatrix}1&0&1\\0&1&1\\0&0&0\end{pmatrix}$$

所以 $R(\boldsymbol{A}+\boldsymbol{E})=2$，从而 $\boldsymbol{A}$ 只有一个线性无关的特征向量，所以 $\boldsymbol{A}$ 不能相似对角化.

9．试用施密特法把下列向量组正交化.

（1）$(\boldsymbol{a}_1,\boldsymbol{a}_2,\boldsymbol{a}_3)=\begin{pmatrix}1&1&1\\1&2&4\\1&3&9\end{pmatrix}$；　　（2）$(\boldsymbol{a}_1,\boldsymbol{a}_2,\boldsymbol{a}_3)=\begin{pmatrix}1&1&-1\\0&-1&1\\-1&0&1\\1&1&0\end{pmatrix}$.

解 （1）正交化：取 $\boldsymbol{b}_1=\boldsymbol{a}_1=(1,1,1)$

$$\boldsymbol{b}_2=\boldsymbol{a}_2-\frac{[\boldsymbol{b}_1,\boldsymbol{a}_2]}{[\boldsymbol{b}_1,\boldsymbol{b}_1]}\boldsymbol{b}_1=(1,2,3)-\frac{1+2+3}{1+1+1}(1,1,1)=(-1,0,1)$$

$$\boldsymbol{b}_3=\boldsymbol{a}_3-\frac{[\boldsymbol{b}_1,\boldsymbol{a}_3]}{[\boldsymbol{b}_1,\boldsymbol{b}_1]}\boldsymbol{b}_1-\frac{[\boldsymbol{b}_2,\boldsymbol{a}_3]}{[\boldsymbol{b}_2,\boldsymbol{b}_2]}\boldsymbol{b}_2$$

$$=(1,4,9)-\frac{1+4+9}{1+1+1}(1,1,1)-\frac{-1+0+9}{1+1}(-1,0,1)=\left(\frac{1}{3},-\frac{2}{3},\frac{1}{3}\right)$$

（2）正交化：取 $\boldsymbol{b}_1=\boldsymbol{a}_1=(1,0,-1,1)$

$$\boldsymbol{b}_2=\boldsymbol{a}_2-\frac{[\boldsymbol{b}_1,\boldsymbol{a}_2]}{[\boldsymbol{b}_1,\boldsymbol{b}_1]}\boldsymbol{b}_1=(1,-1,0,1)-\frac{1+1}{1+1+1}(1,0,-1,1)=\frac{1}{3}(1,-3,\ 2,1)$$

$$\boldsymbol{b}_3=\boldsymbol{a}_3-\frac{[\boldsymbol{b}_1,\boldsymbol{a}_3]}{[\boldsymbol{b}_1,\boldsymbol{b}_1]}\boldsymbol{b}_1-\frac{[\boldsymbol{b}_2,\boldsymbol{a}_3]}{[\boldsymbol{b}_2,\boldsymbol{b}_2]}\boldsymbol{b}_2$$

$$=(-1,1,1,0)-\frac{-2}{3}(1,0,-1,1)-\frac{-\frac{2}{3}}{\frac{5}{3}}\times\frac{1}{3}(1,-3,2,1)=\frac{1}{5}(-1,3,3,4)$$

10．下列矩阵是不是正交矩阵？并说明理由．

（1）$\begin{pmatrix}1 & 0 & \frac{1}{3}\\ 0 & 1 & 0\\ \frac{1}{3} & 0 & -1\end{pmatrix}$；　　（2）$\frac{1}{2}\begin{pmatrix}1 & -1 & 1 & -1\\ 1 & -1 & -1 & 1\\ \sqrt{2} & \sqrt{2} & 0 & 0\\ 0 & 0 & \sqrt{2} & \sqrt{2}\end{pmatrix}$．

解　（1）不是正交矩阵．因为

$$\begin{pmatrix}1 & 0 & \frac{1}{3}\\ 0 & 1 & 0\\ \frac{1}{3} & 0 & -1\end{pmatrix}\begin{pmatrix}1 & 0 & \frac{1}{3}\\ 0 & 1 & 0\\ \frac{1}{3} & 0 & -1\end{pmatrix}^{\mathrm{T}}\neq\begin{pmatrix}1 & 0 & 0\\ 0 & 1 & 0\\ 0 & 0 & 1\end{pmatrix}.$$

（2）是正交矩阵．因为

$$\frac{1}{2}\begin{pmatrix}1 & -1 & 1 & -1\\ 1 & -1 & -1 & 1\\ \sqrt{2} & \sqrt{2} & 0 & 0\\ 0 & 0 & \sqrt{2} & \sqrt{2}\end{pmatrix}\frac{1}{2}\begin{pmatrix}1 & -1 & 1 & -1\\ 1 & -1 & -1 & 1\\ \sqrt{2} & \sqrt{2} & 0 & 0\\ 0 & 0 & \sqrt{2} & \sqrt{2}\end{pmatrix}^{\mathrm{T}}=\begin{pmatrix}1 & 0 & 0 & 0\\ 0 & 1 & 0 & 0\\ 0 & 0 & 1 & 0\\ 0 & 0 & 0 & 1\end{pmatrix}$$

11．试求一个正交的相似变换矩阵，将下列对称矩阵化为对角矩阵．

（1）$\begin{pmatrix}2 & 0 & 0\\ 0 & 3 & 2\\ 0 & 2 & 3\end{pmatrix}$；　　（2）$\begin{pmatrix}2 & 2 & -2\\ 2 & 5 & -4\\ -2 & -4 & 5\end{pmatrix}$．

解　（1）第 1 步　求 $\boldsymbol{A}$ 的特征值．

由

$$|\boldsymbol{A}-\lambda\boldsymbol{E}|=\begin{vmatrix}2-\lambda & 0 & 0\\ 0 & 3-\lambda & 2\\ 0 & 2 & 3-\lambda\end{vmatrix}=(2-\lambda)(\lambda-1)(\lambda-5)=0$$

得 $\lambda_1=2,\lambda_2=1,\lambda_3=5$．

第 2 步　由 $(\boldsymbol{A}-\lambda_1\boldsymbol{E})\boldsymbol{X}=\boldsymbol{0}$，求出 $\boldsymbol{A}$ 的特征向量．

对 $\lambda_1=2$，由 $(\boldsymbol{A}-2\boldsymbol{E})\boldsymbol{X}=\boldsymbol{0}$，得

$$\begin{cases} 0=0 \\ x_2+2x_3=0 \\ 2x_2+x_3=0 \end{cases}$$

解之得基础解系$\boldsymbol{\xi}_1=\begin{pmatrix}1\\0\\0\end{pmatrix}$.

对$\lambda_2=1$，由$(\boldsymbol{A}-\boldsymbol{E})\boldsymbol{X}=\boldsymbol{0}$，得

$$\begin{cases} x_1=0 \\ 2x_1+2x_3=0 \\ 2x_2+2x_3=0 \end{cases}$$

解之得基础解系$\boldsymbol{\xi}_2=\begin{pmatrix}0\\-1\\1\end{pmatrix}$.

对$\lambda_3=5$，由$(\boldsymbol{A}-5\boldsymbol{E})\boldsymbol{X}=\boldsymbol{0}$，得

$$\begin{cases} -3x_1=0 \\ -2x_2+2x_3=0 \\ 2x_2-2x_3=0 \end{cases}$$

解之得基础解系$\boldsymbol{\xi}_3=\begin{pmatrix}0\\1\\1\end{pmatrix}$.

第 3 步　将特征向量正交化.

由于$\boldsymbol{\xi}_1,\boldsymbol{\xi}_2,\boldsymbol{\xi}_3$是属于$\boldsymbol{A}$的 3 个不同特征值$\lambda_1,\lambda_2,\lambda_3$的特征向量，故它们必两两正交.

第 4 步　将特征向量单位化.

令$\boldsymbol{\eta}_i=\dfrac{\boldsymbol{\xi}_i}{\|\boldsymbol{\xi}_i\|}$，$i=1,2,3$，得

$$\boldsymbol{\eta}_1=\begin{pmatrix}1\\0\\0\end{pmatrix}，\boldsymbol{\eta}_2=\begin{pmatrix}0\\-\dfrac{1}{\sqrt{2}}\\\dfrac{1}{\sqrt{2}}\end{pmatrix}，\boldsymbol{\eta}_3=\begin{pmatrix}0\\\dfrac{1}{\sqrt{2}}\\\dfrac{1}{\sqrt{2}}\end{pmatrix}$$

作

$$P=(\eta_1,\eta_2,\eta_3)=\frac{\sqrt{2}}{2}\begin{pmatrix}\sqrt{2}&0&0\\0&-1&1\\0&1&1\end{pmatrix}$$

则

$$P^{-1}AP=\begin{pmatrix}2&0&0\\0&1&0\\0&0&5\end{pmatrix}$$

（2）由$|A-\lambda E|=\begin{vmatrix}2-\lambda&2&-2\\2&5-\lambda&-4\\-2&-4&5-\lambda\end{vmatrix}=-(\lambda-10)(\lambda-1)^2=0$

得特征值 $\lambda_1=10,\lambda_2=\lambda_3=1$.

对 $\lambda_1=10$，由 $(A-10E)X=0$ 得基础解系 $\xi_1=\begin{pmatrix}1\\2\\-2\end{pmatrix}$，再将它单位化，得 $p_1=\frac{1}{3}\begin{pmatrix}1\\2\\-2\end{pmatrix}$.

对 $\lambda_2=\lambda_3=1$，由 $(A-E)X=0$ 得基础解系 $\xi_2=\begin{pmatrix}0\\1\\1\end{pmatrix}$，$\xi_3=\begin{pmatrix}2\\0\\1\end{pmatrix}$.

将 ξ_2，ξ_3 正交化

取 $\eta_2=\xi_2=\begin{pmatrix}0\\1\\1\end{pmatrix}$，$\eta_3=\xi_3-\frac{[\eta_2,\xi_3]}{[\eta_2,\eta_2]}\eta_2=\begin{pmatrix}2\\0\\1\end{pmatrix}-\frac{1}{2}\begin{pmatrix}0\\1\\1\end{pmatrix}=\begin{pmatrix}2\\\frac{1}{2}\\\frac{1}{2}\end{pmatrix}$

再单位化，得

$$p_2=\frac{1}{\sqrt{2}}\begin{pmatrix}0\\1\\1\end{pmatrix},\quad p_3=\frac{\sqrt{2}}{3}\begin{pmatrix}2\\-\frac{1}{2}\\\frac{1}{2}\end{pmatrix}=\frac{1}{3\sqrt{2}}\begin{pmatrix}4\\-1\\1\end{pmatrix}$$

于是得正交矩阵

$$P=(p_1,p_2,p_3)=\frac{1}{3\sqrt{2}}\begin{pmatrix}\sqrt{2} & 0 & 4\\ 2\sqrt{2} & 3 & -1\\ -2\sqrt{2} & 3 & 1\end{pmatrix}$$

且有

$$P^{-1}AP=\begin{pmatrix}10 & 0 & 0\\ 0 & 1 & 0\\ 0 & 0 & 1\end{pmatrix}.$$

12．设矩阵 $A=\begin{pmatrix}1 & -2 & -4\\ -2 & x & -2\\ -4 & -2 & 1\end{pmatrix}$ 与 $\Lambda=\begin{pmatrix}5 & & \\ & -4 & \\ & & y\end{pmatrix}$ 相似，求 x,y 的值；并求一个正交矩阵 P 使 $P^{-1}AP=\Lambda$.

解 （1）因为 A 与 Λ 相似，所以它们有相同的特征值，即 $\lambda_1=5,\lambda_2=-4,\lambda_3=y$

而 $|A|=\begin{vmatrix}1 & -2 & -4\\ -2 & x & -2\\ -4 & -2 & 1\end{vmatrix}=-15x-40$

又 $\begin{cases}\lambda_1\lambda_2\lambda_3=|A|\\ \lambda_1+\lambda_2+\lambda_3=a_{11}+a_{22}+a_{33}\end{cases}$

所以 $\begin{cases}5\times(-4)\ y=-15x-40\\ 5-4+y=1+x+1\end{cases}$

解之得 $x=4,\quad y=5$.

（2）由（1）知 A 的特征值是 Λ 的特征值：

$$\lambda_1=\lambda_3=5,\ \lambda_2=-4$$

对 $\lambda_2=-4$，由 $(A+4E)X=0$ 得基础解系 $\xi_2=\begin{pmatrix}2\\1\\2\end{pmatrix}$，再将它单位化，得 $p_2=\frac{1}{3}\begin{pmatrix}2\\1\\2\end{pmatrix}$.

对 $\lambda_1=\lambda_3=5$，由 $(A-5E)X=0$ 得基础解系 $\xi_1=\begin{pmatrix}1\\0\\-1\end{pmatrix}$，$\xi_3=\begin{pmatrix}1\\-2\\0\end{pmatrix}$

将 ξ_1，ξ_3 正交化：

取 $\eta_1=\xi_1=\begin{pmatrix}1\\0\\-1\end{pmatrix}$，$\eta_3=\xi_3-\frac{[\eta_1,\xi_3]}{[\eta_1,\eta_1]}\eta_1=\begin{pmatrix}1\\-2\\0\end{pmatrix}-\frac{1}{2}\begin{pmatrix}1\\0\\-1\end{pmatrix}=\begin{pmatrix}\frac{1}{2}\\-2\\\frac{1}{2}\end{pmatrix}$

再单位化，得

$$p_1=\frac{1}{\sqrt{2}}\begin{pmatrix}2\\0\\-1\end{pmatrix},\quad p_3=\frac{\sqrt{2}}{3}\begin{pmatrix}\frac{1}{2}\\-2\\\frac{1}{2}\end{pmatrix}=\begin{pmatrix}\frac{1}{3\sqrt{2}}\\-\frac{4}{3\sqrt{2}}\\\frac{1}{3\sqrt{2}}\end{pmatrix}$$

于是得正交矩阵

$$P=(p_1,p_2,p_3)=\frac{1}{3\sqrt{2}}\begin{pmatrix}3&2\sqrt{2}&1\\0&\sqrt{2}&-4\\-3&2\sqrt{2}&1\end{pmatrix}$$

且有

$$P^{-1}AP=\begin{pmatrix}5&0&0\\0&-4&0\\0&0&5\end{pmatrix}.$$

13．设 3 阶矩阵 A 的特征值为 $\lambda_1=2$，$\lambda_2=-2$，$\lambda_3=1$，对应的特征向量依次为 $p_1=\begin{pmatrix}0\\1\\1\end{pmatrix}$，$p_2=\begin{pmatrix}1\\1\\1\end{pmatrix}$，$p_3=\begin{pmatrix}1\\1\\0\end{pmatrix}$．求 A．

解　显然 A 的 3 个特征向量 $p_1=\begin{pmatrix}0\\1\\1\end{pmatrix}$，$p_2=\begin{pmatrix}1\\1\\1\end{pmatrix}$，$p_3=\begin{pmatrix}1\\1\\0\end{pmatrix}$是线性无关的（因为它们属于 3 个不同的特征向量），从而 A 可以对角化.

令 $P=(p_1,p_2,p_3)=\begin{pmatrix}0&1&1\\1&1&1\\1&1&0\end{pmatrix}$，$\Lambda=\begin{pmatrix}2&&\\&-2&\\&&1\end{pmatrix}$，则由 $P^{-1}AP=\Lambda$，得 $A=P\Lambda P^{-1}$．

用初等行变换法求得 $P^{-1}=\begin{pmatrix}-1&1&0\\1&-1&1\\0&1&-1\end{pmatrix}$．于是

$$A=P\Lambda P^{-1}=\begin{pmatrix}0&1&1\\1&1&1\\1&1&0\end{pmatrix}\begin{pmatrix}2&&\\&-2&\\&&1\end{pmatrix}\begin{pmatrix}-1&1&0\\1&-1&1\\0&1&-1\end{pmatrix}=\begin{pmatrix}-2&3&-3\\-4&5&-3\\-4&4&-2\end{pmatrix}.$$

14．设 3 阶对称矩阵 A 的特征值为 $\lambda_1=1$，$\lambda_2=-1$，$\lambda_3=0$，对应 λ_1,λ_2 的特征向量

依次为 $\boldsymbol{p}_1=\begin{pmatrix}1\\2\\2\end{pmatrix}$，$\boldsymbol{p}_2=\begin{pmatrix}2\\1\\-2\end{pmatrix}$，求 $\boldsymbol{A}$.

解 因对称矩阵的对应于不同特征值的特征向量相互正交，现已知 $\lambda_1=1$，$\lambda_2=-1$ 的特征向量分别是 $\boldsymbol{p}_1=\begin{pmatrix}1\\2\\2\end{pmatrix}$，$\boldsymbol{p}_2=\begin{pmatrix}2\\1\\-2\end{pmatrix}$，若对应于 $\lambda_3=0$ 的特征向量是 $\boldsymbol{p}_3=\begin{pmatrix}x_1\\x_2\\x_3\end{pmatrix}$，则有 $\boldsymbol{p}_1^{\mathrm{T}}\boldsymbol{p}_3=0$，$\boldsymbol{p}_2^{\mathrm{T}}\boldsymbol{p}_3=0$，即

$$\begin{cases}x_1+2x_2+2x_3=0\\2x_1+x_2-2x_3=0\end{cases}$$

解此方程组，得

$$\boldsymbol{p}_3=\begin{pmatrix}x_1\\x_2\\x_3\end{pmatrix}=\begin{pmatrix}2\\-2\\1\end{pmatrix}$$

再将 $\boldsymbol{p}_1$，$\boldsymbol{p}_2$，$\boldsymbol{p}_3$ 单位化，得

$$\boldsymbol{q}_1=\frac{1}{3}\boldsymbol{p}_1=\frac{1}{3}\begin{pmatrix}1\\2\\2\end{pmatrix},\quad \boldsymbol{q}_2=\frac{1}{3}\boldsymbol{p}_2=\frac{1}{3}\begin{pmatrix}2\\1\\-2\end{pmatrix},\quad \boldsymbol{q}_3=\frac{1}{3}\boldsymbol{p}_3=\frac{1}{3}\begin{pmatrix}2\\-2\\1\end{pmatrix}$$

令

$$\boldsymbol{Q}=(\boldsymbol{q}_1,\boldsymbol{q}_2,\boldsymbol{q}_3)=\frac{1}{3}\begin{pmatrix}1&2&2\\2&1&-2\\2&-2&1\end{pmatrix},\qquad \boldsymbol{\Lambda}=\begin{pmatrix}1&&\\&-1&\\&&0\end{pmatrix}$$

由 $\boldsymbol{Q}^{-1}\boldsymbol{A}\boldsymbol{Q}=\boldsymbol{\Lambda}$，又因 $\boldsymbol{Q}$ 是正交矩阵，得 $\boldsymbol{A}=\boldsymbol{Q}\boldsymbol{\Lambda}\boldsymbol{Q}^{-1}=\boldsymbol{Q}\boldsymbol{\Lambda}\boldsymbol{Q}^{\mathrm{T}}$，于是

$$\boldsymbol{A}=\boldsymbol{Q}\boldsymbol{\Lambda}\boldsymbol{Q}^{-1}=\frac{1}{3}\begin{pmatrix}1&2&2\\2&1&-2\\2&-2&1\end{pmatrix}\begin{pmatrix}1&&\\&-1&\\&&0\end{pmatrix}\frac{1}{3}\begin{pmatrix}1&2&2\\2&1&-2\\2&-2&1\end{pmatrix}=\frac{1}{3}\begin{pmatrix}-1&0&2\\0&1&2\\2&2&0\end{pmatrix}$$

15．设 3 阶对称矩阵 $\boldsymbol{A}$ 的特征值为 $\lambda_1=6$，$\lambda_2=\lambda_3=3$，与特征值 $\lambda_1=6$ 对应的特征向量为 $\boldsymbol{p}_1=(1,1,1)^{\mathrm{T}}$，求 $\boldsymbol{A}$.

解 因对称矩阵的对应于不同特征值的特征向量相互正交，现已知 $\lambda_1=6$ 的特征向量是 $\boldsymbol{p}_1=\begin{pmatrix}1\\1\\1\end{pmatrix}$，若对应于 $\lambda_2=\lambda_3=3$ 的特征向量是 $\boldsymbol{p}_2,\boldsymbol{p}_3$，则有 $\boldsymbol{p}_1^{\mathrm{T}}\boldsymbol{p}_2=0$，$\boldsymbol{p}_1^{\mathrm{T}}\boldsymbol{p}_3=0$，即

$\boldsymbol{p}_2, \boldsymbol{p}_3$ 是齐次方程组 $\boldsymbol{p}_1^{\mathrm{T}} x = 0$ 的两个线性无关的解，于是由方程 $\boldsymbol{p}_1^{\mathrm{T}} x = 0$，即 $x_1 + x_2 + x_3 = 0$，得

$$\boldsymbol{p}_2 = \begin{pmatrix} 1 \\ 0 \\ -1 \end{pmatrix}, \quad \boldsymbol{p}_3 = \begin{pmatrix} 0 \\ 1 \\ -1 \end{pmatrix}$$

将 $\boldsymbol{p}_2$，$\boldsymbol{p}_3$ 正交化，取 $\boldsymbol{\eta}_2 = \boldsymbol{p}_2 = \begin{pmatrix} 1 \\ 0 \\ -1 \end{pmatrix}$

$$\boldsymbol{\eta}_3 = \boldsymbol{p}_3 - \frac{[\boldsymbol{\eta}_2, \boldsymbol{p}_3]}{[\boldsymbol{\eta}_2, \boldsymbol{\eta}_2]}\boldsymbol{\eta}_2 = \begin{pmatrix} 0 \\ 1 \\ -1 \end{pmatrix} - \frac{1}{2}\begin{pmatrix} 1 \\ 0 \\ -1 \end{pmatrix} = \begin{pmatrix} -\frac{1}{2} \\ 1 \\ -\frac{1}{2} \end{pmatrix}$$

再将 $\boldsymbol{p}_1$，$\boldsymbol{\eta}_2$，$\boldsymbol{\eta}_3$ 单位化，得

$$\boldsymbol{q}_1 = \frac{1}{\sqrt{3}}\boldsymbol{p}_1 = \frac{1}{\sqrt{3}}\begin{pmatrix} 1 \\ 1 \\ 1 \end{pmatrix}, \quad \boldsymbol{q}_2 = \frac{1}{\sqrt{2}}\boldsymbol{\eta}_2 = \frac{1}{\sqrt{2}}\begin{pmatrix} 1 \\ 0 \\ -1 \end{pmatrix}, \quad \boldsymbol{q}_3 = \frac{1}{\sqrt{6}}\boldsymbol{\eta}_3 = \frac{1}{\sqrt{6}}\begin{pmatrix} -1 \\ 2 \\ -1 \end{pmatrix}$$

令 $\boldsymbol{Q} = (\boldsymbol{q}_1, \boldsymbol{q}_2, \boldsymbol{q}_3) = \dfrac{1}{\sqrt{6}}\begin{pmatrix} \sqrt{2} & \sqrt{3} & -1 \\ \sqrt{2} & 0 & 2 \\ \sqrt{2} & -\sqrt{3} & -1 \end{pmatrix}$，$\boldsymbol{\Lambda} = \begin{pmatrix} 6 & & \\ & 3 & \\ & & 3 \end{pmatrix}$，则由 $\boldsymbol{Q}^{-1}\boldsymbol{A}\boldsymbol{Q} = \boldsymbol{\Lambda}$ 及 $\boldsymbol{Q}$ 是正交矩阵，得 $\boldsymbol{A} = \boldsymbol{Q}\boldsymbol{\Lambda}\boldsymbol{Q}^{-1} = \boldsymbol{Q}\boldsymbol{\Lambda}\boldsymbol{Q}^{\mathrm{T}}$，于是

$$\boldsymbol{A} = \boldsymbol{Q}\boldsymbol{\Lambda}\boldsymbol{Q}^{\mathrm{T}} = \boldsymbol{Q} = \frac{1}{\sqrt{6}}\begin{pmatrix} \sqrt{2} & \sqrt{3} & -1 \\ \sqrt{2} & 0 & 2 \\ \sqrt{2} & -\sqrt{3} & -1 \end{pmatrix}\begin{pmatrix} 6 & & \\ & 3 & \\ & & 3 \end{pmatrix}\frac{1}{\sqrt{6}}\begin{pmatrix} \sqrt{2} & \sqrt{2} & \sqrt{2} \\ \sqrt{3} & 0 & -\sqrt{3} \\ -1 & 2 & -1 \end{pmatrix}$$

$$= \begin{pmatrix} 4 & 1 & 1 \\ 1 & 4 & 1 \\ 1 & 1 & 4 \end{pmatrix}$$

16．设 $\boldsymbol{a} = (a_1, a_2, \cdots, a_n)^{\mathrm{T}}$，$a_1 \neq 0, \boldsymbol{A} = \boldsymbol{a}\boldsymbol{a}^{\mathrm{T}}$，

（1）证明 $\lambda = 0$ 是 $\boldsymbol{A}$ 的 $n-1$ 重特征值；

（2）求 $\boldsymbol{A}$ 的非零特征值及 n 个线性无关的特征向量．

解 利用特征值的性质来证．一方面，有

$$\boldsymbol{A}^2 = (\boldsymbol{a}\boldsymbol{a}^{\mathrm{T}})(\boldsymbol{a}\boldsymbol{a}^{\mathrm{T}}) = \boldsymbol{a}(\boldsymbol{a}^{\mathrm{T}}\boldsymbol{a})\boldsymbol{a}^{\mathrm{T}} = \|\boldsymbol{a}\|^2 \boldsymbol{a}\boldsymbol{a}^{\mathrm{T}} = \|\boldsymbol{a}\|^2 \boldsymbol{A}$$

所以 $\boldsymbol{A}^2-\|\boldsymbol{a}\|^2\boldsymbol{A}=\boldsymbol{0}$.

于是 $\boldsymbol{A}$ 的特征值 λ 必满足 $\lambda^2-\|\boldsymbol{a}\|^2\lambda=0$，即 $\lambda(\lambda-\|\boldsymbol{a}\|^2)=0$，因此 $\boldsymbol{A}$ 的特征值只能是 0 或 $\|\boldsymbol{a}\|^2$.

另一方面，由特征值的性质知，$\boldsymbol{A}$ 的 n 个特征值之和 $\sum_{i=1}^{n}\lambda_i=\operatorname{tr}\boldsymbol{A}=\sum_{i=1}^{n}\boldsymbol{a}_i^{\ 2}=\|\boldsymbol{a}\|^2$，从而知 $\boldsymbol{A}$ 只有一个非零特征值 $\|\boldsymbol{a}\|^2$，其余均为 0，即 $\lambda=0$ 是 $\boldsymbol{A}$ 的 $n-1$ 重特征值.

下面求 $\boldsymbol{A}$ 的 n 个线性无关的特征向量:

对应于特征值 $\lambda=0$，解方程 $(\boldsymbol{A}-0\boldsymbol{E})\boldsymbol{X}=\boldsymbol{0}$

$$由\ \boldsymbol{A}-0\boldsymbol{E}==\boldsymbol{A}=\boldsymbol{a}\boldsymbol{a}^{\mathrm{T}}=\begin{pmatrix} a_1^{\ 2} & a_1a_2 & \cdots & a_1a_n \\ a_1a_2 & a_2^{\ 2} & \cdots & a_2a_n \\ \cdots & \cdots & \ddots & \cdots \\ a_na_1 & a_na_2 & \cdots & a_n^{\ 2} \end{pmatrix}$$

$$\xrightarrow[\substack{后 r_i-a_ir_1 \\ i=2,3,\cdots,n}]{先\frac{1}{a_1}r_1}\begin{pmatrix} a_1 & a_2 & \cdots & a_n \\ 0 & 0 & \cdots & 0 \\ \cdots & \cdots & \ddots & \cdots \\ 0 & 0 & \cdots & 0 \end{pmatrix}，得基础解系$$

$$\boldsymbol{\xi}_1=\begin{pmatrix} -\frac{a_2}{a_1} \\ 1 \\ 0 \\ \vdots \\ 0 \end{pmatrix}，\ \boldsymbol{\xi}_2=\begin{pmatrix} -\frac{a_3}{a_1} \\ 0 \\ 1 \\ \vdots \\ 0 \end{pmatrix},\cdots，\ \boldsymbol{\xi}_{n-1}=\begin{pmatrix} -\frac{a_n}{a_1} \\ 0 \\ 0 \\ \vdots \\ 1 \end{pmatrix}$$

对应于特征值 $\lambda=\|\boldsymbol{a}\|^2$，解方程 $(\boldsymbol{A}-\lambda\boldsymbol{E})\boldsymbol{X}=\boldsymbol{0}$

$$\boldsymbol{A}-\lambda\boldsymbol{E}=\begin{pmatrix} a_1^{\ 2}-\lambda & a_1a_2 & \cdots & a_1a_n \\ a_1a_2 & a_2^{\ 2}-\lambda & \cdots & a_2a_n \\ \cdots & \cdots & \ddots & \cdots \\ a_na_1 & a_na_2 & \cdots & a_n^{\ 2}-\lambda \end{pmatrix}$$

$$\xrightarrow[]{\substack{r_i-\frac{a_i}{a_1}r_1 \\ i=2,3,\cdots,n}}\begin{pmatrix} a_1^{\ 2}-\lambda & a_1a_2 & \cdots & a_1a_n \\ \frac{a_2}{a_1}\lambda & -\lambda & \cdots & 0 \\ \cdots & \cdots & \ddots & \cdots \\ \frac{a_n}{a_1}\lambda & 0 & \cdots & -\lambda \end{pmatrix}$$

$$\xrightarrow[i=2,3,\cdots,n]{\frac{a_1}{\lambda_1}r_i}\begin{pmatrix} a_1^2-\lambda & a_1a_2 & \cdots & a_1a_n \\ a_2 & -a_1 & \cdots & 0 \\ \cdots & \cdots & \ddots & \cdots \\ a_n & 0 & \cdots & -a_1 \end{pmatrix}$$

因$(\boldsymbol{A}-\lambda\boldsymbol{E})X=0$有非零解，所以$R(\boldsymbol{A}-\lambda\boldsymbol{E})\leqslant n-1$，而上式矩阵右下角的$n-1$阶矩阵为非零矩阵，所以$R(\boldsymbol{A}-\lambda\boldsymbol{E})=n-1$，且有

$$\begin{pmatrix} a_1^2-\lambda & a_1a_2 & \cdots & a_1a_n \\ a_2 & -a_1 & \cdots & 0 \\ \cdots & \cdots & \ddots & \cdots \\ a_n & 0 & \cdots & -a_1 \end{pmatrix}\begin{pmatrix} a_1 \\ a_2 \\ \vdots \\ a_n \end{pmatrix}=\begin{pmatrix} 0 \\ 0 \\ \vdots \\ 0 \end{pmatrix}$$

所以$\boldsymbol{\xi}_n=\begin{pmatrix} a_1 \\ a_2 \\ \vdots \\ a_n \end{pmatrix}$是$\boldsymbol{A}$的对应于特征值$\lambda=\|\boldsymbol{a}\|^2$的特征向量，从而所求$\boldsymbol{A}$的$n$个线性无关的特征向量是$\boldsymbol{\xi}_1,\boldsymbol{\xi}_2,\cdots,\boldsymbol{\xi}_n$.

17．设$\boldsymbol{A}=\begin{pmatrix} 1 & 4 & 2 \\ 0 & -3 & 4 \\ 0 & 4 & 3 \end{pmatrix}$，求$\boldsymbol{A}^{100}$.

解　先将矩阵$\boldsymbol{A}$对角化：

由 $|\boldsymbol{A}-\lambda\boldsymbol{E}|=\begin{vmatrix} 1-\lambda & 4 & 2 \\ 0 & -3-\lambda & 4 \\ 0 & 4 & 3-\lambda \end{vmatrix}=-(\lambda-1)(\lambda-5)(\lambda+5)$，得$\boldsymbol{A}$的特征值为

$$\lambda_1=1,\ \lambda_2=5,\ \lambda_3=-5$$

对应$\lambda_1=1$，解方程$(\boldsymbol{A}-\lambda\boldsymbol{E})\boldsymbol{X}=\boldsymbol{0}$，得

$$\begin{pmatrix} 0 & 4 & 2 \\ 0 & -4 & 4 \\ 0 & 4 & 2 \end{pmatrix}\begin{pmatrix} x_1 \\ x_2 \\ x_3 \end{pmatrix}=\boldsymbol{0}，\text{它等价于}\begin{pmatrix} 0 & 1 & 0 \\ 0 & 0 & 1 \\ 0 & 0 & 0 \end{pmatrix}\begin{pmatrix} x_1 \\ x_2 \\ x_3 \end{pmatrix}=\boldsymbol{0}$$

其基础解系为$\boldsymbol{\xi}_1=(1,0,0)^{\mathrm{T}}$.

对应$\lambda_2=5$，解方程$(\boldsymbol{A}-\lambda\boldsymbol{E})\boldsymbol{X}=\boldsymbol{0}$，得

$$\begin{pmatrix} -4 & 4 & 2 \\ 0 & -8 & 4 \\ 0 & 4 & -2 \end{pmatrix}\begin{pmatrix} x_1 \\ x_2 \\ x_3 \end{pmatrix}=\boldsymbol{0}，\text{它等价于}\begin{pmatrix} 1 & -2 & 0 \\ 0 & -2 & 1 \\ 0 & 0 & 0 \end{pmatrix}\begin{pmatrix} x_1 \\ x_2 \\ x_3 \end{pmatrix}=\boldsymbol{0}$$

其基础解系为$\boldsymbol{\xi}_2=(2,1,2)^{\mathrm{T}}$.

对应$\lambda_3=-5$，解方程$(\boldsymbol{A}-\lambda\boldsymbol{E})\boldsymbol{X}=\boldsymbol{0}$，得

$$\begin{pmatrix}6&4&2\\0&2&4\\0&4&8\end{pmatrix}\begin{pmatrix}x_1\\x_2\\x_3\end{pmatrix}=\boldsymbol{0}\text{，它等价于}\begin{pmatrix}1&0&-1\\0&1&2\\0&0&0\end{pmatrix}\begin{pmatrix}x_1\\x_2\\x_3\end{pmatrix}=\boldsymbol{0}$$

其基础解系为$\boldsymbol{\xi}_3=(1,-2,1)^{\mathrm{T}}$.

令 $\boldsymbol{P}=(\boldsymbol{\xi}_1\quad\boldsymbol{\xi}_2\quad\boldsymbol{\xi}_3)=\begin{pmatrix}1&2&1\\0&1&-2\\0&2&1\end{pmatrix}$，则求得 $\boldsymbol{P}^{-1}=\frac{1}{5}\begin{pmatrix}5&0&-5\\0&1&2\\0&-2&1\end{pmatrix}$. 于是有

$$\boldsymbol{P}^{-1}\boldsymbol{A}\boldsymbol{P}=\begin{pmatrix}1&&\\&5&\\&&-5\end{pmatrix}\xlongequal{\Delta}\boldsymbol{\Lambda}$$

从而　$\boldsymbol{A}=\boldsymbol{P}\boldsymbol{\Lambda}\boldsymbol{P}^{-1}$

$$\boldsymbol{A}^{100}=\boldsymbol{P}\boldsymbol{\Lambda}^{100}\boldsymbol{P}^{-1}=\begin{pmatrix}1&2&1\\0&1&-2\\0&2&1\end{pmatrix}\begin{pmatrix}1&&\\&5&\\&&-5\end{pmatrix}^{100}\frac{1}{5}\begin{pmatrix}5&0&-5\\0&1&2\\0&-2&1\end{pmatrix}$$

$$=\frac{1}{5}\begin{pmatrix}1&2&1\\0&1&-2\\0&2&1\end{pmatrix}\begin{pmatrix}1&&\\&5^{100}&\\&&(-5)^{100}\end{pmatrix}\begin{pmatrix}5&0&-5\\0&1&2\\0&-2&1\end{pmatrix}$$

$$=\begin{pmatrix}1&0&5^{100}-1\\0&5^{100}&0\\0&0&5^{100}\end{pmatrix}$$

18.（1）设$\boldsymbol{A}=\begin{pmatrix}3&-2\\-2&3\end{pmatrix}$，求$\varphi(\boldsymbol{A})=\boldsymbol{A}^{10}-5\boldsymbol{A}^9$；

（2）设$\boldsymbol{A}=\begin{pmatrix}2&1&2\\1&2&2\\2&2&1\end{pmatrix}$，求$\varphi(\boldsymbol{A})=\boldsymbol{A}^{10}-6\boldsymbol{A}^9+5\boldsymbol{A}^8$.

解　（1）由 $|\boldsymbol{A}-\lambda\boldsymbol{E}|=\begin{vmatrix}3-\lambda&-2\\-2&3-\lambda\end{vmatrix}=(\lambda-1)(\lambda-5)$，得$\boldsymbol{A}$的特征值为

$$\lambda_1=1,\quad\lambda_2=5$$

对应$\lambda_1=1$，解方程$(\boldsymbol{A}-\lambda\boldsymbol{E})\boldsymbol{X}=\boldsymbol{0}$，得

$$\begin{pmatrix}2&-2\\-2&2\end{pmatrix}\begin{pmatrix}x_1\\x_2\end{pmatrix}=\mathbf{0}，它等价于\begin{pmatrix}1&-1\\0&0\end{pmatrix}\begin{pmatrix}x_1\\x_2\end{pmatrix}=\mathbf{0}$$

其基础解系为$\boldsymbol{\xi}_1=\begin{pmatrix}1\\1\end{pmatrix}$，将其单位化，得$\boldsymbol{p}_1=\frac{1}{\sqrt{2}}\begin{pmatrix}1\\1\end{pmatrix}$.

对应$\lambda_2=5$，解方程$(\boldsymbol{A}-\lambda\boldsymbol{E})\boldsymbol{X}=\mathbf{0}$，得

$$\begin{pmatrix}-2&-2\\-2&-2\end{pmatrix}\begin{pmatrix}x_1\\x_2\end{pmatrix}=\mathbf{0}，它等价于\begin{pmatrix}1&1\\0&0\end{pmatrix}\begin{pmatrix}x_1\\x_2\end{pmatrix}=\mathbf{0}$$

其基础解系为$\boldsymbol{\xi}_2=\begin{pmatrix}1\\-1\end{pmatrix}$，将其单位化，得$\boldsymbol{p}_2=\frac{1}{\sqrt{2}}\begin{pmatrix}1\\-1\end{pmatrix}$.

令 $\boldsymbol{P}=(\boldsymbol{p}_1\quad\boldsymbol{p}_2)=\frac{1}{\sqrt{2}}\begin{pmatrix}1&1\\1&-1\end{pmatrix}$，所以有 $\boldsymbol{P}^{-1}\boldsymbol{A}\boldsymbol{P}=\boldsymbol{P}^{\mathrm{T}}\boldsymbol{A}\boldsymbol{P}=\begin{pmatrix}1&\\&5\end{pmatrix}\overset{\Delta}{=}\boldsymbol{\Lambda}$，于是有

$\boldsymbol{A}=\boldsymbol{P}\boldsymbol{\Lambda}\boldsymbol{P}^{\mathrm{T}}$，

$$\varphi(\boldsymbol{A})=\boldsymbol{P}\varphi(\boldsymbol{\Lambda})\ \boldsymbol{P}^{\mathrm{T}}=\frac{1}{\sqrt{2}}\begin{pmatrix}1&1\\1&-1\end{pmatrix}\begin{pmatrix}\varphi(1)&0\\0&\varphi(5)\end{pmatrix}\frac{1}{\sqrt{2}}\begin{pmatrix}1&1\\1&-1\end{pmatrix}=-2\begin{pmatrix}1&1\\1&1\end{pmatrix}$$

（2）由 $|\boldsymbol{A}-\lambda\boldsymbol{E}|=\begin{vmatrix}2-\lambda&1&2\\1&2-\lambda&2\\2&2&1-\lambda\end{vmatrix}=-(\lambda-1)(\lambda+1)(\lambda-5)$

得$\boldsymbol{A}$的特征值为$\lambda_1=1$，$\lambda_2=-1$，$\lambda_3=5$.

对应$\lambda_1=1$，解方程$(\boldsymbol{A}-\boldsymbol{E})\boldsymbol{X}=\mathbf{0}$，得

$$\begin{pmatrix}1&4&2\\1&1&2\\2&2&0\end{pmatrix}\begin{pmatrix}x_1\\x_2\\x_3\end{pmatrix}=\mathbf{0}\ 等价于\begin{pmatrix}1&1&0\\0&0&1\\0&0&0\end{pmatrix}\begin{pmatrix}x_1\\x_2\\x_3\end{pmatrix}=\mathbf{0}$$

其基础解系为$\boldsymbol{\xi}_1=(1,-1,0)^{\mathrm{T}}$.

对应$\lambda_2=-1$，解方程$(\boldsymbol{A}+\boldsymbol{E})\boldsymbol{X}=\mathbf{0}$，得

$$\begin{pmatrix}3&1&2\\1&3&2\\2&2&2\end{pmatrix}\begin{pmatrix}x_1\\x_2\\x_3\end{pmatrix}=\mathbf{0}\ 等价于\begin{pmatrix}1&-2&0\\0&-2&1\\0&0&0\end{pmatrix}\begin{pmatrix}x_1\\x_2\\x_3\end{pmatrix}=\mathbf{0}$$

其基础解系为$\boldsymbol{\xi}_2=(1,1,-2)^{\mathrm{T}}$.

对应$\lambda_3=5$，解方程$(\boldsymbol{A}-5\boldsymbol{E})\boldsymbol{X}=\mathbf{0}$，得

$$\begin{pmatrix}-3&1&2\\1&-3&2\\2&2&-4\end{pmatrix}\begin{pmatrix}x_1\\x_2\\x_3\end{pmatrix}=\mathbf{0}，它等价于\begin{pmatrix}1&0&-1\\0&1&-1\\0&0&0\end{pmatrix}\begin{pmatrix}x_1\\x_2\\x_3\end{pmatrix}=\mathbf{0}$$

其基础解系为 $\boldsymbol{\xi}_3=(1,1,1)^{\mathrm{T}}$，将 $\boldsymbol{\xi}_1,\boldsymbol{\xi}_2,\boldsymbol{\xi}_3$ 单位化得：$\boldsymbol{p}_1=\frac{1}{\sqrt{2}}(1,\quad -1,\quad 0)^{\mathrm{T}}$，$\boldsymbol{p}_2=\frac{1}{\sqrt{6}}(1,\quad 1,\quad -2)^{\mathrm{T}}$，$\boldsymbol{p}_3=\frac{1}{\sqrt{3}}(1,\quad 1,\quad 1)^{\mathrm{T}}$

令 $\boldsymbol{P}=(\boldsymbol{p}_1\quad \boldsymbol{p}_2\quad \boldsymbol{p}_3)=\frac{1}{\sqrt{6}}\begin{pmatrix}\sqrt{3}&1&\sqrt{2}\\-\sqrt{3}&1&\sqrt{2}\\0&-2&\sqrt{2}\end{pmatrix}$，有

$$\boldsymbol{P}^{-1}\boldsymbol{AP}=\boldsymbol{P}^{\mathrm{T}}\boldsymbol{AP}=\begin{pmatrix}1&&\\&-1&\\&&5\end{pmatrix}\overset{\Delta}{=\!=}\boldsymbol{\Lambda}$$

于是有 $\boldsymbol{A}=\boldsymbol{P\Lambda P}^{\mathrm{T}}$，

$$\begin{aligned}\varphi(\boldsymbol{A})&=\boldsymbol{P}\varphi(\boldsymbol{\Lambda})\ \boldsymbol{P}^{\mathrm{T}}\\&=\frac{1}{\sqrt{6}}\begin{pmatrix}\sqrt{3}&1&\sqrt{2}\\-\sqrt{3}&1&\sqrt{2}\\0&-2&\sqrt{2}\end{pmatrix}\begin{pmatrix}\varphi(1)&0&0\\0&\varphi(-1)&0\\0&0&\varphi(5)\end{pmatrix}\frac{1}{\sqrt{6}}\begin{pmatrix}\sqrt{3}&-\sqrt{3}&0\\1&1&-2\\\sqrt{2}&\sqrt{2}&\sqrt{2}\end{pmatrix}\\&=\frac{1}{6}\begin{pmatrix}\sqrt{3}&1&\sqrt{2}\\-\sqrt{3}&1&\sqrt{2}\\0&-2&\sqrt{2}\end{pmatrix}\begin{pmatrix}0&0&0\\0&12&0\\0&0&0\end{pmatrix}\begin{pmatrix}\sqrt{3}&-\sqrt{3}&0\\1&1&-2\\\sqrt{2}&\sqrt{2}&\sqrt{2}\end{pmatrix}\\&=\begin{pmatrix}0&2&0\\0&2&0\\0&-4&0\end{pmatrix}\begin{pmatrix}\sqrt{3}&-\sqrt{3}&0\\1&1&-2\\\sqrt{2}&\sqrt{2}&\sqrt{2}\end{pmatrix}\\&=2\begin{pmatrix}1&1&-2\\1&1&-2\\-2&-2&4\end{pmatrix}\end{aligned}$$

19．某国有比例为 p 的农村人口移居城市，有比例为 q 的城市居民移居农村，假设该国总人口数不变，且上述人口移居的规律也不变．把 n 年后农村人口和城市人口占总人口的的比例依次记为 x_n 和 $y_n\,(x_n+y_n=1)$．

（1）求关系式 $\begin{pmatrix}x_{n+1}\\y_{n+1}\end{pmatrix}=\boldsymbol{A}\begin{pmatrix}x_n\\y_n\end{pmatrix}$ 中的矩阵 $\boldsymbol{A}$；

（2）设目前农村人口与城市人口相等，即 $\begin{pmatrix}x_0\\y_0\end{pmatrix}=\begin{pmatrix}0.5\\0.5\end{pmatrix}$，求 $\begin{pmatrix}x_n\\y_n\end{pmatrix}$．

解　（1）由题设，有方程组$\begin{cases} x_{n+1}=(1-p)x_n+qy_n \\ y_{n+1}=px_n+(1-q)y_n \end{cases}$，即

$$\begin{pmatrix} x_{n+1} \\ y_{n+1} \end{pmatrix}=\begin{pmatrix} 1-p & q \\ p & 1-q \end{pmatrix}\begin{pmatrix} x_n \\ y_n \end{pmatrix}$$

由此可知$\boldsymbol{A}=\begin{pmatrix} 1-p & q \\ p & 1-q \end{pmatrix}$.

（2）由（1）可得

$$\begin{pmatrix} x_n \\ y_n \end{pmatrix}=\boldsymbol{A}\begin{pmatrix} x_{n-1} \\ y_{n-1} \end{pmatrix}=\boldsymbol{A}^2\begin{pmatrix} x_{n-2} \\ y_{n-2} \end{pmatrix}=\cdots=\boldsymbol{A}^n\begin{pmatrix} x_0 \\ y_0 \end{pmatrix}$$

为了求$\boldsymbol{A}^n$，将$\boldsymbol{A}$相似对角化：

由 $|\boldsymbol{A}-\lambda\boldsymbol{E}|=\begin{vmatrix} 1-p-\lambda & q \\ p & 1-q-\lambda \end{vmatrix}=(\lambda-1)(\lambda-1+p+q)$，得$\boldsymbol{A}$的特征值为

$$\lambda_1=1，\lambda_2=1-p-q=r\text{（令}r=1-p-q\text{）}.$$

对应$\lambda_1=1$，解方程$(\boldsymbol{A}-\boldsymbol{E})\boldsymbol{X}=\boldsymbol{0}$，得

$$\begin{pmatrix} -p & q \\ p & -q \end{pmatrix}\begin{pmatrix} x_1 \\ x_2 \end{pmatrix}=\boldsymbol{0}\text{，它等价于}\begin{pmatrix} p & -q \\ 0 & 0 \end{pmatrix}\begin{pmatrix} x_1 \\ x_2 \end{pmatrix}=\boldsymbol{0}，$$

其基础解系为$\boldsymbol{\xi}_1=\begin{pmatrix} q \\ p \end{pmatrix}$.

对应$\lambda_2=1-p-q=r$，解方程$(\boldsymbol{A}-r\boldsymbol{E})\boldsymbol{X}=\boldsymbol{0}$，得

$$\begin{pmatrix} q & q \\ p & p \end{pmatrix}\begin{pmatrix} x_1 \\ x_2 \end{pmatrix}=\boldsymbol{0}\text{，它等价于}\begin{pmatrix} 1 & 1 \\ 0 & 0 \end{pmatrix}\begin{pmatrix} x_1 \\ x_2 \end{pmatrix}=\boldsymbol{0}，$$

其基础解系为$\boldsymbol{\xi}_2=\begin{pmatrix} -1 \\ 1 \end{pmatrix}$.

令　$\boldsymbol{P}=(\boldsymbol{\xi}_1\ \ \boldsymbol{\xi}_2)=\begin{pmatrix} q & -1 \\ p & 1 \end{pmatrix}$，求得$\boldsymbol{P}^{-1}=\dfrac{1}{p+q}\begin{pmatrix} 1 & 1 \\ -p & q \end{pmatrix}$，所以有

$\boldsymbol{P}^{-1}\boldsymbol{A}\boldsymbol{P}=\begin{pmatrix} 1 & \\ & r \end{pmatrix}\overset{\Delta}{=\!=}\boldsymbol{\Lambda}$，于是有$\boldsymbol{A}=\boldsymbol{P}\boldsymbol{\Lambda}\boldsymbol{P}^{-1}$，

$$\begin{aligned} \boldsymbol{A}^n=\boldsymbol{P}\boldsymbol{\Lambda}^n\boldsymbol{P}^{-1}&=\begin{pmatrix} q & -1 \\ p & 1 \end{pmatrix}\begin{pmatrix} 1 & \\ & r \end{pmatrix}^n\boldsymbol{P}^{-1}=\frac{1}{p+q}\begin{pmatrix} 1 & 1 \\ -p & q \end{pmatrix} \\ &=\frac{1}{p+q}\begin{pmatrix} q+pr^n & q-qr^n \\ p-pr^n & p+qr^n \end{pmatrix} \end{aligned}$$

从而得

$$\begin{pmatrix} x_n \\ y_n \end{pmatrix} = \boldsymbol{A}^n \begin{pmatrix} x_0 \\ y_0 \end{pmatrix} = \frac{1}{p+q}\begin{pmatrix} q+pr^n & q-qr^n \\ p-pr^n & p+qr^n \end{pmatrix}\begin{pmatrix} 0.5 \\ 0.5 \end{pmatrix}$$

$$= \frac{1}{2(p+q)}\begin{pmatrix} 2q+(p-q)r^n \\ 2p-(p-q)r^n \end{pmatrix} \text{（其中} r=1-p-q \text{）.}$$

四、思考练习题

1. 思考题

（1）设 3 阶方阵 $\boldsymbol{A}$ 有一特征值是 2，其相应的特征向量有 $\begin{pmatrix} 1 \\ -2 \\ 2 \end{pmatrix}$；另一特征值为 -1，其相应的特征向量有 $\begin{pmatrix} -2 \\ -1 \\ -2 \end{pmatrix}$，求 $\boldsymbol{A}\begin{pmatrix} 3 \\ 4 \\ -6 \end{pmatrix}$.

（2）已知 $\boldsymbol{\alpha}=(1,\ k,\ 1)^{\mathrm{T}}$ 是矩阵 $\boldsymbol{A}=\begin{pmatrix} 5 & 6 & -2 \\ -1 & 0 & 1 \\ 1 & 2 & 1 \end{pmatrix}$ 的特征向量，求参数 k 和 $\boldsymbol{\alpha}$ 所对应的特征值.

（3）设 4 阶方阵 $\boldsymbol{A}$ 满足条件 $|3\boldsymbol{E}+\boldsymbol{A}|=0$，$\boldsymbol{A}\boldsymbol{A}^{\mathrm{T}}=2\boldsymbol{E}$，$|\boldsymbol{A}|<0$，求 $\boldsymbol{A}^*$ 的一个特征值.

（4）对任意的 n 阶矩阵 $\boldsymbol{A}$，$\boldsymbol{A}\boldsymbol{A}^{\mathrm{T}}$ 为对称矩阵吗？

（5）若方阵 $\boldsymbol{A}$ 适合 $\boldsymbol{A}^2=\boldsymbol{E}$，则 $\boldsymbol{A}$ 的特征值是否只能是 1 或 -1？

2. 判断题

（1）一个特征值只可对应一个特征向量.（　　）

（2）一个特征向量只可对应一个特征值.（　　）

（3）实矩阵的特征值一定是实数.（　　）

（4）实矩阵的特征向量一定是实向量.（　　）

（5）任意的一个方阵都一定能与一个对角矩阵相似.（　　）

（6）对于实对称矩阵 $\boldsymbol{A}$，存在唯一的正交矩阵 $\boldsymbol{P}$，使得 $\boldsymbol{P}^{-1}\boldsymbol{A}\boldsymbol{P}$ 为对角阵的正交矩阵.（　　）

3. 单选题

（1）设 0 是 $A=\begin{pmatrix}2&0&5\\0&1&0\\2&0&a\end{pmatrix}$ 的特征值，则 $a=$（　　）.

A．4　　B．3　　C．5　　D．1

（2）设 3 阶矩阵 A 的特征值为 -1、3、4，则 A 的伴随矩阵 A^* 的特征值为（　　）.

A．12、-4、-3　　B．-1、$\frac{1}{3}$、$\frac{1}{4}$

C．2、5、6　　D．-1、6、9

（3）若矩阵 A 与矩阵 B 相似，则有（　　）.

A．$\lambda E-A=\lambda E-B$

B．$A=B$

C．对于特征值 λ，矩阵 A 与 B 有相同的特征向量

D．A 与 B 有相同的特征值

（4）设 A 为 n 阶方阵，满足 $|A-3E|=0$ 则 $\lambda=$（　　）一定为 A 的一个特征值.

A．-3　　B．3　　C．$\frac{1}{3}$　　D．$-\frac{1}{3}$

（5）零为矩阵 A 的特征值是 A 为不可逆的（　　）.

A．充分条件　　B．必要条件

C．充分必要条件　　D．非充分、非必要条件

（6）设 λ_1，λ_2 是矩阵 A 的两个不同的特征值，ξ，η 是 A 的分别属于 λ_1，λ_2 的特征向量，则（　　）.

A．对任意 $k_1\neq 0,k_2\neq 0,k_1\xi+k_2\eta$ 都是 A 的特征向量

B．存在常数 $k_1\neq 0,k_2\neq 0,k_1\xi+k_2\eta$ 是 A 的特征向量

C．当 $k_1\neq 0,k_2\neq 0$ 时，$k_1\xi+k_2\eta$ 不可能是 A 的特征向量

D．存在唯一的一组常数 $k_1\neq 0,k_2\neq 0$，使 $k_1\xi+k_2\eta$ 是 A 的特征向量

（7）设 λ_0 是 n 阶矩阵 A 的特征值，且齐次线性方程组 $(\lambda_0 E-A)X=\mathbf{0}$ 的基础解系为 η_1 和 η_2，则 A 的属于 λ_0 的全部特征向量是（　　）.

A．η_1 和 η_2

B．η_1 或 η_2

C．$C_1\eta_1+C_2\eta_2$（C_1,C_2 为任意常数）

D．$C_1\eta_1+C_2\eta_2$（C_1,C_2 为不全为零的任意常数）

（8）设 λ_1，λ_2 是矩阵 A 的两个不同的特征值，α 与 β 是 A 的分别属于 λ_1，λ_2 的特征向量，则 α 与 β（　　）.

A．线性相关　　B．线性无关

C．对应分量成比例　　D．可能有零向量

（9）与 n 阶单位矩阵 $\boldsymbol{E}$ 相似的矩阵是（　　）.

A．数量矩阵 $k\boldsymbol{E}\ (k\neq 0)$　　B．对角矩阵 $\boldsymbol{D}$（主对角元素不为 1）

C．单位矩阵 $\boldsymbol{E}$　　D．任意 n 阶矩阵 $\boldsymbol{A}$

（10）$\boldsymbol{A},\boldsymbol{B}$ 是 n 阶方阵，且 $\boldsymbol{A}\sim\boldsymbol{B}$，则（　　）.

A．$\boldsymbol{A},\boldsymbol{B}$ 的特征矩阵相同　　B．$\boldsymbol{A},\boldsymbol{B}$ 的特征方程相同

C．$\boldsymbol{A},\boldsymbol{B}$ 相似于同一个对角阵　　D．存在正交矩阵 $\boldsymbol{T}$，使得 $\boldsymbol{T}^{-1}\boldsymbol{A}\boldsymbol{T}=\boldsymbol{B}$

第七章　二次型

一、内容提要

1. 基本概念

（1）设 $\boldsymbol{A}$ 为 n 阶对称矩阵，即

$$\boldsymbol{A}=\begin{pmatrix} a_{11} & a_{12} & \cdots & a_{1n} \\ a_{21} & a_{22} & \cdots & a_{2n} \\ \cdots & \cdots & \ddots & \cdots \\ a_{n1} & a_{n2} & \cdots & a_{nn} \end{pmatrix}$$

其中 $a_{ij}=a_{ji}\ (i\neq j)$．设 $\boldsymbol{X}=\left(x_1,x_2,\cdots,x_n\right)^{\mathrm{T}}$ 为 n 维向量，称 n 元二次齐次函数

$$f\left(x_1,x_2,\cdots,x_n\right)=\boldsymbol{X}^{\mathrm{T}}\boldsymbol{AX}=a_{11}x_1^2+2a_{12}x_1x_2+2a_{13}x_1x_3+\cdots+2a_{1n}x_1x_n+a_{22}x_2^2$$
$$+2a_{23}x_2x_3+\cdots+2a_{2n}x_2x_n+a_{33}x_3^2+\cdots+2a_{3n}x_3x_n+\cdots+a_{nn}x_n^2$$

为由矩阵 $\boldsymbol{A}$ 所确定的 n **元二次型**，简称二次型．称矩阵 $\boldsymbol{A}$ 为二次型 f 的矩阵．

（2）二次型 $f=\boldsymbol{X}^{\mathrm{T}}\boldsymbol{AX}$ 的矩阵 $\boldsymbol{A}$ 的秩称为二次型 f 的**秩**.

（3）设 $x_1,x_2,\cdots,x_n$ 和 $y_1,y_2,\cdots,y_n$ 是两组数字，线性关系式

$$\begin{cases} x_1=c_{11}y_1+c_{12}y_2+\cdots+c_{1n}y_n \\ x_2=c_{21}y_1+c_{22}y_2+\cdots+c_{2n}y_n \\ \qquad\cdots\cdots \\ x_n=c_{n1}y_1+c_{n2}y_2+\cdots+c_{nn}y_n \end{cases} \tag{1}$$

称为由 $x_1,x_2,\cdots,x_n$ 到 $y_1,y_2,\cdots,y_n$ 的一个**线性变换**.

如果式（1）中的系数矩阵 $\boldsymbol{C}=\begin{pmatrix} c_{11} & c_{12} & \cdots & c_{1n} \\ c_{21} & c_{22} & \cdots & c_{2n} \\ \cdots & \cdots & \ddots & \cdots \\ c_{n1} & c_{n2} & \cdots & c_{nn} \end{pmatrix}$ 的行列式 $|\boldsymbol{C}|\neq 0$，则称此线性变换为**可逆线性变换**.

（4）设 $\boldsymbol{A},\boldsymbol{B}$ 是两个 n 阶矩阵，如果存在一个可逆矩阵 $\boldsymbol{C}$，使得 $\boldsymbol{B}=\boldsymbol{C}^{\mathrm{T}}\boldsymbol{AC}$，则称矩阵 $\boldsymbol{A}$ 与 $\boldsymbol{B}$ **合同**.

（5）在n元实二次型中只含有平方项的这类最简单二次型，即

$$f = d_1y_1^2 + d_2y_2^2 + d_3y_3^2 + \cdots + d_ny_n^2$$

称为**二次型的标准形**.

（6）设$\boldsymbol{A}$是一个n阶方阵，对$\boldsymbol{A}$实施一次初等行（列）变换后，再实施一次相同类型的初等列（行）变换，称为对$\boldsymbol{A}$实施了一次**合同变换**.

（7）一个秩为r的n阶实二次型$f(x_1,x_2,\cdots,x_n)$的标准形进一步用可逆线性变换化简，最终可以化为如下形式：

$$y_1^2 + y_2^2 + y_3^2 + \cdots + y_p^2 - y_{p+1}^2 - \cdots - y_r^2 \tag{2}$$

称式（2）为实二次型$f(x_1,x_2,\cdots,x_n)$的**规范形**.

（8）在二次型$f(x_1,x_2,\cdots,x_n)$的规范形$y_1^2 + y_2^2 + y_3^2 + \cdots + y_p^2 - y_{p+1}^2 - \cdots - y_r^2$中，分别称$p$，$r-p$为实二次型$f(x_1,x_2,\cdots,x_n)$的**正惯性指数**和**负惯性指数**，而$p-(r-p)$称为其**符号差**.

（9）设$f=\boldsymbol{X}^{\mathrm{T}}\boldsymbol{AX}$是一个$n$阶实二次型，如果对任意的非零向量$\boldsymbol{X}=(x_1,x_2,\cdots,x_n)^{\mathrm{T}}$：

- 使得$f(x_1,x_2,\cdots,x_n)=\boldsymbol{X}^{\mathrm{T}}\boldsymbol{AX}>0$，则称$f(x_1,x_2,\cdots,x_n)$是**正定的**，$\boldsymbol{A}$为**正定矩阵**.
- 使得$f(x_1,x_2,\cdots,x_n)=\boldsymbol{X}^{\mathrm{T}}\boldsymbol{AX}<0$，则称$f(x_1,x_2,\cdots,x_n)$是**负定的**，$\boldsymbol{A}$为**负定矩阵**.
- 使得$f(x_1,x_2,\cdots,x_n)=\boldsymbol{X}^{\mathrm{T}}\boldsymbol{AX}\geqslant 0$，则称$f(x_1,x_2,\cdots,x_n)$是**半正定的**，$\boldsymbol{A}$为**半正定矩阵**.
- 使得$f(x_1,x_2,\cdots,x_n)=\boldsymbol{X}^{\mathrm{T}}\boldsymbol{AX}\leqslant 0$，则称$f(x_1,x_2,\cdots,x_n)$是**半负定的**，$\boldsymbol{A}$为**半负定矩阵**.
- 使得$f(x_1,x_2,\cdots,x_n)=\boldsymbol{X}^{\mathrm{T}}\boldsymbol{AX}$的符号不确定，则称$f(x_1,x_2,\cdots,x_n)$是**不定的**.

（10）设$\boldsymbol{A}=(a_{ij})$为n阶方阵，称行列式$\begin{vmatrix} a_{11} & a_{12} & \cdots & a_{1i} \\ a_{21} & a_{22} & \cdots & a_{2i} \\ \cdots & \cdots & \ddots & \cdots \\ a_{i1} & a_{i2} & \cdots & a_{ii} \end{vmatrix}$为矩阵$\boldsymbol{A}$的$i$阶**顺序主子式**，其中$i=1,2,3,\cdots,n$.

2. 主要定理

（1）二次型及其矩阵

- n元二次型$\boldsymbol{X}^{\mathrm{T}}\boldsymbol{AX}$经可逆线性变换$\boldsymbol{X}=\boldsymbol{CY}$后化为了二次型$\boldsymbol{Y}^{\mathrm{T}}\boldsymbol{BY}$，其中$\boldsymbol{B}=\boldsymbol{C}^{\mathrm{T}}\boldsymbol{AC}$.
- 矩阵的合同关系是一种等价关系，即

$\boldsymbol{A}=\boldsymbol{E}^{\mathrm{T}}\boldsymbol{AE}$；

$\boldsymbol{B}=\boldsymbol{C}^{\mathrm{T}}\boldsymbol{AC}\Rightarrow\boldsymbol{A}=(\boldsymbol{C}^{-1})^{\mathrm{T}}\boldsymbol{B}(\boldsymbol{C}^{-1})$；

$B=C_1^{\mathrm{T}}AC_1$，$D=C_2^{\mathrm{T}}BC_2 \Rightarrow D=(C_1C_2)^{\mathrm{T}}A(C_1C_2)$.

（2）化二次型为标准形

- 任意 n 元实二次型 $f=X^{\mathrm{T}}AX$ 都可以经过正交变换 $X=CY$ 化为标准形

$$f=d_1y_1^2+d_2y_2^2+d_3y_3^2+\cdots+d_ny_n^2$$

- 任意秩为 r 的 n 元实二次型 $f=X^{\mathrm{T}}AX$ 都可以通过可逆线性变换化为如下标准形

$$f=d_1y_1^2+d_2y_2^2+d_3y_3^2+\cdots+d_ry_r^2,(d_i\neq 0,i=1,2,\cdots,r)$$

（3）正定二次型及其判定

- 任意实二次型 $f(x_1,x_2,\cdots,x_n)$ 的规范形是唯一的.
- n 阶实二次型 $f=X^{\mathrm{T}}AX$ 是正定的充分必要条件是它的正惯性指数为 n.
- 正定矩阵的特征值都大于零.
- n 阶实二次型 $f=X^{\mathrm{T}}AX$ 是正定的充分必要条件是矩阵 A 的任意阶顺序主子式都为正.
- n 阶实二次型 $f(x_1,x_2,\cdots,x_n)=X^{\mathrm{T}}AX$ 是负定的充分必要条件是矩阵 A 的任意奇数阶顺序主子式都为负的，任意偶数阶顺序主子式都为正的.
- 设 n 阶实二次型 $f(x_1,x_2,\cdots,x_n)=X^{\mathrm{T}}AX$，且 $A=(a_{ij})$，则下列命题等价：

（i）实二次型 $f(x_1,x_2,\cdots,x_n)$ 是正定的；

（ii）矩阵 A 是正定矩阵；

（iii）实二次型 $f(x_1,x_2,\cdots,x_n)$ 的正惯性指数为 n；

（iv）矩阵 A 的任意阶顺序主子式

$$\begin{vmatrix} a_{11} & a_{12} & \cdots & a_{1i} \\ a_{21} & a_{22} & \cdots & a_{2i} \\ \cdots & \cdots & \ddots & \cdots \\ a_{i1} & a_{i2} & \cdots & a_{ii} \end{vmatrix},\quad i=1,2,3,\cdots,n$$

恒大于零.

二、典型例题解析

1. 二次型及其矩阵

例 1　写出二次型 $f(x_1,x_2,x_3,x_4)=X^{\mathrm{T}}\begin{pmatrix} 1 & 4 & 3 & 2 \\ 2 & 3 & 4 & 5 \\ 5 & 2 & 5 & 6 \\ 4 & 3 & 2 & 7 \end{pmatrix}X$ 的矩阵.

分析 先将 $X^{\mathrm{T}}\begin{pmatrix}1&4&3&2\\2&3&4&5\\5&2&5&6\\4&3&2&7\end{pmatrix}X$ 展开成齐次函数，再写出二次型的矩阵.

解 将二次型展开得

$$f(x_1,x_2,x_3,x_4)=X^{\mathrm{T}}\begin{pmatrix}1&4&3&2\\2&3&4&5\\5&2&5&6\\4&3&2&7\end{pmatrix}X$$

$$=x_1^2+3x_2^2+5x_3^2+7x_4^2+6x_1x_2+8x_1x_3+6x_1x_4+6x_2x_3+8x_2x_4+8x_3x_4$$

$$=X^{\mathrm{T}}\begin{pmatrix}1&3&4&3\\3&3&3&4\\4&3&5&4\\3&4&4&7\end{pmatrix}X$$

故二次型的矩阵为 $\begin{pmatrix}1&3&4&3\\3&3&3&4\\4&3&5&4\\3&4&4&7\end{pmatrix}$.

评述 任何一个 n 阶方阵 A 与一个 n 维向量 X 做运算 $X^{\mathrm{T}}AX$ 都可以得到一个二次型，但是这并不能说 A 就是二次型的矩阵. 由二次型的矩阵的定义知道，二次型矩阵必须是一个对称矩阵. 如果 $X^{\mathrm{T}}AX$ 中的矩阵 A 不是对称矩阵，则其就不能称为二次型的矩阵. 此时，应该先将 $X^{\mathrm{T}}AX$ 展开成齐次函数后再写出二次型的矩阵.

例 2 写出二次型 $f(x_1,x_2,x_3,x_4)=x_1^2+2x_2^2+3x_3^2-4x_1x_2+2x_2x_3$ 的矩阵.

分析 此题中尽管含有 x_4 的项没有出现，但是由于该二次型是 4 阶的，故其矩阵也应该是 4 阶矩阵，而不是 3 阶矩阵. 只不过矩阵相应位置上的元素为零罢了.

解 由于

$$f(x_1,x_2,x_3,x_4)=x_1^2+2x_2^2+3x_3^2-4x_1x_2+2x_2x_3$$

$$=X^{\mathrm{T}}\begin{pmatrix}1&-2&0&0\\-2&2&1&0\\0&1&3&0\\0&0&0&0\end{pmatrix}X$$

故二次型的矩阵为$\begin{pmatrix} 1 & -2 & 0 & 0 \\ -2 & 2 & 1 & 0 \\ 0 & 1 & 3 & 0 \\ 0 & 0 & 0 & 0 \end{pmatrix}$.

评述　二次型的元数是二次型的一个重要特征，本例题中的二次型虽然在齐次函数中只含有x_1,x_2,x_3，但是该二次型却是以$f(x_1,x_2,x_3,x_4)$来表示的．这说明该二次型是一个4元二次型，只不过齐次函数中含有x_4的项的系数都为零．因为n元二次型的矩阵是n阶对称方阵，所以该二次型的矩阵一定是一个4阶对称矩阵．由此可见，在解题的过程一定要事先根据题目所给的条件来判断二次型的元数，以免错误地降低二次型矩阵的阶数．

例3　已知二次型$f(x_1,x_2,x_3)=(1-a)x_1^2+(1-a)x_2^2+2x_3^2+2(1+a)x_1x_2$的秩为2，求$a$的值．

分析　先写出二次型的矩阵，再判断当a取何值时，矩阵的秩为2．

解　二次型的矩阵为

$$\boldsymbol{A}=\begin{pmatrix} 1-a & 1+a & 0 \\ 1+a & 1-a & 0 \\ 0 & 0 & 2 \end{pmatrix}$$

要使$\boldsymbol{A}$的秩为2，就必须满足$1-a\neq 0$或者$1+a\neq 0$，且$\begin{vmatrix} 1-a & 1+a \\ 1+a & 1-a \end{vmatrix}=-4a=0$，故$a=0$.

评述　由于二次型的秩就是其矩阵的秩，所以该二次型的矩阵$\boldsymbol{A}$的秩也为2．又因为矩阵$\boldsymbol{A}$的秩小于其阶数，所以该矩阵的行列式一定为零．这样就可以求出参数a的值．事实上，关于二次型的很多问题都可以通过其矩阵来研究．

可以利用矩阵本身的性质来求参数的值．

例4　设$\boldsymbol{A}=\begin{pmatrix} 2 & 2 & 2 & 2 \\ 2 & 2 & 2 & 2 \\ 2 & 2 & 2 & 2 \\ 2 & 2 & 2 & 2 \end{pmatrix}$，$\boldsymbol{B}=\begin{pmatrix} 8 & 0 & 0 & 0 \\ 0 & 0 & 0 & 0 \\ 0 & 0 & 0 & 0 \\ 0 & 0 & 0 & 0 \end{pmatrix}$，则$\boldsymbol{A}$与$\boldsymbol{B}$（　　）.

A．合同且相似　　B．合同但不相似

C．不合同但相似　　D．不合同且不相似

分析　分别求出矩阵$\boldsymbol{A}$与$\boldsymbol{B}$的特征值，判断它们的特征值（包括特征值的重数）是否相同，若相同，则$\boldsymbol{A}$与$\boldsymbol{B}$相似，因此合同．

解　由

$$|A-\lambda E|=\begin{vmatrix}2-\lambda & 2 & 2 & 2\\ 2 & 2-\lambda & 2 & 2\\ 2 & 2 & 2-\lambda & 2\\ 2 & 2 & 2 & 2-\lambda\end{vmatrix}=(8-\lambda)\begin{vmatrix}1 & 2 & 2 & 2\\ 1 & 2-\lambda & 2 & 2\\ 1 & 2 & 2-\lambda & 2\\ 1 & 2 & 2 & 2-\lambda\end{vmatrix}$$

$$=(8-\lambda)\begin{vmatrix}1 & 0 & 0 & 0\\ 1 & -\lambda & 0 & 0\\ 1 & 0 & -\lambda & 0\\ 1 & 0 & 0 & -\lambda\end{vmatrix}=(8-\lambda)(-\lambda)^3=0$$

可得 $\lambda_1=8,\lambda_2=\lambda_3=\lambda_4=0$.

而

$$|B-\lambda E|=\begin{vmatrix}8-\lambda & 0 & 0 & 0\\ 0 & -\lambda & 0 & 0\\ 0 & 0 & -\lambda & 0\\ 0 & 0 & 0 & -\lambda\end{vmatrix}=(8-\lambda)(-\lambda)^3=0$$

可得 $\lambda_1=8,\lambda_2=\lambda_3=\lambda_4=0$.

显然，矩阵 $\boldsymbol{A}$ 与 $\boldsymbol{B}$ 具有相同的特征值．因此，矩阵 $\boldsymbol{A}$ 与 $\boldsymbol{B}$ 相似且合同．答案为 A．

评述 如果矩阵 $\boldsymbol{A}$ 与 $\boldsymbol{B}$ 具有相同的特征值，则它们与相同的对角矩阵相似．由相似的传递性可知 $\boldsymbol{A}$ 与 $\boldsymbol{B}$ 相似．两个同阶实对称矩阵，相似一定合同，但合同未必相似．

2. 二次型的标准形

例 5 化下列二次型为标准形．

（1）$f(x_1,x_2,x_3)=3x_2^2+5x_3^2+4x_1x_2$

（2）$f(x_1,x_2,x_3)=x_1^2+4x_2^2+x_3^2-4x_1x_2-8x_1x_3-4x_2x_3$

分析 化二次型为标准形的方法有 3 种：正交变换法、配方法和初等行变换法．我们在这里仅介绍用前两种方法化上述二次型为标准形．

解 （1）**方法 1（正交变换法）**

二次型的矩阵为 $\boldsymbol{A}=\begin{pmatrix}0 & 2 & 0\\ 2 & 3 & 0\\ 0 & 0 & 5\end{pmatrix}$

由 $|A-\lambda E|=\begin{vmatrix}-\lambda & 2 & 0\\ 2 & 3-\lambda & 0\\ 0 & 0 & 5-\lambda\end{vmatrix}=-(\lambda-5)(\lambda-4)(\lambda+1)=0$

可得 $\lambda_1=5,\lambda_2=4,\lambda_3=-1$.

当 $\lambda_1 = 5$ 时，解方程 $(\boldsymbol{A} - 5\boldsymbol{E})\boldsymbol{X} = \boldsymbol{0}$，得基础解系为 $\boldsymbol{\xi}_1 = (0,0,1)^{\mathrm{T}}$；

当 $\lambda_2 = 4$ 时，解方程 $(\boldsymbol{A} - 4\boldsymbol{E})\boldsymbol{X} = \boldsymbol{0}$，得基础解系为 $\boldsymbol{\xi}_2 = (1,2,0)^{\mathrm{T}}$；

当 $\lambda_3 = -1$ 时，解方程 $(\boldsymbol{A} + \boldsymbol{E})\boldsymbol{X} = \boldsymbol{0}$，得基础解系为 $\boldsymbol{\xi}_2 = (-2,1,0)^{\mathrm{T}}$.

由于 3 阶方阵 $\boldsymbol{A}$ 是实对称矩阵，且恰好有 3 个互不相同的特征值，故 $\boldsymbol{\xi}_1,\boldsymbol{\xi}_2,\boldsymbol{\xi}_3$ 两两正交. 将 $\boldsymbol{\xi}_1,\boldsymbol{\xi}_2,\boldsymbol{\xi}_3$ 单位化，得

$$\boldsymbol{c}_1 = (0,0,1)^{\mathrm{T}},\quad \boldsymbol{c}_2 = \left(\frac{1}{\sqrt{5}},\frac{2}{\sqrt{5}},0\right)^{\mathrm{T}},\quad \boldsymbol{c}_3 = \left(-\frac{2}{\sqrt{5}},\frac{1}{\sqrt{5}},0\right)^{\mathrm{T}}.$$

令

$$\boldsymbol{C} = \begin{pmatrix} 0 & \frac{1}{\sqrt{5}} & -\frac{2}{\sqrt{5}} \\ 0 & \frac{2}{\sqrt{5}} & \frac{1}{\sqrt{5}} \\ 1 & 0 & 0 \end{pmatrix}$$

作正交变换 $\boldsymbol{X} = \boldsymbol{C}\boldsymbol{Y}$ 可将二次型化为标准形 $f = 5y_1^2 + 4y_2^2 - y_3^2$.

方法 2（配方法）

$$\begin{aligned} f(x_1,x_2,x_3) &= 3x_2^2 + 5x_3^2 + 4x_1x_2 \\ &= -\frac{4}{3}x_1^2 + 3\left(\frac{4}{9}x_1^2 + \frac{4}{3}x_1x_2 + x_2^2\right) + 5x_3^2 \\ &= -\frac{4}{3}x_1^2 + 3\left(\frac{2}{3}x_1 + x_2\right)^2 + 5x_3^2 \end{aligned}$$

令

$$\begin{cases} y_1 = x_1 \\ y_2 = \dfrac{2}{3}x_1 + x_2, \\ y_3 = x_3 \end{cases}$$

则经过如下可逆线性变换

$$\begin{cases} x_1 = y_1 \\ x_2 = -\dfrac{2}{3}y_1 + y_2, \\ x_3 = y_3 \end{cases}$$

即 $\boldsymbol{X}=\boldsymbol{CY}$，其中 $\boldsymbol{C}=\begin{pmatrix}1&0&0\\-\dfrac{2}{3}&1&0\\0&0&1\end{pmatrix}$．可将二次型化为标准形 $f=-\dfrac{4}{3}y_1^2+3y_2^2+5y_3^2$．

（2）**方法 1（正交变换法）**

二次型的矩阵为 $\boldsymbol{A}=\begin{pmatrix}1&-2&-4\\-2&4&-2\\-4&-2&1\end{pmatrix}$．

由 $|\boldsymbol{A}-\lambda\boldsymbol{E}|=\begin{vmatrix}1-\lambda&-2&-4\\-2&4-\lambda&-2\\-4&-2&1-\lambda\end{vmatrix}=-(\lambda-5)^2(\lambda+4)=0$

可得 $\lambda_1=\lambda_2=5$，$\lambda_3=-4$．

当 $\lambda_1=\lambda_2=5$ 时，解方程 $(\boldsymbol{A}-5\boldsymbol{E})\boldsymbol{X}=\boldsymbol{0}$，得基础解系为 $\boldsymbol{\xi}_1=(-1,0,1)^{\mathrm{T}}$，$\boldsymbol{\xi}_2=(-1,2,0)^{\mathrm{T}}$；

当 $\lambda_3=-4$ 时，解方程 $(\boldsymbol{A}+4\boldsymbol{E})\boldsymbol{X}=\boldsymbol{0}$，得基础解系为 $\boldsymbol{\xi}_3=(2,1,2)^{\mathrm{T}}$．

用施密特正交化方法将 $\boldsymbol{\xi}_1,\boldsymbol{\xi}_2,\boldsymbol{\xi}_3$ 正交化得

$$\boldsymbol{\eta}_1=\boldsymbol{\xi}_1=(-1,0,1)^{\mathrm{T}},\quad \boldsymbol{\eta}_2=\boldsymbol{\xi}_2-\frac{[\boldsymbol{\xi}_2,\boldsymbol{\eta}_1]}{[\boldsymbol{\eta}_1,\boldsymbol{\eta}_1]}\boldsymbol{\eta}_1=(-\frac{1}{2},2,-\frac{1}{2})^{\mathrm{T}},\quad \boldsymbol{\eta}_3=\boldsymbol{\xi}_3$$

再将 $\boldsymbol{\eta}_1,\boldsymbol{\eta}_2,\boldsymbol{\eta}_3$ 单位化，得

$$\boldsymbol{c}_1=\left(-\frac{1}{\sqrt{2}},0,\frac{1}{\sqrt{2}}\right)^{\mathrm{T}},\quad \boldsymbol{c}_2=\left(-\frac{\sqrt{2}}{6},\frac{2\sqrt{2}}{3},-\frac{\sqrt{2}}{6}\right)^{\mathrm{T}},\quad \boldsymbol{c}_3=\left(\frac{2}{3},\frac{1}{3},\frac{2}{3}\right)^{\mathrm{T}}$$

令

$$\boldsymbol{C}=\begin{pmatrix}-\dfrac{1}{\sqrt{2}}&-\dfrac{\sqrt{2}}{6}&\dfrac{2}{3}\\0&\dfrac{2\sqrt{2}}{3}&\dfrac{1}{3}\\\dfrac{1}{\sqrt{2}}&-\dfrac{\sqrt{2}}{6}&\dfrac{2}{3}\end{pmatrix}$$

作正交变换 $\boldsymbol{X}=\boldsymbol{CY}$，可将二次型化为标准形 $f=5y_1^2+5y_2^2-4y_3^2$．

方法 2（配方法）

$$\begin{aligned}f(x_1,x_2,x_3)&=x_1^2+4x_2^2+x_3^2-4x_1x_2-8x_1x_3-4x_2x_3\\&=\left(x_1^2-4x_1x_2-8x_1x_3\right)+4x_2^2+x_3^2-4x_2x_3\\&=(x_1-2x_2-4x_3)^2-15x_3^2-20x_2x_3\\&=(x_1-2x_2-4x_3)^2-15\left(x_3^2+\frac{4}{3}x_2x_3+\frac{4}{9}x_2^2\right)+\frac{20}{3}x_2^2\end{aligned}$$

$$=(x_1-2x_2-4x_3)^2-15\left(\frac{2}{3}x_2+x_3\right)^2+\frac{20}{3}x_2^2$$

令

$$\begin{cases} y_1=x_1-2x_2-4x_3 \\ y_2=x_2 \\ y_3=\dfrac{2}{3}x_2+x_3 \end{cases}$$

则经过如下可逆线性变换

$$\begin{cases} x_1=y_1-\dfrac{2}{3}y_2+4y_3 \\ x_2=y_2 \\ x_3=-\dfrac{2}{3}y_2+y_3 \end{cases}$$

即 $\boldsymbol{X}=\boldsymbol{CY}$，其中 $\boldsymbol{C}=\begin{pmatrix} 1 & -\dfrac{2}{3} & 4 \\ 0 & 1 & 0 \\ 0 & -\dfrac{2}{3} & 1 \end{pmatrix}$．可将二次型化为标准形 $f=y_1^2+\dfrac{20}{3}y_2^2-15y_3^2$．

评述　化二次型为标准形是本章的重点．如果题目没有特别要求，我们可以使用上述 3 种方法中的任何一种来化二次型为标准形．如果指定了方法，则必须按照题目所要求的方法来做．在用正交变换法化标准形时，要注意对属于同一个特征值的特征向量做正交化处理．

从上面的结果可以看到，二次型的标准形不是唯一的，不同的可逆线性变换可以得到不同的标准形．但是，必须强调所进行的线性变换是可逆的，否则就会得到错误的结果（见例 6）．

例 6　将二次型 $f(x_1,x_2,x_3)=(x_1-x_2)^2+(x_2-x_3)^2+(x_3-x_1)^2$ 化为标准形．

分析　将二次型中的括号展开，然后再用配方法化其为标准形．

解　令 $y_1=x_1-x_2$，$y_2=x_2-x_3$，$x_3-x_1=-y_1-y_2$，则

$$\begin{aligned} f&=y_1^2+y_2^2+(y_1+y_2)^2 \\ &=2y_1^2+2y_2^2+2y_1y_2 \\ &=2\left(y_1+\frac{1}{2}y_2\right)^2+\frac{3}{2}y_2^2 \\ &=2\left(x_1-\frac{1}{2}x_2-\frac{1}{2}x_3\right)^2+\frac{3}{2}(x_2-x_3)^2 \end{aligned}$$

令

$$\begin{cases} y_1 = x_1 - \dfrac{1}{2}x_2 - \dfrac{1}{2}x_3 \\ y_2 = x_2 - x_3 \\ y_3 = x_3 \end{cases}$$

则经过如下可逆线性变换

$$\begin{cases} x_1 = y_1 + \dfrac{1}{2}y_2 + y_3 \\ x_2 = y_2 + y_3 \\ x_3 = y_3 \end{cases}$$

即 $\boldsymbol{X} = \boldsymbol{C}\boldsymbol{Y}$，其中 $\boldsymbol{C} = \begin{pmatrix} 1 & \dfrac{1}{2} & 1 \\ 0 & 1 & 1 \\ 0 & 0 & 1 \end{pmatrix}$．可将二次型化为标准形 $f = 2y_1^2 + \dfrac{3}{2}y_2^2$．

评述　将二次型化为标准形是指用可逆线性变换将含有交叉项的二次型化为只含平方项的二次型．此题容易产生如下错解．

错误解法　令

$$\begin{cases} y_1 = x_1 - x_2 \\ y_2 = x_2 - x_3 \\ y_3 = -x_1 + x_3 \end{cases}$$

则得二次型的标准形为 $f = y_1^2 + y_2^2 + y_3^2$．这样解之所以错误，是因为利用的变换不是可逆线性变换．

例 7　设二次型 $f(x_1,x_2,x_3) = x_1^2 + x_2^2 + x_3^2 + 2ax_1x_2 + 2x_1x_3 + 2bx_2x_3$ 经正交变换 $\boldsymbol{X} = \boldsymbol{C}\boldsymbol{Y}$ 化为了标准形 $f = y_2^2 + 2y_3^2$，试求参数 a 与 b 及矩阵 $\boldsymbol{C}$．

分析　二次型的矩阵与其标准形的矩阵是相似的，因此其特征值相等．由此可以求出参数 a 与 b，再用正交变换法求矩阵 $\boldsymbol{C}$．

解　正交变换前后两个二次型的矩阵分别为

$$\boldsymbol{A} = \begin{pmatrix} 1 & a & 1 \\ a & 1 & b \\ 1 & b & 1 \end{pmatrix}, \quad \boldsymbol{B} = \begin{pmatrix} 0 & 0 & 0 \\ 0 & 1 & 0 \\ 0 & 0 & 2 \end{pmatrix}$$

且 $\boldsymbol{A}$ 与 $\boldsymbol{B}$ 相似，$\boldsymbol{B}$ 的特征值为 $0,1,2$．由

$$|A-\lambda E|=\begin{vmatrix}1-\lambda & a & 1\\ a & 1-\lambda & b\\ 1 & b & 1-\lambda\end{vmatrix}=-\lambda^3+3\lambda^2+\left(a^2+b^2-2\right)\lambda-(a-b)^2$$
$$=-\lambda(\lambda-1)(\lambda-2)$$

可得

$$-\lambda^3+3\lambda^2+\left(a^2+b^2-2\right)\lambda-(a-b)^2=-\lambda^3+3\lambda^2-2\lambda$$

即 $a=b,a^2+b^2=0$．故 $a=b=0$．

由 $a=b=0$ 可知 $A=\begin{pmatrix}1 & 0 & 1\\ 0 & 1 & 0\\ 1 & 0 & 1\end{pmatrix}$ 且 A 的特征值为 $\lambda_1=0,\lambda_2=1,\lambda_3=2$．

当 $\lambda_1=0$ 时，解方程 $(A-\lambda_1 E)X=AX=\begin{pmatrix}1 & 0 & 1\\ 0 & 1 & 0\\ 1 & 0 & 1\end{pmatrix}\begin{pmatrix}x_1\\ x_2\\ x_3\end{pmatrix}=\mathbf{0}$，得基础解系为 $\xi_1=(-1,0,1)^{\mathrm{T}}$．

当 $\lambda_2=1$ 时，解方程 $(A-E)X=\begin{pmatrix}0 & 0 & 1\\ 0 & 0 & 0\\ 1 & 0 & 0\end{pmatrix}\begin{pmatrix}x_1\\ x_2\\ x_3\end{pmatrix}=0$，得基础解系为 $\xi_2=(0,1,0)^{\mathrm{T}}$．

当 $\lambda_3=2$ 时，解方程 $(A-2E)X=\begin{pmatrix}-1 & 0 & 1\\ 0 & -1 & 0\\ 1 & 0 & -1\end{pmatrix}\begin{pmatrix}x_1\\ x_2\\ x_3\end{pmatrix}=0$，得基础解系为 $\xi_3=(1,0,1)^{\mathrm{T}}$．

由于 ξ_1,ξ_2,ξ_3 是正交的，将它们单位化

$$\eta_1=\frac{\xi_1}{\|\xi_1\|}=\frac{(-1,0,1)^{\mathrm{T}}}{\sqrt{(-1)^2+(0)^2+(1)^2}}=\frac{(-1,0,1)^{\mathrm{T}}}{\sqrt{2}}=\left(-\frac{1}{\sqrt{2}},0,\frac{1}{\sqrt{2}}\right)^{\mathrm{T}}$$

$$\eta_2=\frac{\xi_2}{\|\xi_2\|}=\frac{(0,1,0)^{\mathrm{T}}}{\sqrt{(0)^2+(1)^2+(0)^2}}=\frac{(0,1,0)^{\mathrm{T}}}{1}=(0,1,0)^{\mathrm{T}}$$

$$\eta_3=\frac{\xi_3}{\|\xi_3\|}=\frac{(1,0,1)^{\mathrm{T}}}{\sqrt{(1)^2+0^2+(-1)^2}}=\frac{(1,0,1)^{\mathrm{T}}}{\sqrt{2}}=\left(\frac{1}{\sqrt{2}},0,\frac{1}{\sqrt{2}}\right)^{\mathrm{T}}$$

令

$$C=\begin{pmatrix}-\frac{1}{\sqrt{2}} & 0 & \frac{1}{\sqrt{2}}\\ 0 & 1 & 0\\ \frac{1}{\sqrt{2}} & 0 & \frac{1}{\sqrt{2}}\end{pmatrix}$$

作正交变换 $\boldsymbol{X}=\boldsymbol{CY}$ 可将二次型化为标准形 $f=y_2^2+2y_3^2$.

评述 已知二次型的一个标准形，反过来求二次型中的参数值，这种类型的题目在各种考试中时常出现. 解这类题目要把握的关键是正交变换前后，两个二次型所对应的矩阵是相似的. 而相似矩阵则具有相同的特征值、特征多项式和行列式. 本题中，标准形的矩阵 $\boldsymbol{B}$ 已知，可以先求出 $\boldsymbol{B}$ 的特征多项式，让其与二次型的矩阵 $\boldsymbol{A}$ 的特征多项式相等，就能够求出二次型中的参数的值了.

3. 正定二次型

例 8 求二次型 $f(x_1,x_2,x_3,x_4)=2x_1^2-3x_2^2+x_3^2-x_4^2-2x_1x_3+x_3x_4+4x_2x_3$ 的正、负惯性指数及符号差.

分析 用正交变换法、配方法或初等变换法将二次型变为标准形，之后进一步化为规范形. 根据惯性定理判断二次型的正、负惯性指数和符号差.

解 用正交变换法、配方法或初等变换法可以将二次型化为 $f=2y_1^2-3y_2^2+\dfrac{11}{6}y_3^2-\dfrac{25}{22}y_4^2$. 因此，二次型的正惯性指数为 2，负惯性指数为 2，符号差为 0.

评述 求二次型的正、负惯性指数及符号差的最直接的方法就是将二次型化为规范形，然后根据规范形中正负系数的个数来判断该二次型的正、负惯性指数及符号差. 二次型的正惯性指数是二次型的一个重要特征，可以通过正惯性指数来讨论二次型的正定性问题.

例 9 若二次型 $f(x_1,x_2,x_3)=tx_1^2+tx_2^2+x_3^2+2x_1x_2-2x_2x_3$ 是正定的，则 t 应该满足什么条件？

分析 求出使得二次型的矩阵的各阶顺序主子式都大于零的 t 的取值范围.

解 二次型的矩阵为

$$\boldsymbol{A}=\begin{pmatrix} t & 1 & 0 \\ 1 & t & -1 \\ 0 & -1 & 1 \end{pmatrix}$$

则 $\boldsymbol{A}$ 的各阶顺序主子式为

$$\boldsymbol{D}_1=t>0$$

$$\boldsymbol{D}_2=\begin{vmatrix} t & 1 \\ 1 & t \end{vmatrix}=t^2-1>0$$

$$\boldsymbol{D}_3=\begin{vmatrix} t & 1 & 0 \\ 1 & t & -1 \\ 0 & -1 & 1 \end{vmatrix}=t^2-t-1>0$$

解上述不等式组得到 $t > \dfrac{1+\sqrt{5}}{2}$.

评述　除了定义之外，判断 n 阶二次型正定性常见的方法还有：①二次型的正惯性指数为 n；②二次型的矩阵的特征值全为正；③二次型的矩阵的各阶顺序主子式全大于零，在这些方法中，通过顺序主子式的符号来判断正定性，由于只涉及行列式的计算问题，因此操作起来相对比较容易. 当然，在解题的过程中，要根据具体题目选择合适的方法.

例 10　设 $\boldsymbol{A}$ 为 n 阶实对称矩阵且正定，$\boldsymbol{C}$ 为 $n\times m$ 阶实矩阵，证明：矩阵 $\boldsymbol{B}=\boldsymbol{C}^{\mathrm{T}}\boldsymbol{AC}$ 是正定的，当且仅当 $R(\boldsymbol{C})=m$.

分析　显然，矩阵 $\boldsymbol{B}$ 是一个对称矩阵，而且 $R(\boldsymbol{C})=m$ 的充分必要条件是方程 $\boldsymbol{CX}=\boldsymbol{0}$ 只有零解.

证明　必要性　若 $\boldsymbol{B}$ 正定，则对任意的 m 维列向量 $\boldsymbol{X}\neq\boldsymbol{0}$，有

$$\boldsymbol{X}^{\mathrm{T}}\boldsymbol{BX}=\boldsymbol{X}^{\mathrm{T}}\boldsymbol{C}^{\mathrm{T}}\boldsymbol{ACX}=(\boldsymbol{CX})^{\mathrm{T}}\boldsymbol{A}(\boldsymbol{CX})>0$$

故 $\boldsymbol{CX}\neq\boldsymbol{0}$. 因此，$\boldsymbol{CX}=\boldsymbol{0}$ 只有零解，故 $R(\boldsymbol{C})=m$.

充分性　由 $R(\boldsymbol{C})=m$ 可知方程 $\boldsymbol{CX}=\boldsymbol{0}$ 只有零解. 因此，对任意的非零 m 维列向量 $\boldsymbol{X}\neq 0$，有 $\boldsymbol{CX}\neq\boldsymbol{0}$，故 $(\boldsymbol{CX})^{\mathrm{T}}\boldsymbol{A}(\boldsymbol{CX})>0$，即当 $\boldsymbol{X}\neq 0$ 时，总有

$$\boldsymbol{X}^{\mathrm{T}}\boldsymbol{BX}=\boldsymbol{X}^{\mathrm{T}}\boldsymbol{C}^{\mathrm{T}}\boldsymbol{ACX}=(\boldsymbol{CX})^{\mathrm{T}}\boldsymbol{A}(\boldsymbol{CX})>0.$$

这就证明了 $\boldsymbol{B}$ 是正定矩阵.

评述　将矩阵的秩与以该矩阵为系数矩阵的齐次线性方程组的解的情况联系起来是证明本题的关键所在.

三、习题选解

1. 用正交变换法化下列二次型为标准形.

$f=x_1^2-2x_2^2-2x_3^2-4x_1x_2+8x_2x_3+4x_1x_3$

解　二次型的矩阵 $\boldsymbol{A}=\begin{pmatrix}1&-2&2\\-2&-2&4\\2&4&-2\end{pmatrix}$，由

$$|\boldsymbol{A}-\lambda\boldsymbol{E}|=\begin{vmatrix}1-\lambda&-2&2\\-2&-2-\lambda&4\\2&4&-2-\lambda\end{vmatrix}=-(2-\lambda)^2(\lambda+7)=0$$

可得矩阵 $\boldsymbol{A}$ 的特征值为 $\lambda_1=2,\lambda_2=-7$.

当 $\lambda_1=2$ 时，解方程

$$(A-2E)X=\begin{pmatrix}-1&-2&2\\-2&-4&4\\2&4&-4\end{pmatrix}\begin{pmatrix}x_1\\x_2\\x_3\end{pmatrix}=\mathbf{0}$$

得基础解系为

$$\xi_1=(-2,1,0)^{\mathrm{T}},\xi_2=(2,0,1)^{\mathrm{T}}.$$

当 $\lambda_2=-7$ 时，解方程

$$(A+7E)X=\begin{pmatrix}8&-2&2\\-2&5&4\\2&4&5\end{pmatrix}\begin{pmatrix}x_1\\x_2\\x_3\end{pmatrix}=\mathbf{0}$$

得基础解系为

$$\xi_3=(-\frac{1}{2},-1,1)^{\mathrm{T}}.$$

用施密特正交化方法将 ξ_1,ξ_2 正交化得

$$\eta_1=\xi_1=(-2,1,0)^{\mathrm{T}}$$

$$\eta_2=\xi_2-\frac{[\xi_2,\eta_1]}{[\eta_1,\eta_1]}\eta_1=(\frac{2}{5},\frac{4}{5},1)^{\mathrm{T}}$$

再将 η_1,η_2,ξ_3 单位化得

$$c_1=\left(\frac{-2}{\sqrt{5}},\frac{1}{\sqrt{5}},0\right)^{\mathrm{T}}，\quad c_2=\left(\frac{2}{3\sqrt{5}},\frac{4}{3\sqrt{5}},\frac{5}{3\sqrt{5}}\right)^{\mathrm{T}}，\quad c_3=\left(\frac{1}{3},\frac{2}{3},-\frac{2}{3}\right)^{\mathrm{T}}$$

因此，令

$$C=\begin{pmatrix}\frac{-2}{\sqrt{5}}&\frac{2}{3\sqrt{5}}&\frac{1}{3}\\\frac{1}{\sqrt{5}}&\frac{4}{3\sqrt{5}}&\frac{2}{3}\\0&\frac{5}{3\sqrt{5}}&-\frac{2}{3}\end{pmatrix}$$

作正交变换 $X=CY$，即

$$\begin{pmatrix}x_1\\x_2\\x_3\end{pmatrix}=\begin{pmatrix}\frac{-2}{\sqrt{5}}&\frac{2}{3\sqrt{5}}&\frac{1}{3}\\\frac{1}{\sqrt{5}}&\frac{4}{3\sqrt{5}}&\frac{2}{3}\\0&\frac{5}{3\sqrt{5}}&-\frac{2}{3}\end{pmatrix}\begin{pmatrix}y_1\\y_2\\y_3\end{pmatrix}$$

可将二次型变为如下标准形

$$f = 2y_1^2 + 2y_2^2 - 7y_3^2$$

2．设二次型

$$f(x_1, x_2, x_3) = \boldsymbol{X}^{\mathrm{T}} \boldsymbol{A} \boldsymbol{X} = ax_1^2 + 2x_2^2 - 2x_3^2 + 2bx_1x_3 (b > 0)$$

中二次型的矩阵 $\boldsymbol{A}$ 的特征值之和为1，特征值之积为 -12 .

（1）求 a,b 的值.

（2）利用正交变换法将二次型 f 化为标准形，并写出所用的正交变换和对应的正交矩阵.

解　（1）二次型的矩阵为 $\boldsymbol{A} = \begin{pmatrix} a & 0 & b \\ 0 & 2 & 0 \\ b & 0 & -2 \end{pmatrix}$，由

$$|\boldsymbol{A} - \lambda \boldsymbol{E}| = \begin{vmatrix} a-\lambda & 0 & b \\ 0 & 2-\lambda & 0 \\ b & 0 & -2-\lambda \end{vmatrix} = (2-\lambda)\left[\lambda^2 - (a-2)\lambda - \left(2a+b^2\right)\right] = 0$$

可得 $\lambda_1 = 2$，$\lambda_2 + \lambda_3 = a - 2$，$\lambda_2 \cdot \lambda_3 = -(2a + b^2)$. 由条件可知 $a - 2 = -1$，$-(2a + b^2) = -6$. 因此，$a = 1$，$b = 2$.

（2）当 $a = 1$，$b = 2$ 时，二次型的矩阵为 $\boldsymbol{A} = \begin{pmatrix} 1 & 0 & 2 \\ 0 & 2 & 0 \\ 2 & 0 & -2 \end{pmatrix}$. 由

$$|\boldsymbol{A} - \lambda \boldsymbol{E}| = \begin{vmatrix} 1-\lambda & 0 & 2 \\ 0 & 2-\lambda & 0 \\ 2 & 0 & -2-\lambda \end{vmatrix} = (2-\lambda)\left(\lambda^2 + \lambda - 6\right) = 0$$

可得 $\lambda_1 = \lambda_2 = 2$，$\lambda_3 = -3$.

当 $\lambda_1 = 2$ 时，解方程

$$(\boldsymbol{A} - 2\boldsymbol{E})\boldsymbol{X} = \begin{pmatrix} -1 & 0 & 2 \\ 0 & 0 & 0 \\ 2 & 0 & -4 \end{pmatrix} \begin{pmatrix} x_1 \\ x_2 \\ x_3 \end{pmatrix} = \mathbf{0}$$

得基础解系为

$$\boldsymbol{\xi}_1 = (2,0,1)^{\mathrm{T}}，\boldsymbol{\xi}_2 = (0,1,0)^{\mathrm{T}}$$

当 $\lambda_2 = -3$ 时，解方程

$$(\boldsymbol{A} + 3\boldsymbol{E})\boldsymbol{X} = \begin{pmatrix} 4 & 0 & 2 \\ 0 & 5 & 0 \\ 2 & 0 & 1 \end{pmatrix} \begin{pmatrix} x_1 \\ x_2 \\ x_3 \end{pmatrix} = \mathbf{0}$$

得基础解系为

$$\boldsymbol{\xi}_3=(1,0,-2)^{\mathrm T}$$

用施密特正交化方法将 $\boldsymbol{\xi}_1,\boldsymbol{\xi}_2$ 正交化得

$$\boldsymbol{\eta}_1=\boldsymbol{\xi}_1=(2,0,1)^{\mathrm T}$$

$$\boldsymbol{\eta}_2=\boldsymbol{\xi}_2-\frac{[\boldsymbol{\xi}_2,\boldsymbol{\eta}_1]}{[\boldsymbol{\eta}_1,\boldsymbol{\eta}_1]}\boldsymbol{\eta}_1=(0,1,0)^{\mathrm T}$$

再将 $\boldsymbol{\eta}_1,\boldsymbol{\eta}_2,\boldsymbol{\xi}_3$ 单位化得

$$\boldsymbol{c}_1=\left(\frac{2}{\sqrt5},0,\frac{1}{\sqrt5}\right)^{\mathrm T},\quad \boldsymbol{c}_2=(0,1,0)^{\mathrm T},\quad \boldsymbol{c}_3=\left(\frac{1}{\sqrt5},0,-\frac{2}{\sqrt5}\right)^{\mathrm T}$$

因此，令

$$\boldsymbol{C}=\begin{pmatrix}\frac{2}{\sqrt5}&0&\frac{1}{\sqrt5}\\0&1&0\\\frac{1}{\sqrt5}&0&-\frac{2}{\sqrt5}\end{pmatrix}$$

作正交变换 $\boldsymbol{X}=\boldsymbol{CY}$，即

$$\begin{pmatrix}x_1\\x_2\\x_3\end{pmatrix}=\begin{pmatrix}\frac{2}{\sqrt5}&0&\frac{1}{\sqrt5}\\0&1&0\\\frac{1}{\sqrt5}&0&-\frac{2}{\sqrt5}\end{pmatrix}\begin{pmatrix}y_1\\y_2\\y_3\end{pmatrix}$$

可将二次型变为如下标准形：

$$f=2y_1^2+2y_2^2-3y_3^2.$$

3．用配方法化下列二次型为标准形.

（1）$f=x_1^2+x_2^2+x_3^2-x_1x_2+x_2x_3+x_1x_3$

解 将含有 x_1 的项合并后配方得

$$\begin{aligned}f&=x_1^2-x_1x_2+x_1x_3+x_2^2+x_3^2+x_2x_3\\&=(x_1-\frac12x_2+\frac12x_3)^2+\frac34x_2^2+\frac34x_3^2+\frac32x_2x_3\end{aligned}$$

继续配方得

$$f=(x_1-\frac12x_2+\frac12x_3)^2+\frac34(x_2+x_3)^2$$

令

$$\begin{cases} y_1 = x_1 - \dfrac{1}{2}x_2 + \dfrac{1}{2}x_3 \\ y_2 = x_2 + x_3 \\ y_3 = x_3 \end{cases}$$

则经过如下可逆线性变换

$$\begin{cases} x_1 = y_1 + \dfrac{1}{2}y_2 - y_3 \\ x_2 = y_2 - y_3 \\ x_3 = y_3 \end{cases}$$

即 $\boldsymbol{X} = \boldsymbol{CY}$，其中 $\boldsymbol{C} = \begin{pmatrix} 1 & \dfrac{1}{2} & -1 \\ 0 & 1 & -1 \\ 0 & 0 & 1 \end{pmatrix}$. 可将二次型化为标准形 $f = y_1^2 + \dfrac{3}{4}y_2^2$.

（2） $f = 2x_1x_2 + x_2x_3 - 3x_1x_3$

解　先作下列可逆线性变换

$$\begin{cases} x_1 = y_1 + y_2 \\ x_2 = y_1 - y_2 \\ x_3 = y_3 \end{cases}$$

代入二次型可得 $f = 2y_1^2 - 2y_2^2 - 2y_1y_3 - 4y_2y_3$. 将含有 y_1 的项合并后配方得

$$f = 2(y_1 - \frac{1}{2}y_3)^2 - 2y_2^2 - 4y_2y_3 - \frac{1}{2}y_3^2$$

再配方可得 $f = 2(y_1 - \dfrac{1}{2}y_3)^2 - 2(y_2 + y_3)^2 + \dfrac{3}{2}y_3^2$. 令

$$\begin{cases} z_1 = y_1 - \dfrac{1}{2}y_3 \\ z_2 = y_2 + y_3 \\ z_3 = y_3 \end{cases}$$

再经过可逆线性变换

$$\begin{cases} y_1 = z_1 + \dfrac{1}{2} z_3 \\ y_2 = z_2 - z_3 \\ y_3 = z_3 \end{cases}$$

将二次型最终化为标准形 $f = 2z_1^2 - 2z_2^2 + \dfrac{3}{2} z_3^2$.

显然，如果令

$$C_1 = \begin{pmatrix} 1 & 1 & 0 \\ 1 & -1 & 0 \\ 0 & 0 & 1 \end{pmatrix}, \quad C_2 = \begin{pmatrix} 1 & 0 & \dfrac{1}{2} \\ 0 & 1 & -1 \\ 0 & 0 & 1 \end{pmatrix}$$

和

$$C = C_1 C_2 = \begin{pmatrix} 1 & 1 & 0 \\ 1 & -1 & 0 \\ 0 & 0 & 1 \end{pmatrix} \cdot \begin{pmatrix} 1 & 0 & \dfrac{1}{2} \\ 0 & 1 & 1 \\ 0 & 0 & 1 \end{pmatrix} = \begin{pmatrix} 1 & 1 & -\dfrac{1}{2} \\ 1 & -1 & \dfrac{3}{2} \\ 0 & 0 & 1 \end{pmatrix}$$

则经过线性变换 $\boldsymbol{X} = \boldsymbol{CZ}$ ，就将二次型 f 化为了标准形.

同理，如果首先作可逆线性变换

$$\begin{cases} x_1 = y_1 - y_2 \\ x_2 = y_1 + y_2 \\ x_3 = y_3 \end{cases}$$

则二次型也可以经过线性变换 $\boldsymbol{X} = \boldsymbol{CZ}$ ，其中

$$C = \begin{pmatrix} 1 & -1 & -\dfrac{1}{2} \\ 1 & 1 & \dfrac{3}{2} \\ 0 & 0 & 1 \end{pmatrix}$$

因此本题化成的标准形 $f = 2z_1^2 - 2z_2^2 + \dfrac{3}{2} z_3^2$.

4．用合同变换法化下列二次型为标准形.

$f = 2x_1^2 + 5x_2^2 + 5x_3^2 + 4x_1x_2 - 7x_2x_3 - 4x_1x_3$

解 $\begin{pmatrix} \boldsymbol{A} \\ \boldsymbol{E} \end{pmatrix} = \begin{pmatrix} 2 & 2 & -2 \\ 2 & 5 & -\frac{7}{2} \\ -2 & -\frac{7}{2} & 5 \\ 1 & 0 & 0 \\ 0 & 1 & 0 \\ 0 & 0 & 1 \end{pmatrix} \xrightarrow{r_2 - r_1} \begin{pmatrix} 2 & 2 & -2 \\ 0 & 3 & -\frac{3}{2} \\ -2 & -\frac{7}{2} & 5 \\ 1 & 0 & 0 \\ 0 & 1 & 0 \\ 0 & 0 & 1 \end{pmatrix}$

$$\xrightarrow{c_2 - c_1} \begin{pmatrix} 2 & 0 & -2 \\ 0 & 3 & -\frac{3}{2} \\ -2 & -\frac{3}{2} & 5 \\ 1 & -1 & 0 \\ 0 & 1 & 0 \\ 0 & 0 & 1 \end{pmatrix} \xrightarrow{r_3 + r_1} \begin{pmatrix} 2 & 0 & -2 \\ 0 & 3 & -\frac{3}{2} \\ 0 & -\frac{3}{2} & 3 \\ 1 & -1 & 0 \\ 0 & 1 & 0 \\ 0 & 0 & 1 \end{pmatrix} \xrightarrow{c_3 + c_1}$$

$$\begin{pmatrix} 2 & 0 & 0 \\ 0 & 3 & -\frac{3}{2} \\ 0 & -\frac{3}{2} & 3 \\ 1 & -1 & 1 \\ 0 & 1 & 0 \\ 0 & 0 & 1 \end{pmatrix} \xrightarrow{r_3 + \frac{1}{2} r_2} \begin{pmatrix} 2 & 0 & 0 \\ 0 & 3 & -\frac{3}{2} \\ 0 & 0 & \frac{9}{4} \\ 1 & -1 & 1 \\ 0 & 1 & 0 \\ 0 & 0 & 1 \end{pmatrix} \xrightarrow{c_3 + \frac{1}{2} c_2} \begin{pmatrix} 2 & 0 & 0 \\ 0 & 3 & 0 \\ 0 & 0 & \frac{9}{4} \\ 1 & -1 & \frac{1}{2} \\ 0 & 1 & \frac{1}{2} \\ 0 & 0 & 1 \end{pmatrix}$$

故取

$$\boldsymbol{C} = \begin{pmatrix} 1 & -1 & \frac{1}{2} \\ 0 & 1 & \frac{1}{2} \\ 0 & 0 & 1 \end{pmatrix}$$

通过可逆线性变换 $\boldsymbol{X} = \boldsymbol{CY}$ 将二次型 $f = \boldsymbol{X}^{\mathrm{T}} \boldsymbol{AX}$ 化为了标准形

$$f = 2y_1^2 + 3y_2^2 + \frac{9}{4} y_3^2 .$$

5. 判断下列二次型的正定性.

$f = x_1^2 + x_2^2 + 5x_3^2 + x_1x_2 + 4x_2x_3 - 2x_1x_3$

解 二次型的矩阵为 $\boldsymbol{A} = \begin{pmatrix} 1 & \frac{1}{2} & -1 \\ \frac{1}{2} & 1 & 2 \\ -1 & 2 & 5 \end{pmatrix}$，则 $\boldsymbol{A}$ 的顺序主子式分别为

$$1>0,\quad \begin{vmatrix} 1 & \frac{1}{2} \\ \frac{1}{2} & 1 \end{vmatrix} = 1-\frac{1}{4} = \frac{3}{4} > 0,\quad \begin{vmatrix} 1 & \frac{1}{2} & -1 \\ \frac{1}{2} & 1 & 2 \\ -1 & 2 & 5 \end{vmatrix} = -\frac{13}{4} < 0$$

故此二次型不正定.

6. 当 t 分别取什么值时，$f = 5x_1^2 + x_2^2 + tx_3^2 + 4x_1x_2 - 2x_2x_3 - 2x_1x_3$ 是正定二次型.

解 二次型的矩阵为 $\boldsymbol{A} = \begin{pmatrix} 5 & 2 & -1 \\ 2 & 1 & -1 \\ -1 & -1 & t \end{pmatrix}$，则 $\boldsymbol{A}$ 的顺序主子式分别为

$$5>0,\quad \begin{vmatrix} 5 & 2 \\ 2 & 1 \end{vmatrix} = 1 > 0,\quad \begin{vmatrix} 5 & 2 & -1 \\ 2 & 1 & -1 \\ -1 & -1 & t \end{vmatrix} = t-2$$

由二次型是正定可得 $t-2>0$，即 $t>2$.

7. 设 $\boldsymbol{A}$ 为 3 阶实对称矩阵，且满足 $\boldsymbol{A}^2 + 2\boldsymbol{A} = \boldsymbol{O}$，已知 $\boldsymbol{A}$ 的秩为 2，则当 k 为何值时，矩阵 $\boldsymbol{A}+k\boldsymbol{E}$ 为正定矩阵，其中 $\boldsymbol{E}$ 为单位阵.

解 由 $\boldsymbol{A\alpha} = \lambda\boldsymbol{\alpha}$，$\boldsymbol{A}^2\boldsymbol{\alpha} = \lambda^2\boldsymbol{\alpha}$ 可得:

$$(\boldsymbol{A}^2 + 2\boldsymbol{A})\boldsymbol{\alpha} = (\lambda^2 + 2\lambda)\boldsymbol{\alpha} = \boldsymbol{O}$$

即 $\lambda=0$，$\lambda=-2$. 又因为 $\boldsymbol{A}$ 的秩为 2，且 $\boldsymbol{A}$ 为实对称矩阵，所以 $\lambda_1 = 0, \lambda_2 = \lambda_3 = -2$. 为了使 $\boldsymbol{A}+k\boldsymbol{E}$ 正定，$\lambda_1 + k > 0, \lambda_2 + k = \lambda_3 + k > 0$，故 $k>2$.

四、思考练习题

1. 思考题

（1）二次型的矩阵具有什么性质？

（2）将一个二次型化为标准形有哪几种方法？

（3）对同一个二次型，用不同的方法得到的标准形是否相同？

（4）实二次型正定、负定或半正定的充分必要条件分别是什么？

（5）矩阵的等价、相似和合同三者之间有何区别？

2. 判断题

（1）能够用线性变换化为 $f(x_1,x_2,x_3)=y_1^2+y_2^2+y_3^2$ 形式的二次型一定是正定的.（　　）

（2）若 $\boldsymbol{A}$ 和 $\boldsymbol{B}$ 是同阶正定矩阵，则 $\boldsymbol{A}+\boldsymbol{B}$ 也是正定矩阵.（　　）

（3）矩阵负定的充分必要条件是其顺序主子式都小于零.（　　）

（4）具有相同特征值的两个实对称矩阵合同.（　　）

（5）两个二次型的矩阵合同，则这两个二次型具有相同的规范性.（　　）

3. 单选题

（1）以下式子中，不是二次型的是（　　）.

A. $x_1^2-x_2^2+3x_3^2+x_1x_2+x_1x_3$

B. $x_1^2-x_2^2$

C. $x^2+y^2+xy+xz$

D. $x_1^2-5x_2^2+x_3^2+2x_1x_2+2x_1x_3+2x_2x_3+x_1$

（2）二次型 $f(x_1,x_2,x_3)=(x_1+x_2)^2+(x_2-x_3)^2+(x_3+x_1)^2$ 的秩为（　　）.

A. 0　　B. 1　　C. 2　　D. 3

（3）二次型 $f(x_1,x_2,x_3)=(2x_1+x_2+x_3)^2$ 的矩阵为（　　）.

A. $\begin{pmatrix} 4 & 3 & 8 \\ 1 & 1 & 4 \\ 8 & 4 & 16 \end{pmatrix}$　　B. $\begin{pmatrix} 4 & 2 & 2 \\ 2 & 1 & 1 \\ 2 & 1 & 1 \end{pmatrix}$

C. $\begin{pmatrix} 2 & 0 & 0 \\ 0 & 1 & 0 \\ 0 & 0 & 1 \end{pmatrix}$　　D. $\begin{pmatrix} 4 & 2 & 10 \\ 2 & 1 & 5 \\ 6 & 3 & 16 \end{pmatrix}$

（4）已知二次曲面方程 $x^2+ay^2+z^2+2bxy+2xz+2yz=4$ 可以经过正交变换 $\begin{pmatrix} x \\ y \\ z \end{pmatrix}=\boldsymbol{C}\begin{pmatrix} \xi \\ \eta \\ \zeta \end{pmatrix}$ 化为椭圆柱面方程 $\eta^2+4\xi^2=4$，则 a,b 的值分别为（　　）.

A．3，0　　　　B．2，1

C．3，1　　　　D．2，0

（5）实二次型 $f(x_1,x_2,\cdots,x_n)=\boldsymbol{X}^{\mathrm{T}}\boldsymbol{A}\boldsymbol{X}$ 正定当且仅当下列条件（　　）成立.

A．$|\boldsymbol{A}|>0$　　　　B．负惯性指数为0

C．存在 n 阶矩阵 $\boldsymbol{C}$，使 $\boldsymbol{A}=\boldsymbol{C}^{\mathrm{T}}\boldsymbol{C}$　　　　D．对任意的 $\boldsymbol{X}\neq 0$，有 $\boldsymbol{X}^{\mathrm{T}}\boldsymbol{A}\boldsymbol{X}>0$

（6）设矩阵 $\boldsymbol{A}=\begin{pmatrix}2&-1&-1\\-1&2&-1\\-1&-1&2\end{pmatrix}$，$\boldsymbol{B}=\begin{pmatrix}1&0&0\\0&1&0\\0&0&0\end{pmatrix}$，则 $\boldsymbol{A}$ 与 $\boldsymbol{B}$（　　）.

A．合同，且相似　　　　B．合同，但不相似

C．不合同，但相似　　　　D．既不合同，也不相似

（7）二次型 $f(x_1,x_2,x_3)=2x_1^2+x_2^2+3x_3^2+2tx_1x_2+2x_1x_3$ 为正定二次型，则 t 的取值范围为（　　）.

A．$t>-\dfrac{\sqrt{15}}{3}$　　　　B．$t<\dfrac{\sqrt{15}}{3}$

C．$\dfrac{\sqrt{15}}{3}>t>-\dfrac{\sqrt{15}}{3}$　　　　D．$\dfrac{\sqrt{15}}{3}<t$ 或 $t<-\dfrac{\sqrt{15}}{3}$

（8）设矩阵 $\boldsymbol{A}$ 为 n 阶实对称矩阵，则下列命题错误的是（　　）.

A．若 $\boldsymbol{A}$ 的正惯性指数为 n，则 $\boldsymbol{A}$ 正定

B．若 $\boldsymbol{A}$ 的特征值全为正，则 $\boldsymbol{A}$ 正定

C．若 $\boldsymbol{A}$ 合同于单位阵，则 $\boldsymbol{A}$ 正定

D．若 $\boldsymbol{A}$ 的各阶顺序主子式均小于零，则 $\boldsymbol{A}$ 负定

（9）二次型 $f(x_1,x_2,x_3)=x_1^2+4x_2^2+2x_3^2+2x_1x_3$ 的标准形为（　　）.

A．$y_1^2+y_2^2+3y_3^2$　　　　B．$2y_1^2+y_2^2-y_3^2$

C．$3y_1^2-2y_2^2-y_3^2$　　　　D．$-y_1^2-y_2^2-2y_3^2$

思考练习题参考答案

第一章　四、思考练习题

1．思考题略.

2．判断题

1	2	3	4	5	6	7	8	9	10
×	×	×	×	√	×	√	×	×	×

3．单选题

1	2	3	4	5	6	7	8
D	C	D	A	B	B	B	B

第二章　四、思考练习题

1．思考题略.

2．判断题

1	2	3	4	5	6
√	×	×	×	√	√

3．单选题

1	2	3	4	5	6	7	8	9	10
B	C	C	C	C	C	B	B	D	C

第三章　四、思考练习题

1．思考题略.

2. 判断题

1	2	3	4	5	6	7	8	9
×	√	×	√	×	×	×	√	√

3. 单选题

1	2	3	4	5	6	7	8
C	D	D	C	D	C	C	D

第四章　四、思考练习题

1. 思考题略.

2. 判断题

1	2	3	4	5	6
√	√	×	√	√	√

3. 单选题

1	2	3	4	5	6	7	8	9	10
C	C	B	C	C	D	A	C	A	C

第五章　四、思考练习题

1. 思考题略.

2. 判断题

1	2	3	4	5	6
×	×	√	×	√	√

3. 单选题

1	2	3	4	5	6	7	8	9	10
C	D	D	A	D	B	B	A	D	B

第六章 四、思考练习题

1. 思考题略.

2. 判断题

1	2	3	4	5	6
×	√	×	×	×	×

3. 单选题

1	2	3	4	5	6	7	8	9	10
C	A	D	B	C	C	D	B	C	B

第七章 四、思考练习题

1. 思考题略.

2. 判断题

1	2	3	4	5
×	√	×	√	√

3. 单选题

1	2	3	4	5	6	7	8	9
D	C	B	C	D	B	C	D	A

参 考 文 献

［1］北京大学数学科学学院．线性代数教材辅导［M］．4 版．北京：科学技术文献出版社，2006．

［2］陈小柱，张立卫．线性代数习题全解［M］．大连：大连理工大学出版社，2000．

［3］李永乐．线性代数辅导［M］．北京：国家行政学院出版社，2008．

［4］刘剑平．线性代数精析与精练［M］．上海：华东理工大学出版社，2004．

［5］马杰．线性代数复习指导［M］．北京：机械工业出版社，2002．

［6］全春权．线性代数题库精编（经济类）［M］．沈阳：东北大学出版社，2003．

［7］苏德矿，徐光辉．线性代数学习释疑解难［M］．2 版．杭州：浙江大学出版社，2010．

［8］同济大学数学系．线性代数［M］．6 版．北京：高等教育出版社，2014．

［9］王永葆．线性代数题库精编（理工类）［M］．沈阳：东北大学出版社，2003．

［10］王章雄，李任波．线性代数［M］．北京：中国农业出版社，2009．

［11］魏战线．线性代数辅导与典型题解析［M］．西安：西安交通大学出版社，2001．

［12］吴赣昌．线性代数（理工类）［M］．5 版．北京：中国人民大学出版社，2017．

［13］杨刚，等．线性代数学习指导与习题精解［M］．北京：北京理工大学出版社，2004．

［14］赵树嫄．线性代数［M］．5 版．北京：中国人民大学出版社，2017．

反侵权盗版声明